Content Marketing

Ines Eschbacher

Content Marketing
Das Workbook

Schritt für Schritt
zu erfolgreichem Content

mitp

Bibliografische Information der Deutschen Nationalbibliothek
Die Deutsche Nationalbibliothek verzeichnet diese Publikation in der
Deutschen Nationalbibliografie; detaillierte bibliografische Daten sind
im Internet über <http://dnb.d-nb.de> abrufbar.

Bei der Herstellung des Werkes haben wir uns zukunftsbewusst für
umweltverträgliche und wiederverwertbare Materialien entschieden.
Der Inhalt ist auf elementar chlorfreiem Papier gedruckt.

ISBN 978-3-95845-516-0
1. Auflage 2017

www.mitp.de
E-Mail: mitp-verlag@sigloch.de
Telefon: +49 7953 / 7189 - 079
Telefax: +49 7953 / 7189 - 082

© 2017 mitp Verlags GmbH & Co. KG, Frechen

Lektorat: Sabine Schulz
Sprachkorrektorat: Anja Stiller
Covergestaltung und Grafiken im Buch: Lisa-Maria Werger – www.punkt-komma.at
Satz: III-satz, Husby, www.drei-satz.de
Druck: Medienhaus Plump GmbH, Rheinbreitbach

Inhalt

Die Autorin

INES (*1984) liebt gute Geschichten. Das liegt vielleicht daran, dass sie als Kind kaum von guten Büchern fernzuhalten war. Besonders begeistert war sie von den lustigen Internatsgeschichten der Zwillingsschwestern Hanni und Nanni, die gemeinsam mit ihren Freunden spannende Zeiten verbrachten, den Lehrern Streiche spielten und schlussendlich alle Herausforderungen meisterten.

Diese Liebe zum geschriebenen Wort hat sie über die Jahre beibehalten, und auch heute gibt es kaum einen Tag, an dem sie ihren geliebten E-Book-Reader nicht in den Händen hält. Mehr noch – sie hat diese Liebe zu guten Inhalten zum Beruf gemacht.

Seit 2008 beschäftigt sie sich mit dem Thema Webtext. Als Webtexterin der ersten Stunde gründete sie 2013 die Contentagentur Punkt & Komma GmbH mit Sitz in Salzburg. Die Content-Strategin entwickelt und realisiert, gemeinsam mit ihrem Team, Inhalte und Content-Konzepte, die überzeugen. Online und offline. Das Team für Content & Marketing ist spezialisiert auf den Tourismus-, Genuss- und Erlebnisbereich. Ines ist zudem Initiatorin und Gründerin der österreichischen Content-Fachkonferenz ContentDay und der Weiterbildungsplattform ContentCampus. Ihr Wissen gibt sie auf Konferenzen, Tagungen und Workshops weiter.

"

ES GEHT NICHT UM MEHR, SONDERN UM BESSERE INHALTE.

(INES ESCHBACHER)

WORUM ES IN DIESEM BUCH GEHT

UND WIE DU DAMIT ARBEITEST

Die Online-Nutzerzahlen sind in den vergangenen 15 Jahren explodiert! Hatten im Jahr 2000 361 Millionen Menschen weltweit Zugang zum Internet, waren es im Jahr 2014 bereits mehr als drei Milliarden. Aktuell ist es mehr als die Hälfte der gesamten Weltbevölkerung. Das ist einfach unglaublich! Aber wahr. In Deutschland können mehr als 77 Prozent der dort lebenden Menschen auf das Internet zugreifen.[1] In der Schweiz wird das Internet von 85 Prozent der Bevölkerung mehrmals wöchentlich genutzt. In Österreich sind es mehr als 88 Prozent der über 14-Jährigen.[2] Mehr als die Hälfte davon nutzt das Internet unterwegs – also mit mobilen Endgeräten.

Eines steht fest: Das Internet hat unseren Alltag in den letzten Jahren radikal verändert. Mehr noch – es hat die digitale Transformation eingeleitet.

Das Internet ist demnach längst schon kein bunter Abenteuer-Spielplatz mehr, auf dem sich jeder austoben kann. Im Gegenteil. Der erste Eindruck zählt. Das ist so im wahren Leben und gilt auch online. Und genau hier liegt die Chance für dein Unternehmen!

Anfangen, aber wie?

Content bestimmt unser tägliches Leben – ob wir wollen oder nicht. Viele von uns nehmen die Inhalte, die tagtäglich auf sie einprasseln, sogar nur unterbewusst wahr. Wusstest du, dass jemand im Durchschnitt zehn Mal mit deinem Produkt in Berührung kommt, bevor er sich für einen Kauf entscheidet? Und das zum größten Teil ganz unbewusst? Und hast du dich schon einmal gefragt, was passieren würde, wenn viele Menschen deine Inhalte ganz bewusst wahrnehmen würden? Klingt richtig cool, oder? Ist es auch!

Content findest du überall: Ein E-Book hier. Ein Video da. Ein Rezept dort. Der Jeans-Ratgeber für Mama. Das Erklär-Video für den Aufbau des Badezimmerschranks für Papa. Die perfekte E-Bike-Tour für Paul. Und die aktuellen Modehighlights für Miri. Es gibt so viele unterschiedliche Content-Formate, die uns allen in den unterschiedlichsten Alltagssituationen das Leben erleichtern. Somit liegt es ganz klar auf der Hand: Content Marketing ist ein wichtiger Bestandteil in jedem Marketing-Mix.

Doch guter Content alleine reicht leider längst nicht mehr aus, um deine Zielgruppe – deine Kunden – zu erreichen. Sie will mehr. Wir wollen mehr. Wir wollen Content,

---

1. *www.ard-zdf-onlinestudie.de*
2. AIM – Austrian Internet Monitor: *http://medienforschung.orf.at/medienforschung/online/aim/index.html*

der fliegt! Content, der begeistert. Und Content, den man auch gerne teilt. Die Content-Konsumenten sind der leeren Inhalte müde. Die zehnte Wiederholung von blumigen Floskeln langweilt sie und macht ihnen die Entscheidung, ganz schnell weiterzuklicken, wahrlich leicht. Sie wünschen sich vielmehr relevante und nutzenstiftende Informationen! Content, der sie weiterbringt. Content, der ihnen hilft. Content, der offene Fragen beantwortet. Oder Content, der ihnen zumindest ein Lächeln ins Gesicht zaubert.

Und genau hier setzt dieses Content-Workbook an. Mit diesem Buch hältst du eine Schritt-für-Schritt-Anleitung in deinen Händen, die dich von Anfang bis zum Ende deiner Content-Strategie begleitet und dir anschließend bei der operativen Umsetzung zur Seite steht.

Warum Leidenschaft und Neugierde wichtiger sind als ein Hochschulabschluss

Du glaubst, Content Marketing sei eine Disziplin für Hochschulabsolventen? Das stimmt so nicht. Deine Leidenschaft für gute Inhalte und die Neugierde, neue Social-Media-Kanäle auszuprobieren und damit zu experimentieren, sind in dieser Marketing-Disziplin wichtiger als langweilige Noten und verstaubte Bücher. In der digitalen Welt ändert sich tagtäglich etwas. Google und Facebook schrauben laufend an ihren Algorithmen. Instagram ist längst nicht mehr das neue, heiße Ding. Und wer nicht auf Snapchat ist, verpasst etwas.

Okay, das ist nun vielleicht ein klein wenig übertrieben. Es ist nicht wichtig, dass du auf allen Social-Media-Kanälen selbst laufend aktiv bist. Aber es ist wichtig, dass sie dir bekannt sind. Dass du sie zumindest schon mal ausprobiert hast. Dass du weißt, wie sie funktionieren und warum sie bei ihren Usern so beliebt sind. Es ist wichtig, dass du weißt, welche Inhalte in welchen Medien erwünscht, toleriert oder aber auch explizit unerwünscht sind. Und es ist wichtig, dass du vor Leidenschaft brennst.

Warum? Das ist schnell erklärt: Content Marketing ist keine Disziplin für Menschen, die gleich wieder das Interesse verlieren. Wer richtig gutes Content Marketing betreiben möchte, sollte drei wesentliche Grundvoraussetzungen mitbringen: einen langen Atem, Mut und Spaß am Ausprobieren.

Gute Gründe für Content Marketing

Du fragst dich jetzt, warum du das alles auf dich nehmen solltest? Es gibt zahlreiche Gründe, die für eine gut durchdachte Content-Strategie sprechen.

- Content Marketing trägt zur Kundenbindung bei.
- Content Marketing stärkt das Image des Unternehmens.

- Content Marketing verleiht deinem Unternehmen ein Gesicht.
- Content Marketing verbessert die Reichweite.
- Content Marketing überzeugt mit Know-how, Expertise und Leidenschaft.
- Content Marketing verbessert deine Auffindbarkeit im Web und dein Google-Ranking.
- Content Marketing erhöht die Glaubwürdigkeit deiner Marke.

Diese sieben guten Gründe überzeugen dich? Das freut mich sehr! Und obwohl ich deine Euphorie nicht dämpfen möchte, muss ich dir gleich jetzt – zu Beginn des Buches – noch etwas mitteilen. Ich möchte dich warnen: Wenn du jetzt nämlich denkst, dass Content Marketing die eierlegende Wollmilchsau für alle Marketing-probleme ist, irrst du dich. Leider.

Sei dir bewusst, dass erfolgreiches Content Marketing nicht auf schnelle Erfolge abzielt. Vielmehr handelt es sich um eine Grundeinstellung des Unternehmens. Nur denjenigen, die verstanden haben, dass sich die Bedürfnisse der Kunden und somit auch die Anforderungen an die Marken grundlegend verändert haben, wird es gelingen, langfristig die besseren Ergebnisse zu erzielen.

Mit diesem Workbook setzt du bereits erste Schritte in Richtung einer erfolgreichen Content-Marketing-Strategie.

Zielgruppe und Inhalte des Buches

Dieses praktische Arbeitsbuch richtet sich an alle Content-Marketing-Newbies und -Umsetzer. An alte Marketing-Hasen, die ihr geballtes Marketingwissen von jetzt an auch online anwenden möchten. An Berufseinsteiger und motivierte Rookies. Kurzum: an alle, die mit ihren Content-Marketing-Maßnahmen inhaltlich und stra-tegisch starten möchten.

Wie du dieses Buch richtig verwendest

Dieses Workbook unterstützt dich in all deinen Fragen rund um deine Content-Stra-tegie. Am besten, du widmest ihm einen Platz in greifbarer Nähe, so dass du es immer wieder zur Hand nehmen und darin nachschlagen kannst. Denn anders als so manch andere Bücher soll dich dieses Buch in deinem täglichen Arbeitstag begleiten. Es soll dir Antworten liefern und dich auf neue Ideen bringen. Zudem zeigt es dir konkrete Umsetzungsmöglichkeiten deiner Ideen auf.

Du willst eine Content-Strategie entwickeln und dich anschließend gleich ans Werk machen? Dann rate ich dir, das Buch von vorne bis hinten – Kapitel für Kapitel – zu lesen. Selbstverständlich kannst du auch quer in die einzelnen Themen einsteigen. Dennoch rate ich dir, den ersten Teil des Buches nicht zu überspringen. Deine ausgearbeiteten Ziele und Zielgruppen, von denen am Anfang die Rede sein wird, sind essenziell und begleiten dich das ganze Workbook hindurch. Hast du beides für dich definiert, lies einfach dort weiter, wo du Antworten auf deine momentanen Fragen erhältst. In jedem Kapitel findest du eine oder mehrere Challenges, die dich bei der Ausarbeitung deiner Content-Strategie und anschließend bei der Umsetzung weiterbringen. Arbeite dich Schritt für Schritt durch die einzelnen Kapitel und Aufgaben!

Zusätzlich bietet dir das Content-Workbook Platz für deine Randnotizen. Scheue dich nicht davor, den Platz zu nutzen. Dieses Buch soll dich weiterbringen. Wenn du dafür die Buchseiten beschreiben und markieren möchtest, dann ist das gut so! Bücher, die du nicht beschreibst und fein säuberlich aufbewahrst, findest du wahrscheinlich zur Genüge in deiner Bibliothek und auf deinem E-Reader!

Der Content-Marketing-Zyklus als Fahrplan durch das Content-Workbook

Du fragst dich jetzt, wie gutes Content Marketing aussieht. Das ist schnell erklärt. Gutes Content Marketing – egal, ob es sich um kleine oder große Kampagnen handelt – ähnelt immer einem Kreislauf. Besser gesagt einem Zyklus: dem Content-Marketing-Zyklus, der sich aus fünf wichtigen Säulen zusammensetzt:

- Vorbereitungs- & Recherchephase
- Content-Strategie
- Content-Erstellung
- Content-Distribution
- Content-Controlling

Die gute Nachricht: Je öfter du diesen Prozess durchläufst, desto besser und erfahrener wirst du. So wie bei allem im Leben. Ja, du hast richtig gelesen – hast du einmal mit Content Marketing begonnen, endet der Prozess nicht mehr. Aber er wird zunehmend automatisierter. Das ist wie bei einer Ernährungsumstellung. Wenn du dich dazu entschließt, auf Zucker zu verzichten, wird es dir in den ersten Tagen und Wochen noch schwerfallen. Aber sobald du die positiven Auswirkungen spürst, wirst du es lieben. Dann plötzlich wieder mit dem Zucker anzufangen, wäre schade. Beim Content Marketing ist es ähnlich – anfangs ist es vielleicht noch etwas mühsam, bis sich alle Mitwirkenden an die neue Marketing-Denkweise gewöhnt haben.

Sind die Erfolge dann aber sichtbar – in Form von besserer Reichweite, höherer Verweildauer auf dem Unternehmensblog, besserer Kundenbindung, ... –, wirst du gar nicht mehr damit aufhören wollen, Content Marketing zu betreiben. Hast du deinen Content geprüft, weißt du anschließend genau, was du gut gemacht hast und wo du noch schrauben kannst. Und genau dann beginnt der Prozess von vorne.

Dieses Content-Workbook begleitet dich nun Schritt für Schritt durch die einzelnen fünf Phasen des Content-Marketing-Zyklus – aus diesem Grund ist das Buch in fünf Teile gegliedert.

Vorbereitung: Marke, Ziele und Zielgruppen

Im ersten Teil des Buches beschäftigen wir uns intensiv mit der Vorbereitungsphase und somit mit dem Fundament deiner Content-Strategie. Nimm dir daher wirklich ausreichend Zeit für dieses Kapitel und arbeite dich schrittweise voran. Nur wenn du weißt, was du erreichen möchtest, kannst du den richtigen Weg dorthin finden.

In **Kapitel 1** beschäftigen wir uns mit deiner Marke. Denn wer eine Content-Strategie definieren möchte, muss sich zuerst mit seiner Marke auseinandersetzen – nur so ist garantiert, dass alle zukünftigen Maßnahmen auch wirklich zu deinem Unternehmen passen.

Kapitel 2 ist ein ganz besonders wichtiges Kapitel – hier dreht sich alles um deine Ziele. Jede zukünftige Maßnahme muss dich deinen Zielen näherbringen – tut sie das nicht, kannst du sie getrost von deiner To-do-Liste streichen und die Ressourcen anders nutzen.

Genauso wichtig wie die Ziele ist auch deine Zielgruppe. Um aus deiner Content-Kampagne das Beste herauszuholen, ist es das A und O, die Bedürfnisse deiner potentiellen Leser und Kunden zu kennen und sie zu verstehen. Deswegen widmet sich **Kapitel 3** den Zielgruppen, den Bedürfnisgruppen und den Personas.

Anschließend wollen wir uns in **Kapitel 4** dem Zuhause deines Contents widmen. Denn ganz gleich, welche Content-Marketing-Maßnahmen du setzt: Die Zentrale deines Tuns ist immer dein Content-Zuhause. Das kann deine Website, ein Blog oder aber auch ein Content-Hub sein.

Am Ende der Vorbereitungsphase kennst du nicht nur deine Marke besser, sondern du hast bereits konkrete und messbare Ziele definiert. Du hast deiner Zielgruppe ein Gesicht gegeben. Alle Kapitel im ersten Teil zählen zu den Hausaufgaben: Jeder einzelne Punkt begleitet dich durch den gesamten Content.

Content-Planung: Themenfindung, richtiger Content und Ressourcen

Mit der Content-Planung planst du Schritt für Schritt das Vorgehen deiner zukünftigen Content-Marketing-Maßnahmen. Mehr noch: Du erstellst einen Fahrplan für all deine Content-Maßnahmen. Und zwar ganz strategisch.

In **Kapitel 5** dreht sich alles um Themen, die den Interessen und Bedürfnissen deiner Zielgruppe gerecht werden. Mithilfe von Bedürfnisanalysen, einem W-Fragen-Tool und Offline-Techniken suchen wir nach jenen Themen, die für deine Zielgruppe relevant sind und die anschließend auf deinem Themenplan niedergeschrieben werden.

Nur Content, der die Fragen deiner Zielgruppe beantwortet, wird sie auch begeistern. Es gibt unzählige Content-Formate, die dir im Rahmen des Content Marketings zur Verfügung stehen. Neben dem Thema spielt auch das Format – also welche Art von Content du Miri und Paul anbietest – eine große Rolle im Rahmen der Content-Strategie. Aus diesem Grund widmet sich dieses Buch in **Kapitel 6** den Content-Formaten. Wie und wann du die einzelnen Formate am besten einsetzt, siehst du in **Kapitel 7**, das die Customer Journey und die Content-Kategorisierung beleuchtet, bevor es anschließend in die Planung geht.

In **Kapitel 8** nehmen wir uns noch deiner Ressourcen an. Denn die Planung deiner Content-Strategie findet mit einem detaillierten Redaktionsplan und der Planung der Ressourcen ihren Abschluss.

Content-Erstellung: SEO, Webtext und Visual Content

Nun sind wir in einem besonders spannenden Kapitel angekommen: der Content-Erstellung. Aber bevor du nun in die Tasten hauen darfst, schauen wir uns an, welchen Content du bereits zur Verfügung hast – das gelingt mit einem Content-Audit, das in **Kapitel 9** näher beschrieben ist.

Wusstest du, dass das am meisten verbreitete Content-Format das geschriebene Wort ist? Aus diesem Grund liegt das Hauptaugenmerk im dritten Teil des Buches auf der Webtextierung.

Du fragst dich nun, wie dein Webtext sein muss, um damit erfolgreich zu sein? Das ist eine sehr gute Frage, die eigentlich auch sehr einfach zu beantworten ist: Deine Inhalte sind die besten zu einem bestimmten Thema im Web! In **Kapitel 10 bis 12** zeige ich dir Schritt für Schritt, wie dir das gelingt. Mehr als 50 Seiten widmen sich den Grundlagen guter Webtexte, dem SEO-Basiswissen, den unterschiedlichen Lesearten im Web und der Anleitung, wie gute Webtexte sein müssen, damit sie auch von der Zielgruppe gelesen werden. Am Ende des dritten Teils, in **Kapitel 13**, widmen wir uns noch dem Thema Visual- und Audio-Content. Schließlich ist Text alleine auch nicht alles.

Content-Distribution: Mediatypen und Distributionskanäle

Sind deine Inhalte geplant und deine Webtexte geschrieben, kommst du deinem Ziel, deiner Zielgruppe Content zu liefern, der sie begeistert, ein riesengroßes Stück näher! Da es aber längst nicht ausreicht, den Content online zu stellen, sondern du ihn vielmehr mit beiden Händen teilen solltest, geht's in Teil 4 des Buches um die Content-Distribution.

Bei der Content-Distribution spielen die Mediatypen Paid Media, Owned Media und Earned Media, die in **Kapitel 14** beschrieben werden, eine wichtige Rolle. Alle drei Mediatypen beeinflussen sich gegenseitig. Damit deine Content-Marketing-Strategie erfolgreich ist, brauchst du von jedem etwas.

Mithilfe von **Kapitel 15**, in dem es um die Distributionskanäle geht, entscheidest du anschließend, auf welche Mediatypen du gerne setzen möchtest, um deine genialen Inhalte zu verteilen.

Content-Erfolg: Messen, analysieren und optimieren

Diese Phase bringt Abwechslung in den Content-Marketing-Zyklus. Denn statt mit Worten beschäftigen wir uns im fünften und letzten Teil mehr mit Zahlen und harten Fakten. Nun wird nämlich abgerechnet. Es ist besonders wichtig, dass du all deine

Content-Marketing-Maßnahmen laufend überprüfst, misst und infrage stellst. Die fünfte Phase des Content-Marketing-Zyklus beschäftigt sich daher aus gutem Grund mit dem Messen und dem Analysieren.

In **Kapitel 16** bekommst du ein solides Basiswissen mit auf den Weg, wie du diese Daten sinnvoll interpretieren kannst. Und wie du mit der daraus gewonnenen Erkenntnis weiterarbeitest und deine Inhalte anschließend verbessern kannst. In **Kapitel 17** geht's daher um die Themen Content-Recycling und Content-Republishing, bevor es anschließend, mit **Kapitel 18,** wieder ganz von vorne losgeht.

Das Buch ist gespickt mit wertvollen Inputs und zahlreichen Checklisten, die dir bei deiner Arbeit behilflich sind. Am Ende des Buches findest du alle Checklisten nochmals zusammengefasst.

MACH DIR NOTIZEN!

Im gesamten Content-Workbook findest du immer wieder Platz für Notizen. Nutze sie und schreibe alles auf, was dir beim Lesen einfällt. Du wirst sehen, diese Notizen sind sehr wertvoll - sie sind der Beginn von richtig guten und nutzenstiftenden Inhalten. Vertrau auf dich!

Nun wollen wir aber keine Zeit mehr verlieren. Ich wünsche dir viel Spaß bei der Erarbeitung deiner Content-Strategie! Und dann viel Erfolg bei der Umsetzung!

Mach einfach, leg los!

Ines Eschbacher

TEIL 1

VORBEREITUNG: MARKE, ZIELE UND ZIELGRUPPEN

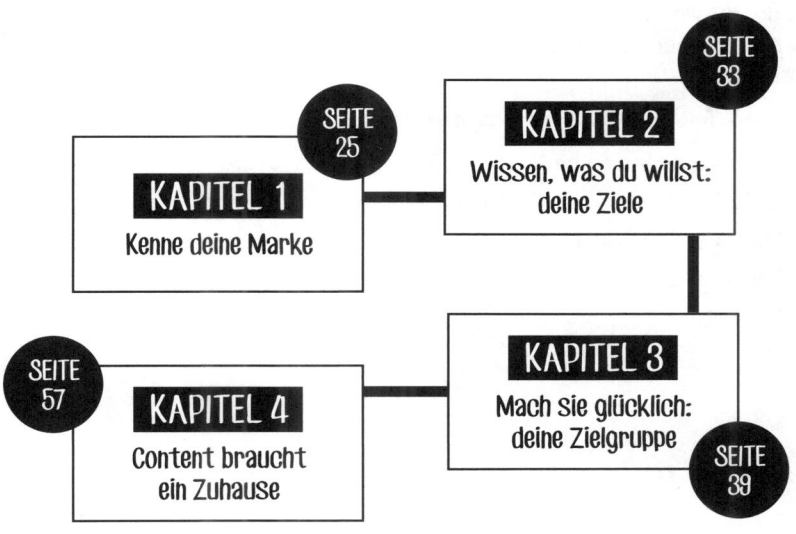

SEITE 33

KAPITEL 2

Wissen, was du willst: deine Ziele

SEITE 25

KAPITEL 1

Kenne deine Marke

SEITE 57

KAPITEL 4

Content braucht ein Zuhause

KAPITEL 3

Mach sie glücklich: deine Zielgruppe

SEITE 39

Du stehst bereits in den Startlöchern? Dann lass uns loslegen. Die Vorbereitungsphase ist die erste Phase des Content-Marketing-Zyklus und nimmt einen ganz besonders wichtigen Teil ein. Nimm dir daher wirklich ausreichend Zeit für dieses Kapitel und arbeite dich schrittweise voran. Wie bei allen umfassenden Kommunikations- und Marketingstrategien braucht es auch beim Content Marketing gewisse Daten und Fakten, Wissen über deine Zielgruppe und natürlich Ziele selbst. Nur wenn du weißt, was du erreichen möchtest, kannst du den richtigen Weg dorthin finden.

Du liebst Analysen? Dann wirst du dich nun ganz bestimmt auf die nächsten Abschnitte freuen.

Du bist eher unter den Kreativen zuhause? Dann appelliere ich an dich, diesen Teil des Buches trotzdem nicht stiefmütterlich zu behandeln. Du wirst schnell sehen: Es lohnt sich, dieses Kapitel nicht zu überspringen.

Deine Arbeit wird dank einer gewissenhaften Vorbereitungsphase um ein Vielfaches besser werden. Und auch um ein Vielfaches erfolgreicher. Und das sind wohl die besten und überzeugendsten Gründe, die es gibt. Findest du nicht?

Am Ende der Vorbereitungsphase kennst du nicht nur deine Ziele und deine Zielgruppe, du weißt auch noch viel mehr über deine Marke. Zusätzlich nehmen wir uns noch deiner Ressourcen an und werfen einen Blick auf das Zuhause deines Contents.

In diesem Teil findest du Input zu den Bereichen:

- **Kapitel 1:** Kenne deine Marke
- **Kapitel 2:** Wissen, was du willst – deine Ziele
- **Kapitel 3:** Mach sie glücklich – deine Zielgruppe
- **Kapitel 4:** Content braucht ein Zuhause

KENNE DEINE MARKE

Wer seine Content-Strategie definieren möchte, muss sich zuerst mit seiner Marke auseinandersetzen. Wofür steht deine Marke? Was macht sie besonders? Was unterscheidet sie von anderen? Und was schätzen deine Kunden so sehr an ihr?

Du kannst all diese Fragen aus dem Effeff beantworten? Umso besser! Dann kannst du dieses Kapitel getrost überspringen. Wenn du beim Lesen der ersten Zeilen jedoch bei der einen oder anderen Frage ins Grübeln geraten bist, dann setze dich hin, nimm einen Stift zur Hand und mache dir über deine Marke ein paar Gedanken.

In diesem Kapitel erstellen wir einen Markenkern und formulieren anschließend einen Elevator Pitch. Beim Elevator Pitch geht es darum, deine Marke innerhalb von nur zwei Minuten präsentieren zu können. Gemeinsam mit dem Markenkern schaffst du dir somit Klarheit über die Positionierung der Marke bzw. des Unternehmens. Das wiederum hilft dir, deine Kommunikation entlang eines roten Fadens auszurichten. Dich von anderen abzugrenzen. Einzigartig zu werden. Und zu begeistern. Und genau das ist es, was wir mithilfe dieses Buches gemeinsam erreichen wollen!

1.1 Was deine Marke ausmacht

Als Marketingverantwortlicher für dein Produkt hast du ein kunterbuntes und reichhaltiges Portfolio an Medien zur Verfügung, mit denen du alle menschlichen Bedürfnisse nach Information und Unterhaltung abdecken kannst. Du musst nur wissen, welche Social Media die richtigen für dein Produkt sind. Damit du diese Fragen beantworten kannst, solltest du dir im Klaren sein, was deine Marke ausmacht.

Lass uns gleich loslegen! Beantworte die folgenden Fragen und mach dir dazu Notizen.

- Was unterscheidet deine Marke von derjenigen deiner Mitbewerber?
- Was macht deine Marke so einzigartig?
- Wo liegen die ganz besonderen Kompetenzen und Eigenschaften deiner Marke?
- In welchen Momenten ist dein Produkt besonders wertvoll?
- Ist dein Produkt hochpreisig oder eher günstig?
- Wann wenden deine Kunden das Produkt an?

Schreibe einfach alles auf, was dir dazu einfällt!

Wichtig ist eine ganz klare Positionierung der Marke. Weg vom kunterbunten Wir-machen-alles-Bauchladen. Dazu gehört auch der Mut zur Reduzierung und Fokussierung. Streiche, was dein Unternehmen nicht gut kann. Oder wofür deine Marke gar nicht stehen will. Dabei hilft dir die Erstellung des Markenkerns.

DEINE CHALLENGE

DU BIST DRAN!

NO. 01

" " UND JETZT DU!
WENDE DEIN NEUES WISSEN AN.

Sammle all deine Markeneigenschaften und reduziere sie auf die wesentlichen. Füge sie nun in den Markenkern ein. Dieser ist die Grundlage für den folgenden Elevator Pitch.

1.1.1 Der Markenkern

Der Markenkern ist das Herz einer Marke und hilft dir, einen schnellen Überblick über die funktionalen Merkmale (Leistungen) und die emotionalen Merkmale (Werte) der Marke zu bekommen. In Kundenworkshops arbeite ich sehr gerne mit dem Markenkern, und das aus mehreren Gründen. Es ist so simpel, dass man damit wirklich überall schnell zum Ergebnis kommt. Die Hilfsgrafik ist so schnell aufgezeichnet und hat wirklich fast überall Platz, ob im Notizbuch, auf einer Serviette oder auf einem Flipchart.

UND SO GEHT'S:

1. Zeichne einen Kreis.

2. Zeichne acht Punkte ein.

3. Verbinde jeden einzelnen Punkt miteinander.

4. Teile jedem Punkt eine Charaktereigenschaft zu.

PLATZ FÜR DEINE
NOTIZEN

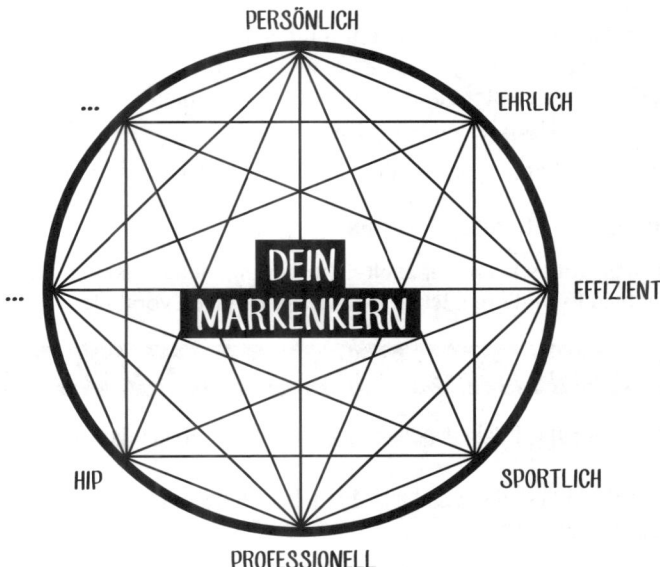

Beschreibe deine Marke so, als würdest du eine Person beschreiben – mit all ihren Charaktereigenschaften! Diese Merkmale sind es, die den USP ausmachen, und sie zeigen gleichzeitig den Kundennutzen auf. Versuche, nicht mehr als insgesamt acht Eigenschaften zu notieren. Deine Sammlung beinhaltet mehr Eigenschaften? Lies nochmals ganz genau nach. Kannst du manche der Eigenschaften zusammenfassen? Versuche, deine Wortsammlung aufs Wesentliche zu konzentrieren – schließlich geht es um den MarkenKERN und nicht um ein buntes Potpourri.

Wie du bei der Grafik des Markenkerns siehst, sind alle Eigenschaften miteinander verbunden. Eigentlich logisch. Denn nur wenn sie alle miteinander in Berührung kommen, macht das deine Marke zu der, die sie ist.

Bist du mit deinem Markenkern zufrieden, dann kannst du daraus den Elevator Pitch formulieren.

1.1.2 In der Kürze liegt die Würze: der Elevator Pitch

Hast du schon einmal versucht, jemandem zu erklären, wofür deine Marke steht? Was das Unternehmen, für das du arbeitest, eigentlich so macht? Und ist deine Erklärung dieselbe wie die deiner Arbeitskollegen? Und auch wie die deines Chefs? Nein? Dann ist es höchste Zeit, einen Elevator Pitch zu formulieren:

Stell dir vor, du betrittst mit einem Freund, den du lange nicht mehr gesehen hast, einen Aufzug. Dieser Freund ist sehr interessiert und will mehr über deine Marke wissen. Du hast nun eine gemeinsame Aufzugsfahrt Zeit, ihm deine Marke zu erklären. So, dass er es versteht und es sogar weitererzählen könnte. Eine Fahrt mit dem Aufzug dauert im Durchschnitt etwa 60 Sekunden.

Damit dir das gelingt, musst du dein Produkt natürlich besonders gut kennen.

Bausteine des Elevator Pitches

Wie für alles gibt es auch hier zahlreiche Herangehensweisen, um einen guten Elevator Pitch zu formulieren. Ich möchte dir eine davon vorstellen.

FOLGENDE PUNKTE SOLLTE DEIN ELEVATOR PITCH BEINHALTEN:

1. Was genau ist dein Produkt, deine Dienstleistung oder deine Idee?

2. Wofür stehst du, was hast du zu bieten und was machst du für deine Zielgruppe?

3. Was hat die Zielgruppe davon?
Löst du ihre Probleme? Haben sie Vorteile? Formuliere den Nutzen aktiv: „Du bekommst von mir ..., Du profitierst von ..."

4. Wie lautet dein Alleinstellungsmerkmal - was unterscheidet dich oder deine Marke von anderen?

5. Überleg dir einen tollen Einstieg. Du kannst mit einer Frage starten. Mit einer Geschichte. Oder mit der Vorstellung des Unternehmens.

6. Was soll am Ende hängenbleiben? Wie lautet dein Schlusssatz?

DER ELEVATOR PITCH - BEISPIEL 1

Traditionelles Marketing und Werbung sagen dem Kunden, dass dein Unternehmen ein Rockstar ist. Mit Content Marketing zeigst du es ihnen.

Quelle: Joe Pulizzis Elevator Pitch für das Produkt Content Marketing

DER ELEVATOR PITCH - BEISPIEL 2

Punkt & Komma ist dein Team für Content & Marketing im Tourismus. Wir entwickeln und realisieren Content und Content Marketing, das überzeugt. Somit sorgen wir dafür, dass deine Inhalte einen Mehrwert schaffen und dein Produkt für deine Zielgruppe erlebbar wird. Kurzum: Wir schaffen Inhalte, die begeistern.

Wir verstehen die Tourismus-, Genuss- & Erlebnisbranche. Wir wissen, was funktioniert. Online & offline. Und wir haben die neuesten Trends fest im Blick. Daraus entwickeln wir: Ideen, die den Unterschied machen. Konzepte und Strategien, auf die du dich verlassen kannst. Und schlussendlich setzen wir die gewünschten Maßnahmen so um, dass sie wirken.

Weil wir Content lieben.

DEINE CHALLENGE

DU BIST DRAN!

NO. 02

🎯🎯 UND JETZT DU! WENDE DEIN NEUES WISSEN AN.

Formuliere deinen Elevator Pitch. Lies ihn anschließend laut vor. Dir selbst und anderen. Klingt er gut und ist der Inhalt klar verständlich? Gratuliere!

PLATZ FÜR DEINE
NOTIZEN

KAPITEL 2

WISSEN, WAS DU WILLST

DEINE ZIELE

Eine weise Person hat mal zu mir gesagt: »Solange du kein Ziel hast, ist jeder Weg richtig. Aber verlauf dich nicht!« Diese Person hatte sowas von Recht. Denn obwohl es so oft heißt »Der Weg ist das Ziel«, trifft diese Aussage vielleicht bei Reisen und Ausflügen zu, aber garantiert nicht, wenn du dabei bist, deine eigene Content-Strategie zu entwickeln.

Bevor du nun also viel Zeit und somit auch bares Geld in die Erstellung deines Contents investierst, solltest du unbedingt deine Content-Marketing-Ziele formulieren. An diesen Zielen muss sich ab sofort jeder Content und auch jede weitere Content-Maßnahme messen lassen. Frag dich ab sofort, ob dich dein nächster geplanter Schritt ein Stück näher an deine definierten Content-Marketing-Ziele heranbringt. Wenn nicht, geht der geplante Schritt in die falsche Richtung. Und du kannst die Maßnahme getrost von deiner To-do-Liste streichen und die Ressourcen anders nutzen. Zu einem späteren Zeitpunkt und in einem anderen Teil des Buches weisen wir deinen Zielen dann auch die jeweiligen Kennzahlen (KPIs) zu, mit denen sich deine Ziele messen lassen. Aber dazu, wie gesagt, später in Abschnitt 16.1 mehr.

2.1 Content-Marketing-Ziele definieren

Einfach mal machen, weil Content Marketing als das aktuelle neue Marketingwunder und heiße Ding gehandelt wird, ist nicht! Wer sich für Content Marketing entscheidet, entscheidet sich damit für eine zeitintensive Marketingstrategie. Umso wichtiger ist es, dass du deine Ziele vorher definierst, damit du anschließend die richtigen Maßnahmen ergreifen kannst. Und dich nicht verrennst.

Formuliere deine Content-Marketing-Ziele

Deine Content-Marketing-Ziele hängen natürlich maßgeblich vom Produkt ab. So kann es für mehrere Produkte oder Dienstleistungen einer Marke auch unterschiedliche Content-Marketing-Ziele geben. Wenn wir jetzt mal davon ausgehen, dass du für die Marke verantwortlich bist, sind Ziele wie Markenbekanntheit und Markenstimmung wichtig. Bist du aber für den Verkauf zuständig, lautet dein Ziel wahrscheinlich: Leadgenerierung. Und bist du für den Kundensupport zuständig, kann ein Ziel die Verringerung der Serviceanfragen sein. All diese Ziele können mit Content Marketing erreicht werden.

Zahlreiche Content-Marketing-Ziele entstehen aus einem Bedürfnis heraus. Kreuze deine Ziele einfach an. Das verschafft dir anschließend den nötigen Überblick.

Deine Content-Marketing-Ziele:

ICH WILL ...

- ☒ ... den Bekanntheitsgrad meines Produkts erhöhen.
- ☐ ... den Bekanntheitsgrad meiner Marke erhöhen.
- ☐ ... den Unterschied zur Konkurrenz hervorheben.
- ☐ ... das Image verbessern oder ändern.
- ☐ ... mich als Experte positionieren oder
- ☐ ... meine Reputation steigern.
- ☐ ... eine bessere Reichweite schaffen.
- ☐ ... die Kommunikation mit meiner Zielgruppe aktiv gestalten.
- ☐ ... Beziehungen aufbauen, pflegen und erhalten.
- ☐ ... eine erhöhte Kundenbindung.
- ☐ ... Mitarbeiter motivieren oder neue Mitarbeiter gewinnen.
- ☐ ... weitere Märkte für mein Produkt erschließen.
- ☐ ... eine neue Zielgruppe ansprechen.
- ☐ ... bestimmte Themen in der Öffentlichkeit stärken und Einfluss darauf nehmen.
- ☐ ... mehr Traffic auf meiner Website.
- ☐ ... mehr Traffic auf meinem Blog.
- ☐ ... verbesserte Suchmaschinenrankings.
- ☐ ... eine geringere Absprungrate/höhere Verweildauer auf meiner Website.
- ☐ ... Unterstützung des Kundenservices.
- ☐ ... mehr Leads generieren
  - Newsletter-Anmeldungen
  - Downloads von ....
  - Callbacks ....
  - Daten generieren für ....
  - ....
  - ....
- ☐ ....
- ☐ ....

> Die Definition der Ziele bestimmt den Content.

Ein paar gute Beispiele für Ziele:

- »Wir wollen als Kompetenzführer in Sachen Autoreifen wahrgenommen werden!«
- »Wir bieten die besten veganen Rezepte auf einer Plattform an.«
- »Ich biete alle relevanten Informationen für Frauen und Karriere – und zwar in einer coolen Art und Weise!«
- »Wir wollen uns als das umweltfreundlichste Hotel Österreichs etablieren.«
- »Wir liefern die besten Inspirationen zum Bauen.«
- »Wir sind die charmantesten Content-Marketing-Experten für den Lifestyle-Bereich.«
- »Auf unserer Plattform gibt's die besten Tipps rund ums Wohlfühlen für die Frau ab 30.«
- »Wir sind die Urlaubsexperten rund ums Biken!«

DEINE CHALLENGE

DU BIST DRAN!

NO. 03

❞❞ UND JETZT DU! WENDE DEIN NEUES WISSEN AN.

Nimm dir Zeit, um deine Ziele genau zu überdenken und zu formulieren. Auf Basis deines jeweiligen Ziels wird anschließend die Zielgruppe definiert. Liegt das Ziel beispielsweise darin, Leads zu generieren, besteht die Zielgruppe aus potenziellen Käufern. Klingt einfach, oder?

2.2   Ziele sind smart

Du hast deine Ziele definiert? Das ist großartig. Lass uns gleich weitermachen!

Ziele unterscheiden sich nach Phasen – wenn du mehrere Ziele verfolgst, unterscheide sie auch nach einzelnen Rängen. Am bekanntesten ist die Unterscheidung in kurzfristige Ziele, mittelfristige Ziele und langfristige Ziele.

Im (Content) Marketing sollen deine Ziele immer klar definiert sein.

- konkret (specific)
- messbar (measurable)
- erreichbar (attainable)
- realistisch (realistic)
- zeitlich (timely)

Dafür steht die Abkürzung SMART.

Nachdem du deine Content-Marketing-Ziele bereits definiert hast, ist es nun fast ein Kinderspiel, daraus smarte Ziele zu formulieren.

Konkret: Was genau willst du erreichen?

Ziele kennzeichnen die Endsituation – was also willst du mit deiner Content-Strategie erreichen? Was mit dem einzelnen Content, den du dafür erstellst?

Ziele sind Präzisionsarbeit – damit du dein Ziel irgendwann mal erreichst und abhaken kannst, musst du es zuvor ganz präzise formulieren. Je exakter du dein Ziel formulierst, desto weniger kommt es zu Zielverschiebungen und neuen Interpretationen der Ziele.

Messbar: Definiere eindeutige Messgrößen!

Ziele kann man messen – jedes Ziel sollte anschließend auch überprüfbar sein. Definiere also eindeutige Messgrößen in Form von KPIs (siehe dazu auch Abschnitt 16.1), dann fällt die anschließende Überprüfung der Zielerreichung leichter.

Erreichbar: Welche Schritte sind nötig, damit du deine Ziele erreichen kannst?

Welche Maßnahmen müssen ergriffen werden, damit die Ziele nun tatsächlich erreicht werden? Ist das realistisch?

Realistisch: Wird die Zielerreichung hilfreich sein?

Ziele sind realisierbar. Das klingt logisch, aber im Eifer des Gefechts schlägt jeder von uns gerne mal über die Strenge. Stütze dich daher auf Erfahrungswerte. Sind deine Ziele zu hoch gesteckt, führt das schnell zu Demotivation.

Terminiert: Wie lange dauert es, bis das Ziel erreicht wird?

Messbarkeit entsteht durch dreierlei Dinge. Zum einen durch Quantifizierung, durch die Einteilung in kurz-, mittel- und langfristige Ziele und durch die Terminierung: »In vier Monaten wollen wir 100 Whitepaper-Downloads.«

EIN BEISPIEL

Dein Ziel lautet: Wir wollen als Kompetenzführer in Sachen Autoreifen wahrgenommen werden!
Dein smartes Content-Marketing-Ziel könnte daher lauten: Wir wollen bis Jahresende 500 Leser pro Experten-Blogbeitrag, der von einer externen Agentur verfasst wird.

DEINE CHALLENGE

DU BIST DRAN!

NO. 04

❞ UND JETZT DU!
WENDE DEIN NEUES WISSEN AN.

Formuliere aus deinen Zielen smarte Ziele.
Achte dabei darauf, dass sie

- konkret,
- messbar,
- erreichbar,
- realistisch,
- terminiert

sind. Hast du das geschafft, bist du deinem smarten Ziel, „am Ende dieses Teiles das Fundament für deine Content-Strategie geschaffen zu haben" einen großen Schritt näher.

KAPITEL 3

MACH SIE GLÜCKLICH

DEINE ZIELGRUPPE

Wie du bereits weißt, sollte jede Art von Content, den du erstellst, einen Nutzen bringen. Insbesondere demjenigen, der ihn konsumiert! (Wenn dir diese Tatsache neu ist, dann blättere am besten nochmal zurück zu Kapitel 2, bevor du hier weiterliest. Und komm dann wieder.)

Um aus deiner Content-Kampagne das Beste herauszuholen, ist es das A und O, die Bedürfnisse deiner potentiellen Leser und Kunden zu kennen und sie zu verstehen. Nur so kann es dir gelingen, sie mit deinen Inhalten zu überzeugen, antworten auf ihre Fragen zu liefern und sie zu begeistern. Und Begeisterung ist genau das, was wir uns von unserer Zielgruppe erwarten!

LEARNING

Erstelle keine Inhalte, ohne zu wissen, welche Bedürfnisse deine Zielgruppe hat.

Jeder Content, den du in stundenlanger Arbeit erstellst und der dann an den Bedürfnissen deiner Zielgruppe vorbeigeht, wird von ihr dementsprechend nicht konsumiert. Warum auch – gibt es doch zahlreichen anderen Content, der besser auf die Bedürfnisse des Lesers zugeschnitten ist. Der Leser klickt also ganz schnell wieder von deiner Seite weg und sucht sich eine andere Informationsquelle. Was zurückbleibt, ist dein Content, in den du viel Zeit und Geld investiert hast. Einsam, verlassen und ungelesen. Kein Like. Kein Share. Wäre es in diesem Fall nicht sogar besser gewesen, du hättest den Content gar nicht erst erstellt und die dafür aufgewendete Zeit in ein anderes Projekt investiert?

Damit dir das nicht passiert, rate ich dir, dich mit deiner Zielgruppe und ihren Bedürfnissen zu beschäftigen. Erstelle anschließend Inhalte, die deine Zielgruppe begeistern und ihre Erwartungen übertreffen. Und ihre Fragen beantworten.

PLATZ FÜR DEINE
NOTIZEN

"

IF YOUR CONTENT MARKETING IS FOR EVERYBODY, IT IS FOR NOBODY.

(JOE PULIZZI)

3.1 Zielgruppen, Personas, Bedürfnisgruppen und Generationenschubladen

Um deiner anonymen Zielgruppe ein Gesicht zu verleihen oder ihr einen fiktiven Mantel anzuziehen, stehen dir gleich mehrere Möglichkeiten zur Verfügung. Entscheide selbst, ob du lieber mit Bedürfnisgruppen oder mit Personas arbeiten möchtest. Oder ob du deine Content-Konsumenten lieber in Generationenschubladen steckst. Lies dir das folgende Kapitel in Ruhe durch und entscheide dann!

Im Gegensatz zu den sehr breit gefächerten Bedürfnisgruppen gehen Personas ins Detail und verleihen den Zielpersonen Charakter. Das macht es später im Content Marketing leichter, die richtigen Worte zu wählen.

Du kannst selbstverständlich auch mit einer bunten Mischung aus allen Möglichkeiten arbeiten – so mache ich es am allerliebsten. Welche Variante für dich die richtige ist, hängt natürlich auch ganz stark von deinem Projekt/dem Produkt/dem Unternehmen ab.

Doch egal, für welche Variante du dich entscheidest: Die Ausarbeitung deiner Zielgruppe bildet die Grundlage für alles, was noch kommt. Für Briefing-Gespräche mit Agenturen, für weitere Marketing-Konzepte, für Content-Strategien, für die Auswahl von Medien, für die Auswahl von Distributionskanälen und für die Content-Arten selbst.

Nimm dir ausreichend Zeit für die folgenden Abschnitte, denn deine Zielgruppe wird dich noch länger begleiten.

3.1.1 Die Generationenschubladen

Die Zielgruppe in Generationenschubladen zu stecken, ist weithin bekannt.[1] Da wären die Best Agers, die Generation X, die Lost Generation, die Digital Immigrants, die Generation Y, die Generation Z, die Millennials, die Babyboomer und noch viele, viele mehr.

---

1. http://www.internetworld.de/onlinemarketing/digitalisierung/erwarten-4-generationen-digitalen-marketing-1203071.html?page=1_millennials-und-generation-z

Im digitalen Marketing unterscheiden wir zwischen vier solcher Generationen, die alle eines gemeinsam haben: Sie sind anspruchsvoll und haben ihre ganz eigenen Vorstellungen. Aufgrund ihres Alters, ihrer Werte und ihres Verständnisses für Technik und Digitalisierung verlangen die unterschiedlichen Generationen auch nach einer unterschiedlichen Ansprache.

Du denkst gerade an dein Alter und überlegst, in welche Schublade du selbst passen würdest? Wenn du noch im letzten Jahrhundert das Licht der Welt erblickt hast (also vor dem Jahr 2000) dann zählst du zum Beispiel zur Generation Z. Deine Eltern gehören wahrscheinlich den Babyboomern an.

Die wichtigsten Mainstream-Generationen im Überblick

- Babyboomer: geboren zwischen 1945–1964
- Digital Immigrants: geboren zwischen 1965–1980
- Millennials: geboren zwischen 1981–2000
- Generation Z: geboren ab 2001

Die Babyboomer und die Seniorenfalle

Wer Content für eine Zielgruppe über 50 Jahre erstellt, tappt gerne in die sogenannte Seniorenfalle. Denn nichts ist leichter, als alle Personen über 50 Jahre in einen Topf zu werfen. Doch in Wahrheit gibt es diese Zielgruppe der »Best Agers« gar nicht. Denn eine 50-jährige Person ist von einer 70-jährigen Person sehr weit entfernt. Die Bedürfnisse könnten unterschiedlicher nicht sein. Auch die so oft angepriesene hohe Kaufkraft der »Golden Oldies« ist ein Märchen. Wie in jeder Generation gibt es kaufkräftige Personen, aber auch solche, die mit ihrem Einkommen haushalten müssen.

Wenn du Content für »ältere Menschen« konzipierst, denke daran, dass niemand alt sein will und dass sich Menschen dieser Personengruppe jünger fühlen, als sie sind – insbesondere, wenn sie körperlich und geistig fit sind.

Als Faustregel kannst du dir Folgendes merken:

- gefühlte 10 Jahre weniger sind es bei 50-Jährigen
- gefühlte 15 Jahre weniger sind es bei 60- bis 75-Jährigen

Wörter wie »Seniorenteller« oder »Pensionisten-Rabatt« solltest du demnach einfach aus deinem Wortschatz streichen.

Die Babyboomer im Überblick

- Jahrgang 1945 bis 1964
- sind neugierig auf (technische) Neuheiten und wollen »forever young« bleiben. Sprich diese Generation mit für sie relevanten Inhalten an – so kannst du dir die langfristige Treue sichern.

- **Was sie wollen:** jung bleiben, handfeste Informationen mit echtem Nutzwert – zum Beispiel in Form von Coupons, Treueprogrammen, regionalen Angeboten, Werbung in sozialen Medien
- **Bevorzugte Medien:** Tageszeitung, Radio, TV, Facebook, Online-Medien

Digital Immigrants

Die Digital Immigrants oder Generation X, wie sie sonst auch noch gerne genannt werden, kennt sie noch, die halben Telefonanschlüsse. Es ist jene Generation, die die Einführung des Haushaltscomputers und die Anfänge des Internets hautnah miterlebt hat. Durch die Tatsache, dass beide Elternteile zunehmend einer beruflichen Tätigkeit nachgingen, sind unter dieser Generation zahlreiche »Schlüsselkinder« zu finden. Zudem ist das die Generation, die von der gestiegenen Scheidungsrate geprägt wurde. Die Live-Work-Balance ist dieser Generation besonders wichtig – jedoch immer mit dem Hang zum eigenen Vorteil.

Die Digital Immigrants im Überblick

- geboren zwischen 1965 und 1980
- Für sie ist die E-Mail der zentrale Kommunikationskanal. Nicht jede Marketing-Botschaft darf in die Inbox, aber abonnierte Newsletter werden gelesen. Rund 80 Prozent dieser Kunden kaufen laut INMA-Report online ein – Rezensionen von anderen Usern sind besonders wichtig.
- Facebook verliert für diese Generation zunehmend an Relevanz – Interessens- und Inspirationspinnwände auf Pinterest werden dafür immer beliebter. Ob Rezepte, Haushaltsideen und Do-it-yourself-Ideen stehen hoch im Kurs.
- **Was sie wollen:** Zuverlässige und relevante Informationen von unabhängigen Personen (Kunden-Reviews und Blogs)
- **Bevorzugte Medien:** Online-Nachrichten, E-Mail-Alerts, Pinterest, TV, Facebook

Millennials

Die Millennials haben viele Namen: Generation Y, Digital Natives oder Jahrtausender. Diese Generation wurde im Internetzeitalter sozialisiert – was sich prägend auf das Leben dieser Digital Natives oder Millennials ausgewirkt hat. Sie gelten als Selbstdenker und Selbstmacher – viele von ihnen wurden bereits als Kinder in wichtige familiäre Entscheidungen eingebunden. Sie wollen sich einbringen. Nicht nur berieseln lassen. Millennials entwickeln zu allem eine Meinung und wollen alles kommentieren – sie suchen immer nach dem »Warum«.[2] Aus diesem Grund

---

2. Schüller, Anne M.: Touch. Point.Sieg. Kommunikation in Zeiten der digitalen Transformation, Gabal, 2016

wird sie auch die »Generation Why« genannt. Personen dieser Generation passen sich an und suchen sich gekonnt ihren Platz in der Gesellschaft. Im Gegensatz zu den Babyboomern suchen Millennials ihr Glück weniger im Konsum von Produkten, sondern geben ihr Geld für Erfahrungen und Reisen aus.

Die Millennials im Überblick

- geboren zwischen 1985 und 2000
- jung, internetaffin, familiär, gebildet, anspruchsvoll und heimatverbunden[3]
- **Was sie wollen:** einzigartige und spezielle Storys, besondere Erfahrungen und besondere Produkte
- **Bevorzugte Medien:** Twitter, Instagram, TV mit Second Screen, Facebook, WhatsApp und Messenger

Wenn du deine Zielgruppe als Generation Y definierst, dann behalte im Hinterkopf, dass man zusätzlich zwischen alten Millennials, jungen Millennials und Mittelennials unterscheiden kann. Denn fest steht, dass ein 21-Jähriger die einzelnen Social-Media-Kanäle anders nutzt als eine 30-Jährige.

- Millennials schätzen ihre Individualität, legen aber hohen Wert auf Gemeinschaft. Sie teilen als »Social Media«-Generation gern ihre Erlebnisse mit anderen, vor allem besondere Storys. Sie nutzen Smartphones, um über Messaging-Dienste und Plattformen wie Twitter und Instagram in Echtzeit verbunden zu bleiben. Kurios: Rund 25 Prozent nutzen ihr Smartphone nicht zum Telefonieren (Quelle: The Guardian).
- Millennials suchen ihr Glück weniger im Konsum von Produkten – im Gegensatz zu Babyboomern –, und 54 Prozent nutzen Sharing-Economy-Dienste wie Uber, Airbnb und Lyft (Quelle: Fortune Magazine). Anstatt für Besitz geben Millennials ihr Geld für Erfahrungen und Reisen aus. Ihre Vorlieben teilen sie gern mit Marketern, die ihnen im Gegenzug personalisierte Angebote – gern auch in Echtzeit per PUSH-Nachricht – zukommen lassen.

Generation Z

Die digitale Transformation, die die Generation Y und Z miterlebt und bewirkt, wird bedeutender sein als die aller Generationen davor. Dieser Generation ist die Welt ohne Internet unbekannt. Kinder wachsen mit mobilen Devices auf und haben alleine durch die Sprachsteuerung von Mobiltelefonen einen Zugang zu Informationen, ohne bereits Lesen und Schreiben zu können. Die Generation Z gilt nicht nur als die kreativste, sondern auch als die bestausgebildetste Generation in Bezug auf

---

3. https://www.cornerstoneondemand.de/blog/generation-y-%E2%80%93-zwischen-klischee-und-realit%C3%A4t#.WFKMX5K4zfC

Digitale Medien, die es je gab. Diesen Menschen ist eine Welt ohne Internet und ohne Digitalisierung unbekannt. Sie sind multikulturell und liberal. Legen Wert auf authentische Kommunikation und sind super flexibel – auch in ihrer Meinung. Entscheidungen werden oft erst in letzter Sekunde getroffen. Privat und später auch beruflich. Sie sind extrem technikbegeistert und offen für Trends wie Virtual Reality und alternative Einkaufsmodelle. Die Generation Z kennt keine Markentreue – bessere Preise oder bessere Qualität sind wichtiger als die Brand.

Die Generation Z im Überblick

- Geboren zwischen 2000 und 2015
- **Was sie wollen:** Relevante Marketingbotschaften, die sich in ihren Alltag integrieren – online und offline –, sowie spielerischen Einsatz von Technik mit »Wow-Faktor«, kontextrelevanten Content im Hier und Jetzt, der sie auf Anhieb begeistert
- **Bevorzugte Medien:** Snapchat, Whisper, YouTube, Tumblr, Kik – Achtung: extrem kurze Aufmerksamkeitsspanne – es werden mehrere Kanäle zur selben Zeit genutzt.

DEINE CHALLENGE

DU BIST DRAN!

NO. 05

❞❞ UND JETZT DU!
WENDE DEIN NEUES WISSEN AN.

Kannst du deine Zielgruppe den vorgestellten Generationen zuordnen? Notiere dir, für welche Marketing-Maßnahmen die jeweilige Generation offen ist und welche Medien sie bevorzugt.

Wenn es mal schnell gehen muss, sind Bedürfnisgruppen eine super Alternative zu den detaillierten Personas. Die Bedürfnisgruppe stellt – wie der Name schon sagt – das Bedürfnis der Zielgruppe in den Mittelpunkt. In den einzelnen Gruppen werden somit all jene Menschen in einen Topf geworfen, die dasselbe Bedürfnis haben – unabhängig vom Alter oder vom Geschlecht.

Jeder Content, der dann nicht hundertprozentig die Bedürfnisse deiner Bedürfnisgruppe befriedigt, sollte von deiner To-do-Liste gestrichen werden.

EIN BEISPIEL

Anton (33 Jahre) sucht im Internet nach Informationen für einen Wanderurlaub, den er mit seinen Freunden plant.

Paul (35 Jahre) ist mit Anton befreundet, sucht aber zur selben Zeit online nach Informationen für einen Wanderurlaub, den er mit seiner Frau und den gemeinsamen Kleinkindern plant.

Anton und Paul sind zwar Freunde, haben aber in diesem Moment unterschiedliche Bedürfnisse und suchen nach unterschiedlichen Lösungen. Somit landet Anton im Bedürfnistopf „Wandern mit Freunden" und Paul im Bedürfnistopf „Wanderurlaub mit der Familie".

3.1.2 Personas

Stellt man sich seine Zielgruppe bildlich vor, wird sie zu einer Persona – also einem Menschen. Natürlich zu keinem echten, sondern zu einer fiktiven Person. Sie bekommt nun einen Namen und ein Gesicht, und du kannst dich in Zukunft viel besser in sie hineinversetzen. Vielleicht kennst du sogar jemanden, der genau so ist wie deine fiktive Persona. Vielleicht dein bester Freund? Deine Tante? Dein alter Chef? Dein Vater? Oder aber auch du selbst? Frag dich in Zukunft bei jedem Content, den du konzipierst oder erstellst, ob er deiner Persona gefallen würde. Noch mehr: Wäre sie davon begeistert? Wenn ja, dann hast du alles richtig gemacht!

Im besten Fall werden Personas von jenen Menschen im Unternehmen erstellt, die viel Kundenkontakt haben. Von Menschen, die die Wünsche und Sorgen der Zielgruppe am besten kennen. Solltest das nicht du sein, dann bitte deine Kollegen um Unterstützung. Je mehr ihr eure tatsächlichen Kunden zeichnet, desto besser ist später der Output.

3.1.3 So erstellst du deine Persona

Der Steckbrief einer Persona umfasst insgesamt sechs Bereiche:

Name & Foto

- Suche dir ein aussagekräftiges Foto aus dem Internet.
- Gib deiner Zielgruppe einen Namen.

Hintergrundinformationen

- Alter
- Geschlecht
- Beruf
- Wohnort
- Familienstand
- Einkommen
- Ausbildung
- besondere Fähigkeiten
- Hobbys & liebste Freizeitgestaltung

Statements

- Aussagen, die für diese Person typisch sind
- Werte und Ansichten
- Marken und Lebensweisen, durch die er/sie ein Statement setzt

Nutzungsverhalten und Kaufprozess

Auch das Nutzungsverhalten darf bei der Formulierung der Persona natürlich nicht vergessen werden. Wir stellen uns also die Fragen, über welche Kanäle die User auf unsere Seite kommen, welche Suchbegriffe sie nutzen, welche Probleme wir für sie lösen dürfen und wie sie sich auf unserer Website bewegen.

- Wie kauft die Persona ein?
- Wie informiert sie sich?
- Wie ist das Online-Nutzungsverhalten?
- Welche Customer Journey geht sie?
- Über welche Kanäle kommt deine Persona auf deinen Onlineauftritt?
- Welche Suchbegriffe nutzt sie?
- Wer beeinflusst sie?

Erwartungen & Ziele

Die Erwartungen & Ziele ändern sich laufend – das sind nämlich die aktuellen Bedürfnisse deiner Persona. Wie wir wissen, kann ein und dieselbe Person laufend unterschiedliche Bedürfnisse und somit unterschiedliche Such-Intentionen haben. Stell dir also bei jedem Text folgende Fragen:

- Was möchte die Persona mit dem Produkt oder der Dienstleistung erreichen – wie hilft es ihr weiter?
- Will sie Probleme damit lösen? Wenn ja, welche?
- Welche Ängste hat sie?
- Was begeistert sie?

Ideale Lösung

- Wie würde die ideale Produkt- oder Servicelösung dieser Person aussehen?

Auf den folgenden Seiten findest du eine Vorlage für deine Personas, deren einzelne Felder du mithilfe dieser Anleitung ausfüllen kannst. Und dann sind da noch Miri und Paul.

3.1.4 Miri & Paul

Gemeinsam erstellen wir in diesem Praxisbuch zwei Personas – Miri und Paul. Miri und Paul werden uns ab sofort bis zum Ende des Buches begleiten. Also freunde dich am besten gleich mit ihnen an.

Das ist Paul

Paul ist 35 Jahre alt, lebt in Salzburg, ist leitender Angestellter in einem namhaften Konzern und freut sich über ein sattes Jahresgehalt von 65.000 Euro. Aber das hat sich Paul auch verdient, denn nach seinem BWL-Studium hat er nie aufgehört, sich weiterzubilden. Verheiratet ist Paul mit Lisa. Gemeinsam haben sie zwei Kinder im Alter von vier und zwei Jahren und leben in einer schicken Altbauwohnung in einem noch schickeren Viertel der Stadt.

Paul liebt es, in der Natur zu sein, und ist ein begnadeter Sportler. Er verbringt gerne Zeit an der Luft – ob eine Laufrunde am Morgen oder eine ausgedehnte Biketour am Wochenende. Im Sommer liebt er das Wasser. Ob beim Schwimmen mit der Familie oder beim Kiten.

Das ist Miri

Miri ist 24 Jahre alt, lebt in München und hat soeben das Studium abgeschlossen. Nach diversen Praktika während der Ausbildung hat sie ihre erste Festanstellung angenommen – mit ihrem Jahresgehalt von 30.000 Euro ist sie zwar fürs Erste zufrieden, will aber noch hoch hinaus. Miri ist Single, wohnt in einer kleinen Wohnung und verbringt viel Zeit mit Freunden, die in einer ähnlichen Lebenssituation sind.

Miri teilt ihr Leben auf Instagram und Snapchat, liebt Mode und geht gerne schick aus. Sie liebt Marken und spart lange auf neue Items, an denen sie sich noch lange erfreut.

PLATZ FÜR DEINE

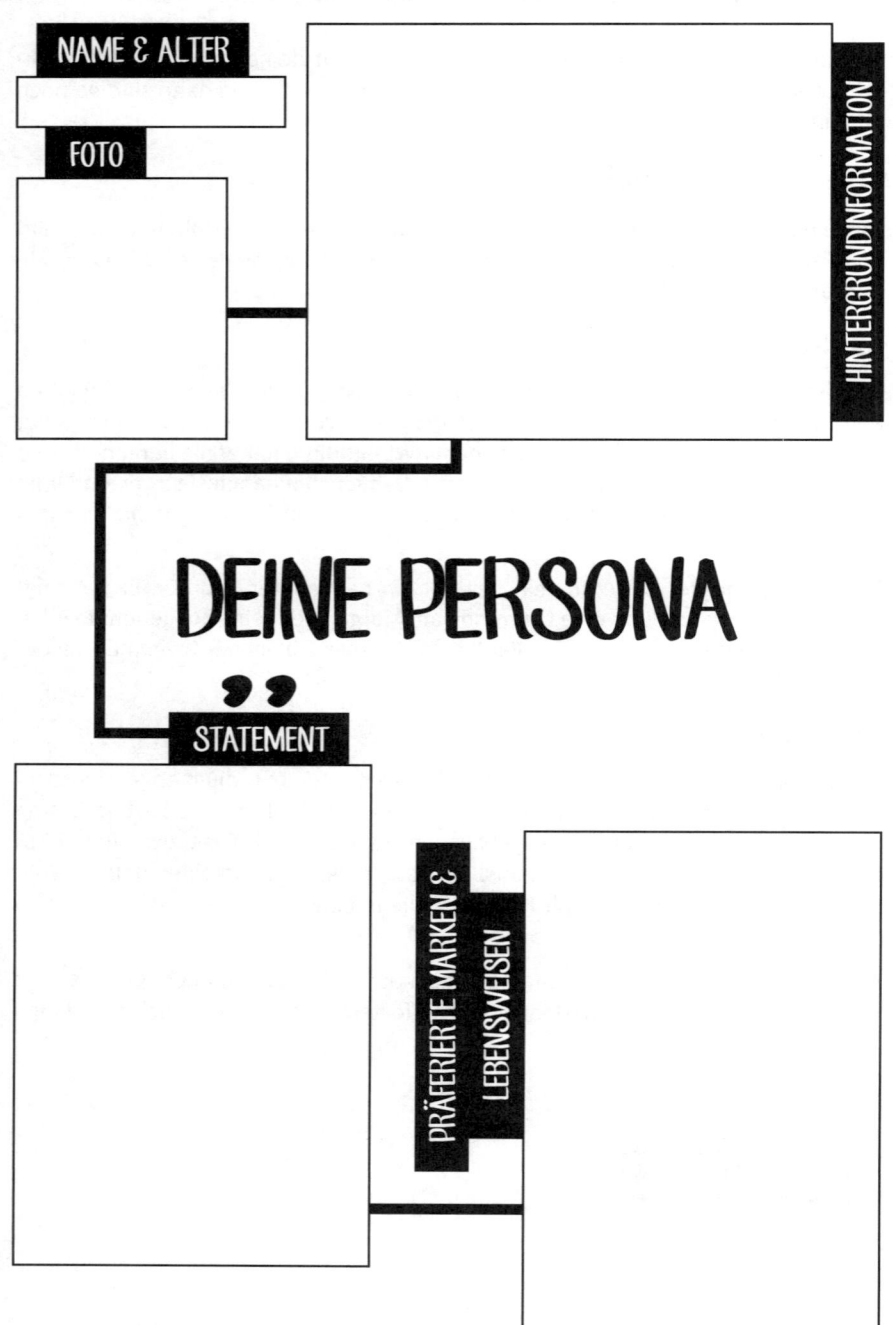

NAME & ALTER

FOTO

HINTERGRUNDINFORMATION

DEINE PERSONA

"

STATEMENT

PRÄFERIERTE MARKEN & LEBENSWEISEN

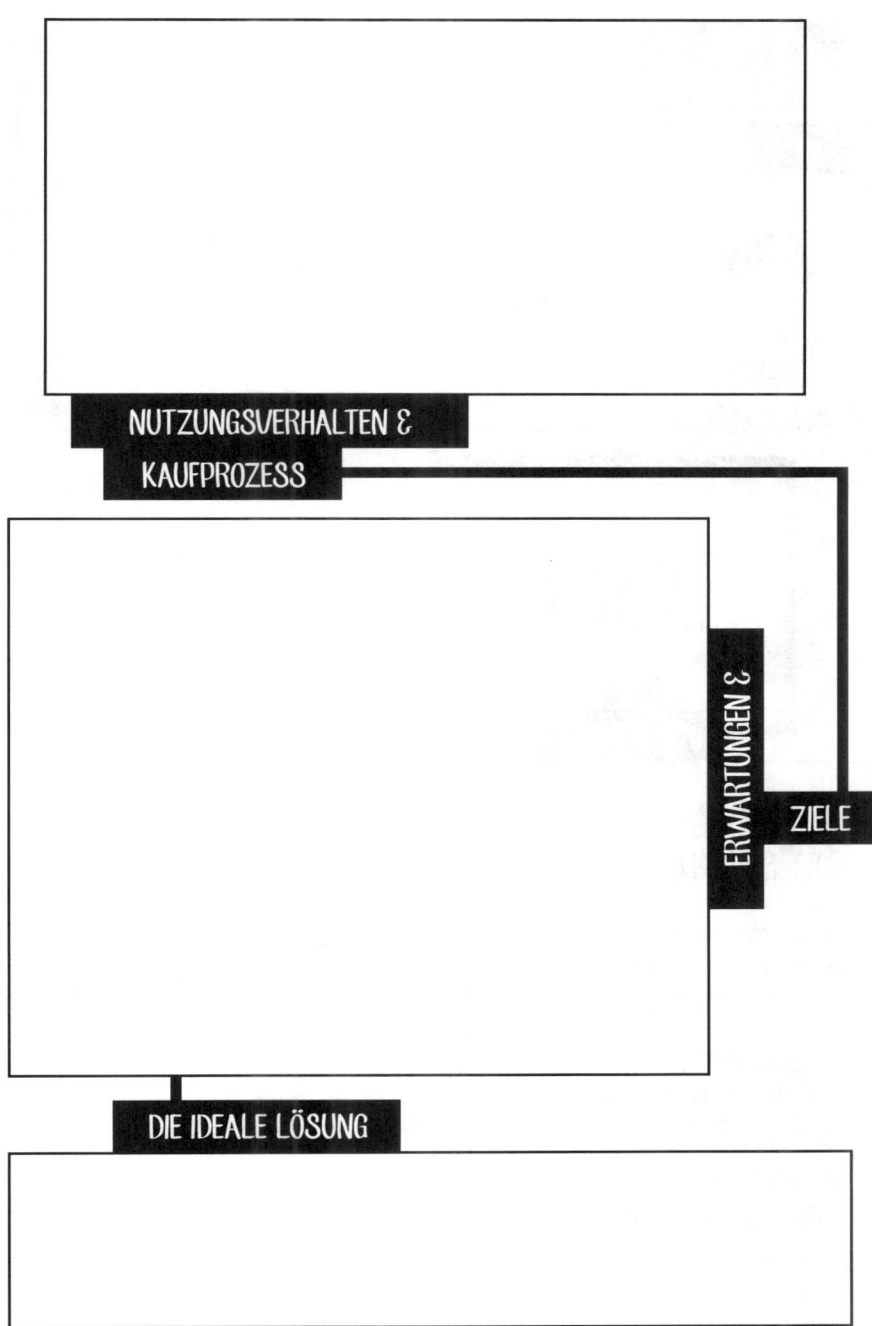

NUTZUNGSVERHALTEN & KAUFPROZESS

ERWARTUNGEN &

ZIELE

DIE IDEALE LÖSUNG

Paul, 35 Jahre alt

FOTO

- Lebt in Salzburg, ist leitender Angestellter (Jahresgehalt: 65.000)

- Verheiratet, 2 Kinder (4 & 2 Jahre)

- Wohnt mit seiner Familie in einer schicken Wohnung in einem schicken Viertel

- Paul liebt es, in der Natur zu sein, ist ein begnadeter Sportler (Laufen, Biken, Wasser)

DEINE PERSONA

STATEMENT

GEHT NICHT, GIBT'S NICHT.

Ich will die Zeit genießen und verbringe sie nur mit Menschen, die mir gut tun.

Familie, Gesundheit und Freunde sind mir wichtiger als vieles andere.

Ich arbeite hart und gönn mir in der Freizeit etwas Luxus.

PRÄFERIERTE MARKEN & LEBENSWEISEN

Marken sind nicht so wichtig wie das Produkt selbst - bevorzugt Marken aus dem mittleren Preissegment - überlegt dafür weniger vorm Kauf.

Legt Wert auf Bio-Lebensmittel

Hält wenig von Anzügen und Krawatten in seiner Freizeit

- Sucht am liebsten alles online - über Shops seines Vertrauens - zuhause auf der Couch

- Was nicht passt oder nicht gefällt, wird zurückgeschickt.

- Geht aber auch mal gerne direkt ins Geschäft - will dort aber nicht mehr bezahlen als online

- Recherchiert wird über Freunde - oder online

- Beeinflusst wird er von der Familie zuhause und von sehr engen Freunden, die dieselben Interessen haben.

NUTZUNGSVERHALTEN & KAUFPROZESS

PAUL SUCHT NACH EINEM HOTEL FÜR DEN WANDER-FAMILIENURLAUB

- Er freut sich zwar auf den Urlaub - will aber wenig Zeit für die Recherche investieren. Die Entscheidung trifft er längst nicht mehr alleine. Umso wichtiger, dass er schnell etwas findet, das alle Familienmitglieder glücklich macht.

- Paul möchte einen schönen & unkomplizierten Familien-Wanderurlaub verbringen, der alle Bedürfnisse stillt.

- Er sucht ein schickes Hotel mit tollem Service in einer Lage mit Wanderrouten für die ganze Familie.

- Dennoch will er die Gelegenheit haben, sich auszutoben (beim Schwimmen, beim Laufen, etc.)

- Wenn seine Familie glücklich ist, ist er es auch!

ERWARTUNGEN &

ZIELE

DIE IDEALE LÖSUNG

„ICH WILL EINE UNKOMPLIZIERTE UND SCHNELLE LÖSUNG ZU EINEM SUPER PREIS-LEISTUNGS-VERHÄLTNIS!"

Miri, 24 Jahre alt

FOTO

Miri ist 24 Jahre alt, lebt in München und hat soeben ihr Studium abgeschlossen. Nach diversen Praktika während der Ausbildung hat sie ihre erste Festanstellung angenommen - mit ihrem Jahresgehalt von 30.000 Euro ist sie zwar fürs Erste zufrieden, will aber noch hoch hinaus. Miri ist Single, wohnt in einer kleinen Wohnung und verbringt viel Zeit mit Freunden, die in einer ähnlichen Lebenssituation wie sie sind.

Miri teilt ihr Leben auf Instagram und Snapchat, liebt Mode und geht gerne aus. Sie liebt Marken und spart lange auf neue Items, an denen sie sich noch lange erfreut.

DEINE PERSONA

STATEMENT

EIN LEBEN OHNE SMARTPHONE KENN ICH NICHT.

Ich nutze die sozialen Medien ganz anders als meine Eltern.

Meine Vorbilder sind reale Menschen (Instagram und Blogger) - keine fiktiven Rollen in Serien.

PRÄFERIERTE MARKEN & LEBENSWEISEN

- Skandinavische Designer und Labels

- Legt Wert auf Bio-Lebensmittel und Superfood

- Sie kauft entweder online oder bei ausgedehnten Shoppingtouren mit Freunden.

- Was nicht passt oder nicht gefällt, wird problemlos zurückgeschickt.

- Inspiration sucht sie auf Pinterest und Instagram.

- Beeinflusst wird sie von Instastars, Bloggern und anderen Influencern und von Freunden, die dieselben Interessen haben wie sie.

- Es gibt nichts, was es nicht online gibt (Musik, Shopping, Filme, Bücher, Mode, Möbel, Essen, ...)

**NUTZUNGSVERHALTEN &
KAUFPROZESS**

MIRI FREUT SICH AUF DEN URLAUB UND WILL EIN SCHÖNES UND VOR ALLEM SCHICKES HOTEL, DAS SICH GUT AUF FOTOS MACHT.

Sucht online - in einem Reisebüro war sie noch nie!

ERWARTUNGEN &

ZIELE

DIE IDEALE LÖSUNG

„ICH WILL EIN SCHICKES HOTEL ZU EINEM TOP-PREIS."

DEINE CHALLENGE

DU BIST DRAN!

NO. 06

**" UND JETZT DU!
WENDE DEIN NEUES WISSEN AN.**

Erstelle mithilfe der Vorlage ein bis vier Personas für dein Projekt. Nimm dir dafür ausreichend Zeit, sammle Informationen über deine Persona und lasse dir von Kollegen helfen.

Eine fertige Vorlage zum Download findest du auf

WWW.PUNKT-KOMMA.AT/CONTENT-MARKETING-WORKBOOK

PLATZ FÜR DEINE
NOTIZEN

KAPITEL 4

CONTENT BRAUCHT EIN ZUHAUSE

Deine Kommunikationsziele sind definiert? Deine Personas erstellt? Gratulation! Du hast schon ein großes Stück Arbeit geschafft. Wertvolle Arbeit, die dir ab sofort immer helfen wird, deine Content-Marketing-Ziele zu erreichen. Bevor wir uns nun mit dem nächsten wichtigen Punkt, der Content-Planung, beschäftigen, wollen wir uns noch kurz dem Zuhause deines Contents widmen.

Ganz gleich, welche Content-Marketing-Maßnahmen du setzt: Die Zentrale deines Tuns ist immer dein Content-Zuhause. Das kann deine Website, ein Blog oder aber auch ein Content-Hub sein. Das Content-Zuhause zählt zu deinen eigenen Mediatypen und ist ein Bereich, den du zu 100 Prozent selbst bestimmen kannst.

Mithilfe deiner sozialen Medien verteilst du den Content. Mithilfe von bezahlten Ads generierst du noch mehr Reichweite. Und dennoch führt alles, was du in Zukunft im Rahmen des Content Marketings machst, schlussendlich wieder zu deinem Content-Zuhause zurück.

4.1   Die Website

Die Website ist der Auftritt des Unternehmens im Internet. Hier werden Leistungen und Lösungen beschrieben und übersichtlich dargestellt. So geschmackvoll und übersichtlich wie nur möglich. Je nach Branche und Produkt werden dem Unternehmensauftritt im Web unterschiedliche Ziele zugeordnet, und diese Ziele unterscheiden sich somit stark untereinander.

Was genau für dich und dein Unternehmen die richtige Art von Website ist, hängt stark vom Zweck deines Unternehmensauftrittes im Web ab. Der Zweck ist der Grund, warum du deine Website gestaltest und online gestellt hast. Google[1] geht davon aus, dass jede Website ihre Daseinsberechtigung hat und aus einem guten Grund online ist. Nämlich um dem User zu helfen.

Da gibt es die Online-Shops, die Reiseplattformen, die Informationsseiten, die Inspirationsseiten, die Unternehmensvorstellungen, News-Websites, PDFs, Homepages, Video-Seiten, Online-Foren, ... und jede dieser Websites verfolgt andere Ziele. Zum Beispiel Informationen zu einem bestimmten Thema bereitzustellen, persönliche oder soziale Infos bereitzustellen, die Bereitstellung von Bildern, Videos, Infografiken, ... zu unterhalten, zu verkaufen, Usern die Möglichkeit zu geben, um Fragen zu beantworten, sich etwas downzuladen, Dateien zu teilen, ... und vieles, vieles mehr.

---

1. *https://static.googleusercontent.com/media/www.google.com/de//insidesearch/ howsearchworks/assets/searchqualityevaluatorguidelines.pdf*

Das Wort „Homepage" wird oft als Synonym für die Website verwendet. Die Homepage ist aber nur, wie der Name schon sagt, die Startseite.

4.2   Dein Blog

Viele Unternehmen haben bereits einen Corporate Blog im Einsatz. Kein Wunder, belegen doch zahlreiche Studien, dass bloggende Unternehmen mehr Besucher, Leads und Umsatz generieren. Auf einem Blog kann und soll es auch um persönliche Meinungen gehen – daher eignet sich ein Blog ganz besonders gut, wenn dein Kommunikationsziel zum Beispiel »Personal Branding« oder »Aufbau des Expertenstatus« lautet.

Blogs, Online-Magazine und Blogazine

Im Unternehmenskontext sind Blogs oftmals Bestandteil der Unternehmenswebsite und bieten Geschichten aus oder rund um das Unternehmen selbst, fungieren als Ratgeber oder präsentieren sich als professionelles Online-Magazin.

Je nach Unternehmen und Content-Marketing-Ziel unterscheiden wir zwischen klassischen Blogs und Online-Magazinen. Beliebt ist auch den Hybrid aus beiden Kategorien, das sehr gerne von Unternehmen angewendet wird. Das Blogazine. Es bietet Themen, die in die Tiefe gehen, ist aber gleichzeitig authentisch und liefert Erfahrungen. Ich persönlich liebe Blogazine, da sie immer nutzenstiftende und relevante Themen auf Augenhöhe bieten.

Der Unternehmensblog

Authentischer Inhalt darf aber bitte nicht mit »Lass-uns-einfach-mal-irgendwas-machen-Inhalten« verwechselt werden. Leider findet man auf vielen Unternehmenswebsites allerdings genau das. Schließlich war damals, als die Corporate Blogs eingeführt wurden, der Wunsch groß, dass möglichst viele Mitarbeiter beim Blog mitwirken. Der Authentizität zuliebe wurden die Fotos gerne auch selbst gemacht. Und so landeten, der Authentizität zuliebe, auch schlecht belichtete Fotos mit wackeligen Motiven in einem Blog, der eigentlich das Unternehmen repräsentieren sollte. Man wollte Kundennähe zeigen – schließlich ist ein Blog ein soziales Medium und stammt aus der Zeit, als das Web 2.0. groß im Kommen war. Das Ergebnis waren Inhalte wie »Wir bekommen einen Award verliehen«, »Die

Reinigungsdame feiert ihr 10-jähriges Jubiläum«, »Spatenstich für die neue Mitarbeiterkantine« und ähnliche Inhalte, die für den Kunden wenig bis gar keinen Nutzen bieten. Dass diese Inhalte dann nur wenig Erfolg hatten, verwundert kaum. Aber beim »Blog« darf halt jeder mitwirken, und »Fehler zu machen, ist erlaubt«, so lautete die Devise.

Diese Zeiten sind vorbei!

Die Zahl deiner Mitbewerber um die Leser im Web ist groß. Nein sogar riesig. Schließlich treten immer mehr Unternehmen als Publisher auf. Ein gutes Beispiel dafür ist etwa das Reisemagazin von Kayak. Während Urlaubswütige auf der Reiseplattform Kayak.de ihre Flüge und Unterkünfte buchen können, bietet das Reisemagazin Inspirationen und Tipps für ebendiesen Urlaub.

www.kayak.de/magazine

4.3 Content-Hub

Ein Content-Hub ist ein ganz spezieller Bereich zu einem ganz bestimmten Thema, das neben deiner eigentlichen Unternehmenspräsenz im Web existiert. Je nach Bedarf und strategischer Ausrichtung kann ein Content-Hub eine Unterseite deiner Unternehmens-Website sein oder aber auch – so wie in den meisten Fällen – eine eigenständige Website auf einer eigenen Domain.

Auf deinem Content-Hub finden deine Leser jene Inhalte, die sich explizit mit einem bestimmten Thema befassen. Und zwar in allen Content-Formaten, die du bereitstellen kannst. Der Content dafür kann ausschließlich von dir stammen – kann aber auch ein kuratierter Inhalt (also Inhalt von einer anderen Seite, die zu deinem Thema passt und die du teilst) oder Content aus sozialen Netzwerken sein. Merkst du den Unterschied zu deiner Unternehmenswebsite? Wichtig ist jedoch, dass du die Kontrolle über deinen Content-Hub hast und somit entscheiden kannst, was erscheint und was nicht.

Kurzum: Ein Content-Hub ist also jene Schnittstelle im Web, bei dem alle deine Marketingaktivitäten zusammenlaufen. Und auf dem du Miri und Paul beim Entscheidungsprozess bis zum Kauf begleiten kannst.

Ein Beispiel für ein Content-Hub eines Unternehmens – wieder aus der Reisebranche – ist die Plattform travel.me. Hier bündelt der Reiseveranstalter TUI – neben der allgemeinen Unternehmenswebsite *tui.de* – die journalistische Kompetenz seiner Marken und stellt jeglichen Content seiner Marken (Content, der nicht nur von den eigenen Redakteuren, sondern auch von Bloggern stammt) gesammelt auf einer Plattform zusammen.

Ein weiteres Beispiel ist die Marke Williams-Sonoma Taste (ein Haushaltswarenhändler aus den USA), die auf dem Content-Hub Rezepte und Kochtipps bereitstellt.

SHOP   ABOUT   CONTACT US

WILLIAMS SONOMA

TASTE

RECIPES   COOK   DRINK   ENTERTAIN   MAKE   LEARN   MEET   LIVE

search Taste

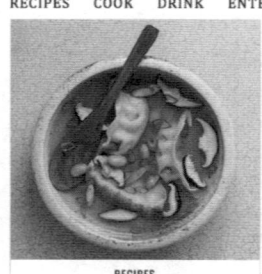

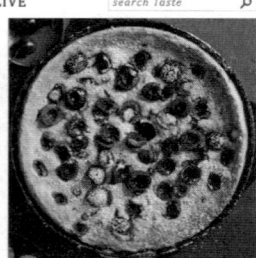

RECIPES
Miso Soup with Vegetable Gyoza

RECIPES
Creamy Eggs Florentine with Crispy Sourdough Crumbs

RECIPES
Cherry Clafoutis

ENTERTAIN
Sarah Michelle Gellar Shares Gift Ideas for Food-Crafting Moms

Sarah Michelle Gellar knows that a lively kitchen is the key to a happy family. She may have become a household name thanks to Buffy the … read more

April 19, 2017 | Leave a comment

MEET THE MAKER
Gaby Dalkin

Blogger Gaby Dalkin shares her go-to party menu and kitchen essentials

LEARN MORE ›

LINKTIPPS

www.travel.me
blog.williams-sonoma.com

Ob Website, Online-Magazin, Corporate Blog oder Content-Hub – das Zuhause deines Contents ist die Basis deiner gesamten Content-Marketing-Strategie. Denn alle Inhalte, die du im Rahmen des Content Marketings erstellst und verteilst, sollen deine Leser schlussendlich wieder zurück zum Zuhause deiner Inhalte führen, um dort ihre jeweiligen Bedürfnisse zu stillen.

TEIL 2

CONTENT-PLANUNG: THEMENFINDUNG, RICHTIGER CONTENT UND RESSOURCEN

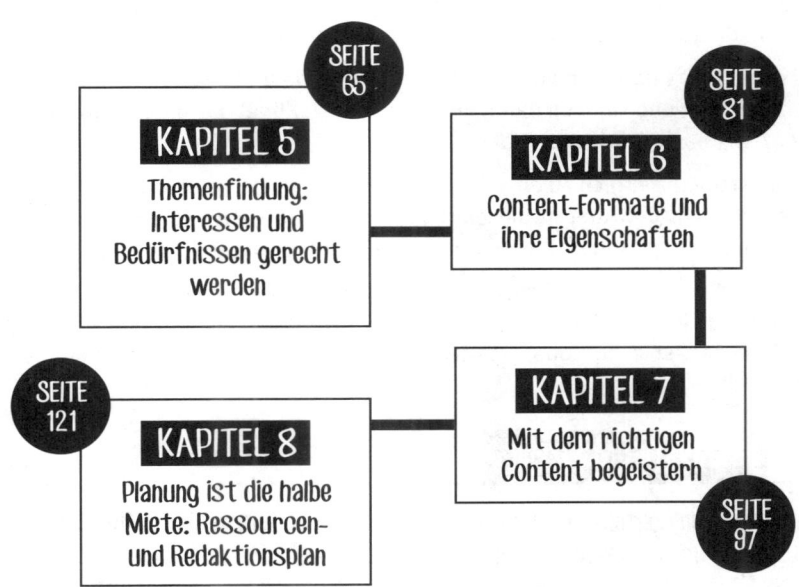

SEITE 65

KAPITEL 5
Themenfindung: Interessen und Bedürfnissen gerecht werden

SEITE 81

KAPITEL 6
Content-Formate und ihre Eigenschaften

SEITE 121

KAPITEL 8
Planung ist die halbe Miete: Ressourcen- und Redaktionsplan

KAPITEL 7
Mit dem richtigen Content begeistern

SEITE 97

Herzlichen Glückwunsch! Du bist nun bei Teil 2 des Content-Workbooks angekommen. Was im Umkehrschluss bedeutet, dass du mithilfe des ersten Teils bereits für ein gutes Fundament deiner Content-Strategie gesorgt hast. Das ist hervorragend!

Du hast deine Ziele definiert und deine Personas kennengelernt, so dass wir nun zügig mit deiner Content-Planung weiterarbeiten können. Mit ihr planst du Schritt für Schritt das Vorgehen deiner zukünftigen Content-Marketing-Maßnahmen. Mehr noch: Du erstellst einen Fahrplan für all deine Content-Maßnahmen. Und zwar ganz strategisch.

Nur durch eine umfassende und vorausschauende Planung stellst du sicher, dass alle deine Aktivitäten wie aus einem Guss wirken. Achte darauf, dass dein Konzept durchdacht ist. So vermeidest du in der Content-Erstellungsphase unnötige Hürden: die den gesamten Prozess massiv erschweren. Du wirst sehen: Eine gute Planung ist im Content Marketing die halbe Miete.

In den folgenden Kapiteln geht es daher um die Planung von durchdachten und strukturierten Inhalten. Um die Planung von Content-Formaten und um die Bedürfnisse von Miri und Paul. Um ihr Suchverhalten sowie ihre Customer Journey. Um Themen, die für Begeisterung sorgen. Und um Deadlines.

Und dann geht's natürlich auch noch darum, dass du all dieses Wissen unter einen Hut bekommst und sinnvoll damit arbeiten kannst. Klingt das nicht spannend? Und gleichzeitig nach richtig viel Arbeit?

Ich will jetzt ganz ehrlich zu dir sein: Es ist beides zugleich. Und du hast noch einen weiten Weg vor dir. Aber in diesem Fall ist der Weg auch das Ziel, und die viele Arbeit wird sich garantiert lohnen. Das verspreche ich dir!

Wenn du den Inhalt der nächsten Kapitel gewissenhaft für dich durcharbeitest, dann wirst du in Zukunft deine Leser nicht nur zufriedenstellen, sondern sie begeistern. Und das ist genau das, was wir uns wünschen. Begeisterung. Verliere also keine Zeit!

MACH DIR NOTIZEN!

Im gesamten Content-Workbook findest du immer wieder Platz für Notizen. Nutze sie und schreibe alles auf, was dir beim Lesen einfällt. Du wirst sehen, diese Notizen sind sehr wertvoll – sie sind der Beginn von richtig guten und nutzenstiftenden Inhalten. Vertrau auf dich!

KAPITEL 5

THEMEN-FINDUNG

INTERESSEN UND BEDÜRFNISSEN GERECHT WERDEN

Um Miri und Paul zu erreichen, musst du mehr machen, als gut aufbereiteten Content online zu stellen. Du musst den richtigen und besonders relevanten Content online stellen. Damit dir das gelingt, brauchst du die richtigen Themen. Solche, die auf die User-Intention abzielen und somit Miri und Paul relevanten Inhalt bieten. Du erinnerst dich: **Es geht nicht um mehr, sondern um besseren Inhalt.** Nur wenn du besseren Inhalt als deine Mitbewerber zu bieten hast, hast du eine Chance auf Erfolg.

Rufe dir in Erinnerung, dass dein Mitbewerber im Internet nicht immer der gleiche Mitbewerber ist wie im tatsächlichen Leben. So kann es zum Beispiel vorkommen, dass du zum Thema »E-Bike-Wanderungen« ranken möchtest, weil du für den Content eines Radreiseunternehmens verantwortlich bist.

Und siehe da – dein Content-Mitbewerber ist plötzlich eine Frauenzeitschrift, die einen Schwerpunkt zum Thema E-Bike gemacht hat. Zahlreiche E-Bike-Touren mit hübschen Bildstrecken, Tipps für Einsteiger und Tipps rund um die ganze Reiseplanung wurden von diesem Frauenmagazin veröffentlicht. Und so kommt es, dass Paul, wenn er nach »E-Bike-Touren in Österreich« sucht, immer wieder auf dieses Frauenmagazin stößt und nicht auf dich. Was natürlich sehr schade ist, denn im Gegensatz zum Frauenmagazin könnte Paul bei dir auch schon seine E-Bike-Reise buchen!

Themen für Miri und Paul

Es gibt zahlreiche Wege, um kreative Ideen für guten Content zu generieren. Bevor du fragst: Es gibt immer spannende Themen! Die Ausrede »Bei uns gibt's nichts Interessantes« gilt also nicht.

Doch geht es beim Content Marketing leider nicht nur um die kreativen Ideen, sondern und noch viel mehr um die Relevanz. Wenn du mit der Themenfindung startest, solltest du daher unbedingt bereits deine Personas definiert haben. Diese dienen dir in der Themenfindungsphase als sogenannte Filter. Themen, die von Miri und Paul nicht gesucht werden, können noch so kreativ und spektakulär sein – du wirst damit keinen Erfolg haben. Und das sind dann auch diejenigen Themen, die ganz schnell wieder von deiner Themenliste gestrichen werden. Schade, wenn du deine Ressourcen dafür verschwenden würdest. Aus diesem Grund kommen wir auch bei der Themenfindung um eine kleine Datenanalyse nicht herum.

Lege dir zu Beginn dieser Phase eine Themenliste an, in der du alle Ideen sammelst. Bist du mit der Liste fertig, werden die Themenideen anschließend hinterfragt und analysiert. Jedes Thema, das bei Miri und Paul keine Begeisterung auslöst, fällt durch den Rost.

Dann sind da noch deine Content-Marketing-Ziele, die du immer im Hinterkopf haben solltest. Themen, die nicht zu deinem Unternehmen passen und nicht auf deine ernannten Content-Marketing-Ziele einzahlen, darfst du ebenfalls von der Themenliste streichen. Doch bevor wir jetzt über »Themen streichen« nachdenken, starten wir doch lieber damit, uns richtig tolle Themen zu überlegen.

Hol dir jemanden ins Planungsteam, der stellvertretend für Miri und Paul steht und die Themenvorschläge kritisch hinterfragt.

PLATZ FÜR DEINE

5.1 Bedürfnisanalyse mithilfe von Daten

In diesem Abschnitt geht's nun um etwas super Menschliches: Wir wollen über Bedürfnisse sprechen.

- Welche Fragen stellen sich Miri und Paul, wenn sie im Internet nach Antworten suchen und dein Produkt dafür relevant sein könnte?
- Welche Fragen stellen sich alle anderen?
- Wie kannst du ihnen relevanten Content liefern, der sie begeistert und all ihre Fragen bestmöglich beantwortet?

Im Rahmen der Bedürfnisanalyse beschäftigen wir uns daher intensiv mit den Fragen und Bedürfnissen deiner Personas – und zwar auf Basis von Suchanfragen. Kennst du die Suchanfragen deiner Persona, kannst du darauf optimierte Inhalte produzieren.

5.1.1 Themen auf Basis von Suchanfragen

Lass uns mit einer ganz simplen und schnellen Möglichkeit starten. Einen ersten Einblick, was in Zusammenhang mit deinem Thema gesucht wird, gewinnst du über die Suchmaske von Google. Öffne also jetzt gleich die Startseite von Google und tippe ein beliebiges Wort ein, das zu deinem Unternehmen passt. Spielen wir ein Beispiel durch: Wenn du »Wie E-Bike« eintippst, erscheinen weitere häufig eingegebene Fragen.

- Wie funktioniert ein E-Bike?
- Wie schwer ist ein E-Bike?
- Wie schnell fährt ein E-Bike?
- Wie lange hält ein E-Bike?

Das zeigt dir schon mal, welche Fragen sich zahlreiche User in Zusammenhang mit dem Thema Fenster stellen. Lässt du das Fragepronomen nun weg und tippst stattdessen »E-Bike-Tour« ein, kommen folgende Vorschläge von Google.

- E-Bike Touren
- E-Bike Tourenrad
- E-Bike Touring
- E-Bike Touren Südtirol

Am Markt existieren zahlreiche SEO-Tools, die dir bei diesen Analysen helfen. Welches du davon gerne verwenden möchtest, hängt natürlich von Faktoren wie Unternehmensgröße, Budget und dann natürlich auch vom Geschmack ab. Zu den Luxuslinern zählt zum Beispiel die Searchmetrics Suite mit der Searchmetrics Content Experience. Auch unter den hochpreisigen Tools einzureihen sind Onpage.org und Sistrix – klassische SEO-Tools, die immer und immer mehr den Content in die Analyse einbeziehen.

Wer nicht so tief in den Geldbeutel greifen möchte, kann sich mit kostengünstigeren Tools einen Überblick und erste Einblicke verschaffen. Hier zu erwähnen sind zum Beispiel Seolyze oder ScreamingFrog.

5.1.2 W-Fragen liefern Antworten

Ich liebe W-Fragen-Tools. W-Fragen-Tools bieten eine ideale Ergänzung, wenn es darum geht, Content nach Nutzerbedürfnissen zu konzipieren. Ein W-Fragen-Tool liefert jene Suchanfragen aus, die zu einer bestimmten Suchanfrage gestellt wurden. Zudem werden sie um ähnliche Anfragen ergänzt. W-Fragen kannst du entweder im SEO-Tool abrufen oder du kannst auf kostenlose Tools zurückgreifen.

Ein kostenloses Tool ist zum Beispiel answerthepublic.com. Vor dem Start kannst du das Land definieren, aus dem die gewünschten Daten kommen sollen. Startest du die Suche mit einem Oberbegriff, erhältst du mit dem W-Fragen-Tool mögliche Unterthemen und Variationen. Zusätzlich kombiniert answerthepublic.com die Suchbegriffe mit W-Fragewörtern. Fragst du auf answerthepublic.com nach dem Begriff E-Bike, erhältst du 150 Fragen. Von »Wo kann man sein E-Bike aufladen?«, Wo kann ich ein E-Bike mieten?«, Wo günstig E-Bike kaufen?«, Welches E-Bike kaufen?«, Welcher E-Bike-Antrieb ist der beste?« bis hin zu »Die schönsten E-Bikes« und »die schönsten E-Bike-Touren«. Was du davon hast? Das Wissen darüber, was Menschen zu diesem Thema und generell zu Themen bewegt.

Neben Answerthepublic.com ist Hypersuggest sehr empfehlenswert, wenn es um die Bedürfnisanalyse geht. Hypersuggest arbeitet, wie alle W-Fragen-Tools, mit der automatischen Vervollständigung aus Suchmaschinen. Neben dem W-Fragen-Tool bietet dieses ebenfalls kostenfreie Tool jedoch noch ein ganz besonderes Feature:

die Ausgabe der Datenquelle. Wenn du bei Hypersuggest also den Begriff »E-Bike« eintippst, erhältst du nicht nur zahlreiche Suchbegriffe zu diesem Thema, sondern auch die Information, ob dieser Suchbegriff auf Google, Google Shopping oder auf Youtube eingegeben wurde.

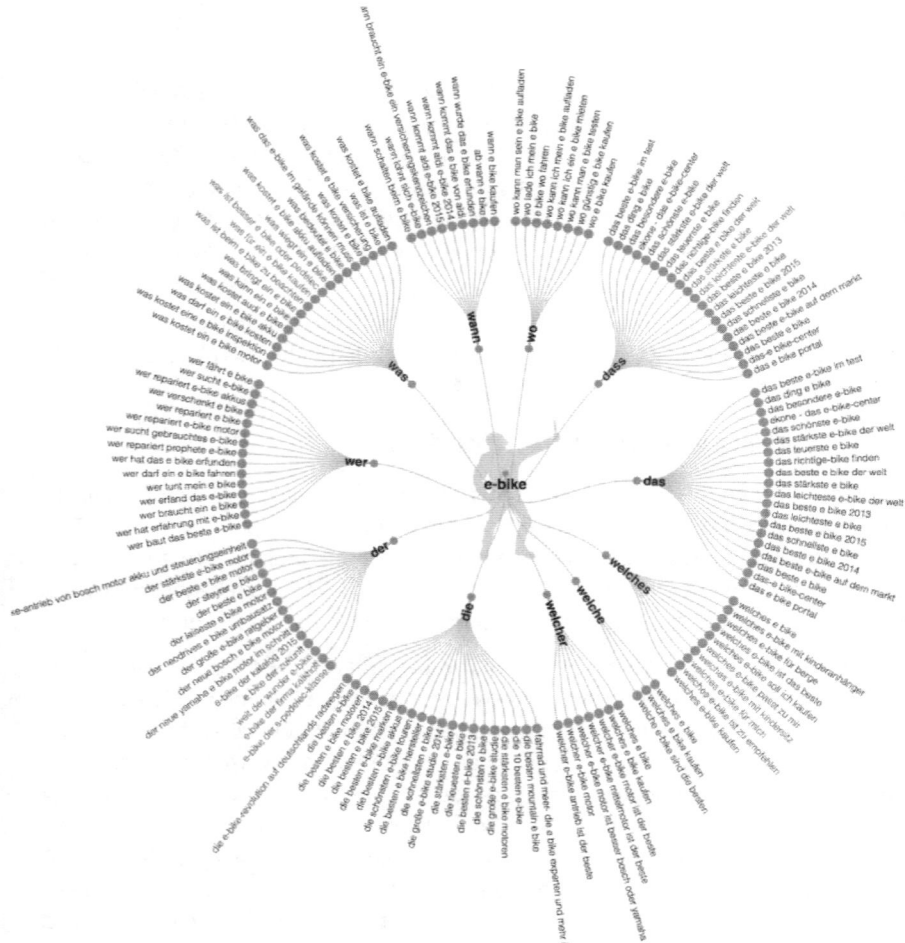

Insgesamt werden vier unterschiedliche Features angeboten: Reverse Suggest (vor dem Suchbegriff »bestes E-Bike«), Normal Suggest (nach dem Suchbegriff »E-Bike Touren«), Both Sggest (vor und nach dem Suchbegriff) und W-Fragen. Leider ist die Anfrage auf wenige Suchbegriffe begrenzt – hier musst du also den Cache leeren, damit du zusätzliche Begriffe analysieren kannst.

5.1.3 Visuelle Suchmaschinen

Um zusätzliche Begriffe herauszufiltern bzw. ein Gespür dafür zu bekommen, was Paul zum Thema E-Bike interessieren könnte, eignet sich die Plattform Eyeplorer. Eyeplorer bezeichnet sich selbst als eine semantische Wissensmaschine und zeigt Begriffe an, die zum jeweiligen Keyword passen. Innerhalb einer bestimmten Kategorie visualisiert das Tool semantische Zusammenhänge als Eyespot, der nach einem Doppelpunkt semantische Zusammenhänge zu einem anderen Eyespot aufzeigt. Mit etwas Geduld kannst du mit Eyeplorer tief in ein bestimmtes Thema eintauchen und so für dich relevante Nischenthemen finden.

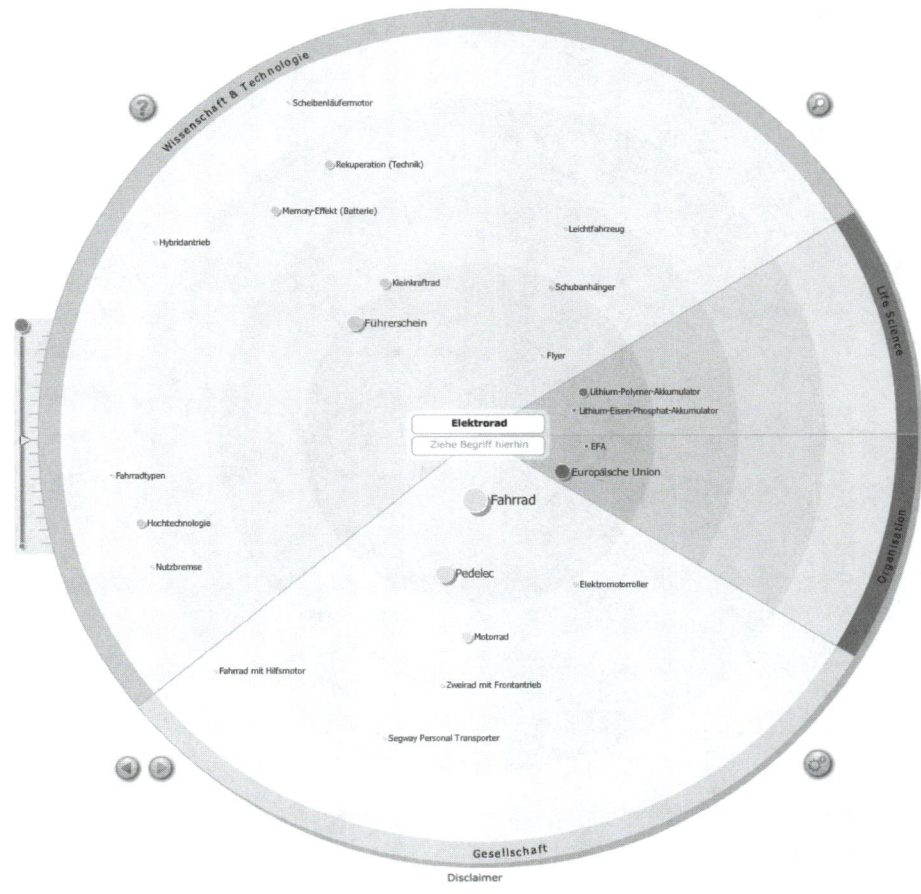

5.1.4 Datenanalyse mit Google

Aber auch Google selbst bietet kostenlose Tools für die Recherche an. Darunter der bekannte Google-Adwords-Keyword-Planer. Leider zeigt der Keyword-Planer nur bei einer laufenden Adwords-Kampagne genaue Daten an und ist somit für manche nur eingeschränkt verfügbar.

Immer abrufbar sind hingegen Daten aus Google Trends. Wenn du in Google Trends nach einem Begriff suchst – in unserem Fall »E-Bike«, werden dir verwandte Such-anfragen für diesen Begriff angezeigt.

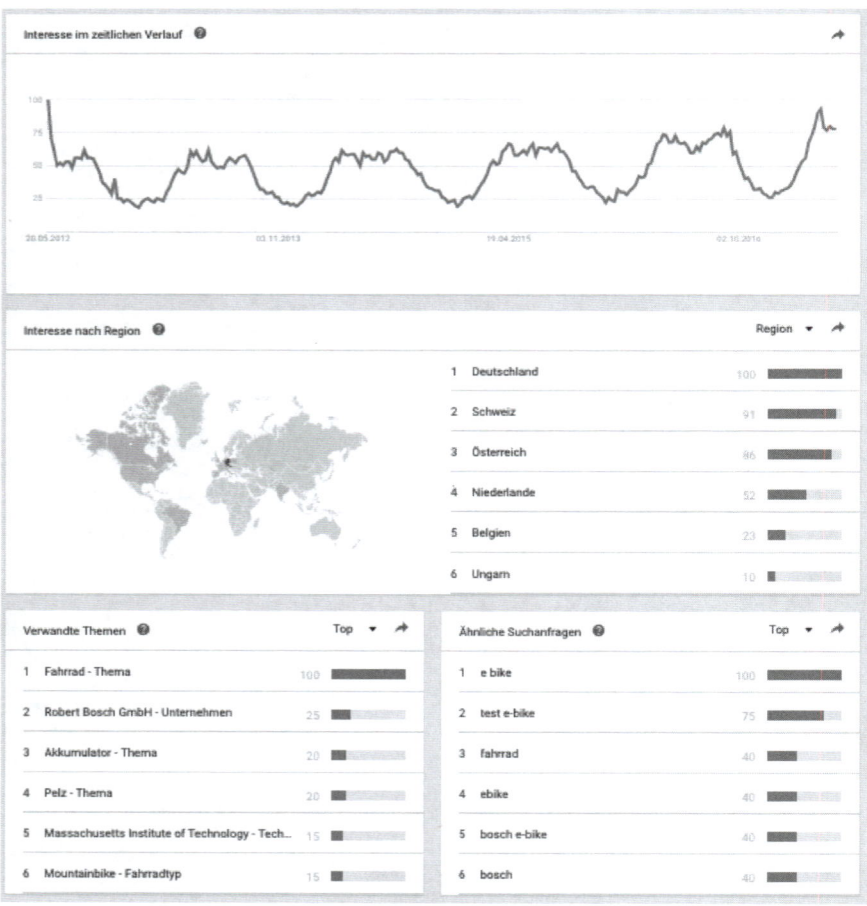

Wer Content Marketing rund um ein saisonales Thema betreibt, findet in Google Correlate ein kostenloses Recherche-Tool, das zu einem bestimmten Suchbegriff zusammenhängende Begriffe ausspuckt. Google Correlate bringt manchmal ein verborgenes Suchverhalten und frische Keywords zutage und macht uns die Themenfindung um ein Vielfaches einfacher. Im Falle der E-Bikes können wir davon ausgehen, dass sich E-Bike-Fahrer auch für gemütliche Hop-on-hop-off-Touren interessieren.

5.2   Themen offline finden

Neben den zahlreichen Tools, die dir die Online-Welt bereitstellt, gilt es aber noch zusätzliche Insights zu beachten. Und zwar diejenigen aus der Offline-Welt. Zum Beispiel den Kundenservice deines Unternehmens. Welche Fragen schlagen beim Kundenservice, an der Rezeption oder im Call-Center auf? In welchen Bereichen suchen deine Kunden Unterstützung und Support? Genau diese Themen sind es zusätzlich wert, in die Themensammlung mit aufgenommen zu werden, um Miri und Paul noch mehr Service zu bieten. Idealerweise hinterfragst du diese Themen dann mit deinen Online-Tools. Wie hoch ist das Suchvolumen zu diesen Fragestellungen? Zu welchem Themencluster könnten diese Anfragen passen?

Schnell zu neuen Themen

Ob online oder offline, deine Tools helfen dir im Themenfindungsprozess und liefern wertvolle Insights und Inputs. Keines davon kann aber deine Erfahrung oder dein strategisches Denkvermögen ersetzen. Hast du die Ergebnisse gesammelt, liegt es nun an dir, kreativ zu werden und dich für die richtigen Themen zu entscheiden, die auf tatsächliche Suchanfragen zugeschnitten sind. Dieser Content wird dann von Google ganz bestimmt honoriert, indem er nicht erst auf Seite acht der Suchergebnisse platziert wird. Somit wird er von Paul gefunden und gelesen. Wenn du mit deinem E-Bike-Content überzeugen kannst, wird Paul es dir danken! Davon bin ich überzeugt. Das wiederum führt zu positiven User Signals. Und das wiederum zu einem noch besseren Ranking. Und so weiter und so fort ...

Was machen die Mitbewerber?

Schau dich in deiner Branche um: Was machen deine Mitbewerber eigentlich so in Sachen Content Marketing? Falls noch nicht geschehen: Lerne deine Konkurrenten kennen! Weißt du wirklich ganz genau, wer sich da draußen außer dir noch am Markt tummelt? Wenn ja, kannst du sehr schnell sehen, mit welchen Themen Mitbewerber arbeiten und welche Formate sie dabei einsetzen. Hast du dir die Website deiner Mitbewerber angesehen, gehst du einen Schritt weiter und analysierst auch die sozialen Kanäle. Welche Inhalte werden besonders oft kommentiert, geteilt und geliked? Und von wem? Mit der Wettbewerbsanalyse erhältst du einen ersten guten Überblick darüber, welche Themen für dein Unternehmen relevant sein könnten und Potenziale für deine eigene Content-Marketing-Strategie aufweisen.

Nutze aktuelle Events und Feiertage zur Themenfindung

Orientiere dich bei deiner Themenfindung auch am Kalender. Fixstarter gibt es für jedes Unternehmen in jedem Jahr: Ostern, Valentinstag, Weihnachten, Halloween, Cyber Monday, Black Friday, Muttertag, Vatertag, Tag des Buches, Tag des Wassers, Welthundetag, Weltfrauentag, Welt-Jogginganzug-Tag und viele, viele, viele mehr. Rund um diese Termine und Tage lassen sich ganze Kampagnen stricken und entsprechender Content erstellen – natürlich immer mit Bezug zu deinem Unternehmen. Auf *https://www.daysoftheyear.com/* findest du übrigens eine umfangreiche Sammlung aller möglichen Thementage, verteilt auf das ganze Jahr. Eruiere diejenigen, die für dein Unternehmen sinnvoll sein könnten, und notiere sie auf deinem Themenplan.

TIPP

Orientiere dich an unternehmensinternen Terminen. Diese können zum Beispiel Produkt-Launches oder wichtige Messen sein. Aber auch saisonale Themen, wie zum Beispiel zum Wintersport oder zum Sommerurlaub für Familien.

Kopieren erlaubt: Was machen die anderen?

Informiere dich in einschlägigen Medien – auch offline.

Dazu musst du viel lesen. Nicht nur auf themenrelevanten Online-Plattformen, sondern auch in Printmagazinen. Sammle Fachartikel, die sich mit deinem Thema beschäftigen und relevant sein können. So bekommst du oft neue Ideen und Impulse, die vielleicht nicht primär zum Produkt passen, sich aber in derselben Themenwelt befinden.

5.2.1 Kreativitätstechniken

Insgesamt existieren rund 350 bewährte Kreativitätstechniken. Auf zahlreiche davon kannst du auch in der Content-Strategie-Phase zurückgreifen. Mithilfe der unterschiedlichen Kreativitätstechniken generierst du in kurzer Zeit zahlreiche neue oder andere Ideen. In der Phase der Themenfindung soll es nicht darum gehen, welche der generierten Themenideen tatsächlich Wirklichkeit werden, sondern vielmehr darum, neue Sichtweisen und neue Ansätze zu finden, wie du deinen Content aufbereiten kannst, um dich von den Mitbewerbern abzuheben und somit aufzufallen.

Für diesen Prozess holst du dir am besten ein kreatives Team zur Seite, mit dem du Ideen genieren kannst. Das ist leichter gesagt als getan. Denn Kreativität lässt sich nicht per Knopfdruck einschalten. Aus diesem Grund findest du in diesem Unterkapitel ein paar Tipps und Tricks, die dich und deine Kollegen in diesem kreativen Prozess unterstützen. Die unterschiedlichen Kreativitätstechniken verfolgen unterschiedliche Ziele und sind für die Ideenfindung in unterschiedlichen Bereichen geeignet.

Die 6-3-5 Methode: 108 Ideen in 30 Minuten

Mit der 6-3-5-Methode arbeite ich am liebsten. Sie liefert in zirka 30 Minuten bis zu 108 neue Ideen. Im Anschluss werden diese dann bewertet. Klar sind nicht immer alle Ideen es wert, in den Themenplan aufgenommen zu werden, aber es sind immer richtig coole »Out-of-the-Box«-Themen dabei, und das eine oder andere wird dir garantiert ein Schmunzeln ins Gesicht zaubern. Es ist immer super spannend zu sehen, auf welch schräge Ideen die Kollegen bei solchen Kreativmethoden kommen.

So funktioniert's

Sechs Teilnehmer mal drei Ideen mal fünf Reihen: Diese Methode eignet sich für die Generierung von Vor-Ideen und zur Ideenanreicherung. Sie funktioniert sehr spontan und auch mit noch ungeübten Teilnehmern und hilft bei der Generierung von manchmal sehr ungewöhnlichen Ideen. Für diese Ideenfindung braucht es sechs Teilnehmer – sie funktioniert aber auch mit weniger – liefert dann auch aber weniger Output. Jeder Teilnehmer erhält ein vorbereitetes Arbeitsblatt mit fünf Zeilen zu je drei Spalten. Trage im Kopf die Fragestellung ein – hierfür eignen sich Suchbegriffe oder Oberthemen ideal. In unserem Fall wäre der Begriff »E-Bike«. Auf dem Arbeitsblatt des Kollegen steht vielleicht der Begriff »Mountainbike« und auf wieder einem anderen Arbeitsblatt der Begriff »Rennrad«. Diese Begriffe werden bereits im Vorfeld definiert. Nun hat jeder drei oder fünf Minuten Zeit, sich zum Oberbegriff drei Ideen einfallen zu lassen und diese in die Felder in der ersten

Zeile einzutragen. Nach Ablauf der Zeit wird das Blatt an den Sitznachbarn weiter-gereicht. Dieser versucht nun, die bereits genannte Idee zu ergänzen oder weiter-zuentwickeln. Auf diese Weise werden die bereits vorhandenen Ideen immer wei-ter aufgegriffen, erweitert und verfeinert. Die Blätter werden insgesamt fünf Mal weitergegeben, bis jeder jede Ideenliste ein Mal vor sich hatte.

Einfach mal rausgehen

Das mag jetzt vielleicht etwas unerwartet kommen, aber: Geh einfach mal raus oder zumindest weg vom Schreibtisch. Der Schreibtisch ist für kreative Gedanken laut Studien ein sehr ungeeigneter Ort – er erinnert uns zu sehr an Arbeit und Stress. Oft hilft es also, einfach mal den herkömmlichen Arbeitsplatz zu verlassen. Meine Ideen kommen oft beim Joggen. Bei anderen wirkt das Duschen wahre Wunder.

Klar kannst du nun nicht in deiner Arbeitszeit deine Laufschuhe anziehen und los-laufen – aber vielleicht hast du die Möglichkeiten für einen Spaziergang. Laut einer Studie von Marily Oppezzo und Daniel L. Schwartz von der Stanford-Universität reicht ein Spaziergang aus, um bessere Ideen zu bekommen. Worauf wartest du also noch? Klapp dein Workbook zu, und geh eine Runde um den Block! Oder noch besser: Nimm das Workbook mit und setz dich nach deinem Spaziergang damit in den Park, um dort weiterzulesen! Vergiss dabei nicht, deine Ideen aufzuschreiben. Nutze dafür die Notizfelder im Buch.

Der Klassiker: das Brainstorming

Das Brainstorming ist wirklich der Klassiker unter allen Kreativitätstechniken und eignet sich bestens als Einstieg in die Themenfindung. Ich verwende es liebend gerne als Vorstufe der 6-3-5-Methode. In Kombination sind die beiden Techniken ein fabelhaftes Dreamteam. Das Gute beim Brainstorming ist, dass die Technik auch alleine angewendet werden kann – dennoch gilt auch hier – je mehr Teilneh-mer, desto besser. Wichtig ist bei jedem Kreativitätsprozess die Zusammenstellung des Teams. Jemanden mit ins Team zu wählen, der Angst davor hat, Ideen zu spin-nen, und der nur selten etwas beiträgt, ist verschwendete Ressource und wirkt sich negativ auf das restliche Kreativitätsteam aus. Insbesondere das Brainstorming lebt vom Gedankenanstoß der anderen. Genau aus diesem Grund gibt es beim Brainstorming sieben feste Regeln, die du in jedem Fall an dein Team weitergeben solltest, bevor ihr startet.

Die Regeln des Brainstormings

- keine Kritik an anderen Beiträgen, Ideen und Lösungsvorschlägen
- überhaupt keine Kritik
- auch Unmögliches aussprechen
- Ideen anderer aufgreifen

- Befangenheit verdrängen (den »inneren Zensor« ausschalten)
- je kühner und phantasievoller, desto besser
- keine Angst vor Blamage

DEINE CHALLENGE

DU BIST DRAN!

NO. 07

,, UND JETZT DU! WENDE DEIN NEUES WISSEN AN.

Nutze die Gunst der Stunde und vereinbare mit deinen Kollegen einen Termin in naher Zukunft, um mit ihnen ein Brainstorming und anschließend die 6-3-5-Methode anzuwenden.

Das vorgefertigte Arbeitspapier zum Download findest du auf WWW.PUNKT-KOMMA.AT/CONTENT-MARKETING-WORKBOOK

5.3 Der Themenplan

Beim Themenplan darf es zunächst einmal chaotisch und bunt zugehen. Alle möglichen Themen werden gesammelt, niedergeschrieben und grob in eine zeitliche Abfolge gebracht. Idealerweise findest du Hauptthemen und passende Randthemen. Ordne die Randthemen immer den Hauptthemen zu. Achte darauf, dass die Hauptthemen allgemein genug sind, um immer wieder neue Content-Ideen zu liefern, und so spezifisch sind, dass für jeden klar erkennbar ist, worum es geht.

Im Unterschied zum Redaktionsplan kommt es beim Themenplan nicht darauf an, wann genau der Content auf welchem Kanal gespielt wird, sondern vielmehr darum, welche Themen gespielt werden. Es ist aber durchaus sinnvoll, Themen zu jährlichen Fixterminen (Weihnachten, Firmengeburtstag) zu definieren. Je größer der Vorrat an Themen, umso einfacher wird später die Redaktionsplanung. Denke bei der Themenfindung also schon weiter in die Zukunft. Warum ein Themenplan Sinn macht? Wegen des roten Fadens, den die Leser immer und überall vorfinden werden.

Dein Themenplan ist also eine bunte Sammlung zahlreicher Ideen und Themen, die anschließend geclustert werden, und die schlussendlich im Redaktionsplan mündet.

Unterscheide deine Themen folgendermaßen: Möchte ich aktuelle Themen aufgreifen (Agenda Surfing) oder möchte ich selbst Themen setzen (Agenda Setting)? Besonders dann, wenn du nicht nur mit aktuellen Themen arbeiten möchtest, kommst du um einen Themenplan nicht herum. Im Unterschied zum Redaktionsplan gibt der Themenplan eine Marschrichtung vor und zeigt Synergien auf, die entstehen, wenn Themen untereinander vernetzt sind und genutzt werden können. Stell dir einen Themenplan wie ein erweitertes Brainstorming vor. Mit einem Themenplan stellst du sicher, dass die Leser dein Content Marketing als großes Ganzes wahrnehmen, nicht als buntes Sammelsurium.

PLATZ FÜR DEINE

NOTIZEN

DEINE CHALLENGE

DU BIST DRAN!

NO. 08

" UND JETZT DU!
WENDE DEIN NEUES WISSEN AN.

Nimm dir Zeit und verschaffe dir einen Überblick über deine Daten. Welche Inhalte sind für Personas relevant und nutzenstiftend? Füge diese Inhalte deiner Themenliste hinzu.

Eine fertige Vorlage zum Download findest du auf

WWW.PUNKT-KOMMA.AT/CONTENT-MARKETING-WORKBOOK

PLATZ FÜR DEINE
NOTIZEN

PLATZ FÜR DEINE
NOTIZEN

KAPITEL 6

CONTENT-FORMATE

UND IHRE EIGENSCHAFTEN

»Erstelle Content, der auf die Bedürfnisse von Miri und Paul ausgerichtet ist«, so lautet im Grunde meine Handlungsaufforderung an dich in jedem Kapitel. Nur Content, der auf die Bedürfnisse der Leser und somit auf die User-Intention abgestimmt ist, führt zu Begeisterung. Hast du deine Themen definiert und deinen Content kategorisiert, dann weißt du auch, dass es zahlreiche Ansatzpunkte für guten Content gibt.

6.1 Die einzelnen Content-Formate

Neben dem Thema und der Kategorie spielt auch das Format – also welche Art von Content du Miri und Paul anbietest – eine große Rolle im Rahmen der Content-Strategie.

Eigentlich könnte ich alleine über die Content-Formate ein ganzes Workbook füllen, denn so viele Möglichkeiten wie jetzt, Content zu produzieren, gab es noch nie. Gerade in dieser Fülle liegt aber auch die Schwierigkeit: nämlich den Überblick zu behalten und jene Formate für dich auszuwählen, die zu deinem Produkt, deiner Zielgruppe und natürlich deinem Ziel optimal passen. Im Grunde gibt es keine Inhaltsform, die sich nicht für Content Marketing eignet.

Im Wesentlichen lässt sich Content jedoch grob in drei Bereiche unterteilen: Text-Content, Bild-Content und Video-Content.

DENKE IMMER DARAN

Nicht jedes Content-Format ist für jede Zielgruppe und jedes Ziel geeignet!

Jedes Content-Format hat seine Pluspunkte, aber auch seine Schattenseiten. Damit du dich in der Fülle nicht verzettelst, stelle ich dir in diesem Kapitel die wichtigsten Content-Formate vor. Welche Formate für dich die richtigen sind, findest du ganz bestimmt schnell selbst heraus.

Leider gibt es auch in diesem Bereich keine allgemeingültige Empfehlung, denn die Content-Strategie von der Stange existiert nicht. Was bei einem Reiseunternehmen gut funktioniert, passt für den Stahlbaukonzern gar nicht. Lass dich nicht ablenken, verzettele dich nicht in der Fülle der Möglichkeiten und wäge die Vor- und Nachteile der Formate ab. Dieses Kapitel hilft dir dabei.

6.1.1 Der Eloquente: textbasierter Content

Text-Content ist mein ganz persönlicher Lieblings-Content. Das liegt wohl daran, dass ich mich tagein, tagaus mit diesem Content-Format beschäftige. Aber das alleine ist nicht der Grund, warum ich dieses Content-Format so sehr liebe. Die Vorteile, die textbasierter Content mit sich bringt, sind einfach unschlagbar.

Wir begegnen Text immer und überall – egal, ob im Internet, im Vorbeigehen auf Plakaten oder in der Zeitung. Worte sind dazu da, um genau das auszudrücken, was du sagen möchtest. Aufbereitet für deine Persona und abgestimmt auf deren Fragen.

Text ist universell und unverzichtbar. Denn Text ist eines von jenen zwei Content-Formaten, die jeder braucht. Das zweite Format ist Bild-Content. Aber dazu später mehr. Zurück zum Text: Text ist außerdem höchst SEO-relevant. Text-Content sorgt nämlich dafür, dass Google dich und dein Unternehmen in den Weiten des Webs findet. Schließlich können nur Textinhalte von Google ausgelesen werden. Du fragst dich jetzt vielleicht, wie Google es schafft, passende Videos oder Bilder zu einer Suchanfrage auszuliefern. Das ist nur aufgrund von Textbeschriftungen möglich. Aus diesem Grund ist es wichtig, dass alle deine Bilder immer mit Meta-Tags versehen werden. Aber dazu später mehr in Abschnitt 12.4.3.

DAS BESTE DARAN

Richtig guter Text wird niemals aus der Mode kommen. Mit textbasiertem Content gelingt es dir, das Know-how deines Unternehmens in den Vordergrund zu rücken – und so positionierst du dich als Experte.

Ein zusätzlicher Pluspunkt von textbasiertem Content ist, dass du die von dir erstellten Inhalte wiederverwerten kannst. Zum Beispiel kannst du ein Kapitel deines Whitepapers in einen Blog-Beitrag umwandeln. Oder du bietest eine Sammlung deiner besten Blog-Beiträge in Form eines E-Books an. Mehr zum Thema Content-Recycling findest du in Abschnitt 17.2.2.

Und dann wäre da noch die – im Verhältnis zu anderen Content-Arten – kostengünstige Herstellung von textbasiertem Content. Textbeiträge lassen sich im Vergleich zu Bildstrecken oder professionellen Videos sehr rasch und noch dazu kostengünstig produzieren.

Der Klassiker unter dem Text-Content sind Online-Texte für deine Website oder deinen Blog. Und dennoch: Text-Content ist enorm vielseitig und lässt sich in noch mehr Arten unterteilen. Um textbasierten Content selbst zu erstellen, solltest du unbedingt das Webtext-Handwerk beherrschen. Darum widmet sich dieses Content-Workbook in einem ganzen Teil (Teil 3) dem Thema Content-Erstellung und Webtexten.

Text-Content- Typen im Überblick

- Anleitungen & How-tos
- Blogbeiträge
- Case Studies
- Checklisten
- FAQs
- Glossar

- Hintergrundstorys
- Interviews
- Listen
- Newsletter
- Ratgeber

- Rezepte
- Social-Media-Content
- Webtexte
- Whitepaper

Anleitungen, How-tos & Rezepte

Anleitungen und How-to-Guides sind besonders starke Content-Formate. Schließlich will jeder gerne wissen, wie etwas funktioniert. Der DIY-Boom hat sein Übriges dazu beigetragen, dass Anleitungen besonders beliebt sind. Anleitungen kannst du in Form von Videos, aber auch in Form von Text anbieten. In einer Schritt-für-Schritt-Anleitung schaffst du mit diesem Content-Format eine Hilfestellung – und bist somit genau am Kern des Content Marketings: bei der Antwort auf deine Userfragen. Je nach Produkt und Fragestellung unterscheidet sich der Aufwand für die Erstellung eines How-tos. Thematisch sind dir jedoch bei diesem Format keine Grenzen gesetzt. How-to-Guides kannst du für fast alle Themenbereiche anbieten, ob technische Fragen wie »So erhöhst du den Pagespeed deiner Website um 30 Prozent« oder Rezepte (»Das beste Apfelkuchenrezept aus Österreich«) bis hin zu branchenspezifischen Anleitungen wie »So organisierst du einen Instagram-Takeover«.

Welche Fragen sich deine Personas stellen, findest du am besten mit dem W-Fragen-Tool heraus – mehr dazu in Abschnitt 5.1.2.

PLATZ FÜR DEINE
NOTIZEN

Optimales Medium für dieses Content-Format:

- Blog
- Online-Magazin
- Website

Blogbeiträge

Blogbeiträge sind ein ganz besonders beliebtes Content-Format – und wahnsinnig vielseitig einsetzbar. Wie dein Blogbeitrag aussieht, bestimmst du ganz allein. Entscheide selbst, wie du deinen Blogbeitrag gestalten möchtest: Ob als Snack-Content mit nur wenig Text oder in Form eines informativen Artikels zu einem ganz bestimmten Thema. Positioniere dich zu deinem Fachthema als Experte. Im Grunde kannst du (fast) alle Textformate auch in Form eines Blogbeitrags schreiben. Behalte dabei im Hinterkopf, dass tagtäglich rund 3.000.000 Blogbeiträge veröffentlicht werden. Du hast also große Konkurrenz. Umso wichtiger ist es, dass du dich aus der Menge hervorheben kannst. Das gelingt dir am besten durch Qualität.

Optimales Medium für dieses Content-Format:

- Blog
- Online-Magazin

Case Studies

Case Studies sind Fallstudien und insbesondere im B2B-Bereich ein gern genutztes Content-Format. In der Case Study beschreiben Unternehmen einen typischen Fall aus der Praxis – zum Beispiel kann eine Content-Agentur beschreiben, wie sie eine Content-Strategie für einen Kunden entwickelt hat, und anschließend das Ergebnis präsentieren. So können sich andere potenzielle Kunden von der Arbeitsweise und dem Know-how der Agentur überzeugen – denn Case Studies sind besonders glaubwürdig. Tipp: Wenn du solche Fallstudien veröffentlichen möchtest, kläre das immer mit dem Kunden ab, über den du öffentlich sprechen möchtest.

Optimales Medium für dieses Content-Format:

- Blog
- Online-Magazin
- Website

Checklisten

Ich liebe Checklisten. Ob meine tägliche To-do-Liste im Büro, meine Einkaufsliste oder meine persönliche Bucket-Liste für den nächsten Urlaub: Checklisten erleichtern es mir, mich zu organisieren. Bestimmt gibt es auch unzählige Möglichkeiten, nützliche Checklisten passend zu deinem Produkt anzubieten. Miri freut sich zum Beispiel über eine Checkliste für ihren nächsten Urlaub. Und Paul nutzt deine informative Checkliste für seine nächste Bike-Tour.

Eine Checkliste sollte nie mehr als 20 Punkte aufweisen – ist das der Fall, unterteile die Liste in einzelne Kategorien. Checklisten sind einfach formuliert und somit für den Leser schnell zu verstehen. Verwechsle eine Checkliste nicht mit Anleitungen oder How-to-Guides.

Optimales Medium für dieses Content-Format:

- Blog
- Online-Magazin
- Website
- Newsletter

FAQs

FAQs sind wunderbare Content-Formate – und das aus gleich mehreren Gründen. FAQ steht für Frequently Asked Questions, also Fragen, die in regelmäßigen Abständen beim Kundenservice deines Unternehmens aufschlagen. Ein gut gemachtes FAQ auf deiner Website beantwortet zahlreiche Kundenfragen und erleichtert zusätzlich noch den Alltag des Kundenservice. Außerdem ist ein FAQ ein Content-Format, das du laufend ergänzen und erweitern kannst. Somit bietest du nicht nur deinen Kunden ausreichend Information, sondern auch Google viel Text zum Indexieren und Auslesen.

Optimales Medium für dieses Content-Format:

- Website

Glossar

Ein Glossar oder Online-Lexikon eignet sich bestens für besonders komplexe Produkte, die viel Erklärung benötigen. Bei der Erstellung eines Glossars besteht die Gefahr der Betriebsblindheit – was für dich vielleicht ganz logisch ist, ist für jemanden, der nichts mit dieser Branche zu tun hat, gar nicht nachvollziehbar. Nehmen wir das Thema Content Marketing als Beispiel. Wörter wie SEO, Elevator Pitch oder Conversion sind für Personen, die nicht damit arbeiten, erklärungsbedürftig. Schließlich kannst du vielleicht auch nicht alle Fachbegriffe der Kernphysik erklären. Glossare sind alphabetisch geordnet, damit man schnell nach dem Wort, das man nicht versteht, suchen kann. Bei der Erklärung der einzelnen Begriffe sind dir aber keine Grenzen gesetzt – ob als Text, als Bild oder als Video, das bleibt ganz dir überlassen. Ein Beispiel für ein Glossar findest du am Ende dieses Workbooks. Dort werden alle Begrifflichkeiten rund um das Thema Content Marketing erklärt.

Optimales Medium für dieses Content-Format:

- Website

Hintergrundstorys & Portraits

Hintergrundstorys und Portraits bieten Miri und Paul detaillierte Informationen zu einem Land, einer Person oder einem Unternehmen. Da zahlreiche Leser gerne wissen möchten, was sich hinter den Kulissen abspielt, zählen Hintergrundstorys zu starken und beliebten Content-Formaten.

Optimales Medium für dieses Content-Format:

- Blog
- Online-Magazin
- Website

Interviews

Das Interview eignet sich bestens, um Expertenstimmen zu einem Thema zu veröffentlichen. Dabei ist es ganz egal, ob es sich um Experten aus den eigenen Reihen (also aus dem Unternehmen), um Kundenstimmen oder um Influencer-Interviews handelt. Das Beste am Influencer-Interview ist, dass die interviewte Person den Beitrag mit großer Wahrscheinlichkeit selbst auf ihren Social-Media-Kanälen teilt und du so von dieser Reichweite profitierst.

Optimales Medium für dieses Content-Format:

- Blog
- Online-Magazin
- Website

Listen

Listen sind wie gemacht fürs Web. Der Leser kommt ganz schnell zu geballtem Wissen, das zudem noch super übersichtlich aufbereitet ist. Listen eignen sich auch dazu, kuratierten Content (also Content, der nicht von dir stammt) zu teilen. Ein Beispiel dafür wäre »5 kostenlose E-Books für Studenten« oder »Die 3 besten Blogposts zum Thema Newsletter-Marketing im deutschsprachigen Raum«. Listen funktionieren in Form von Blogbeiträgen, aber auch als Snack-Content auf Social-Media-Plattformen wie Facebook. Der vergleichsweise geringe Zeitaufwand spricht zusätzlich für die Verwendung dieses charmanten Content-Formats.

Natürlich kannst du auch dieses Content-Format ausweiten, indem du zum Beispiel eine Top-100-Liste schreibst.

Optimales Medium für dieses Content-Format:

- Blog
- Online-Magazin
- Website
- Facebook
- Pinterest
- Slideshare

Listen mit ungeraden Zahlen funktionieren am besten!

Newsletter

Nach wie vor stehen Mailings und Newsletter auf den vorderen Plätzen, wenn es um Kosten/Nutzen-Relation geht. Kaum ein anderes Format bietet die Möglichkeit, so schnell und kostengünstig viele Kunden zu erreichen und ein Angebot darzustellen. Glaub also nicht, dass E-Mails Schnee von gestern sind! Ein gelungener Mix aus catchy Betreffzeile, ansprechender Optik und nützlichem Inhalt führt in vielen Fällen zum Ziel: dem Klick, der Buchung, dem Kauf.

Ratgeber

Der Ratgeber ist von allen Content-Formaten, die dir im Rahmen des Content Marketings zur Verfügung stehen, das mit dem größten Nutzen. Und generell ist der Ratgeber einfach ein wunderbares Format, das in unterschiedlichen Varianten möglich ist: Whitepaper, E-Book, Anleitung, Tutorial, Webinar, Rezept, Blogbeitrag, ... Egal, wofür du dich entscheidest – im Mittelpunkt steht immer ein reales Problem, das gelöst wird. Biete zusätzlich noch Hintergrundinformationen zu den Lösungsvorschlägen. Gut zu wissen: Mit Ratgeber-Content positionierst du dich als Experte zu einem bestimmten Thema.

Optimales Medium für dieses Content-Format:

- Blog
- Online-Magazin
- Website
- Facebook

Social-Media-Content

Zu textbasiertem Social-Media-Content zählen Statusupdates auf Facebook, Tweets, Beschreibungstext auf Instagram und Pinterest. Es handelt sich immer um kurze Texte, die die Informationen in wenigen Zeichen – bei Twitter sind es 140 Zeichen pro Tweet – und Zeilen transportieren sollen.

Webtext

Damit meinen wir Texte, die speziell für das Web aufbereitet sind, also Textinhalte auf deiner Website. Grundsätzlich sind Webtexte im Vergleich zu anderen Content-Formaten relativ günstig und schnell zu produzieren. Laufend aktueller Text-Content auf der Website macht diese für Google äußerst attraktiv. Zudem helfen gut verknüpfte Artikel dabei, die Verweildauer von Usern auf der eigenen Seite zu erhöhen. Ein weiterer Pluspunkt in Sachen Google.

In meiner täglichen Arbeit unterscheide ich zwischen Webtexten mit starkem SEO-Fokus (Search-Content), Online-Texten und Blogbeiträgen bzw. Online-Magazinbeiträgen. Wo genau der Unterschied liegt, liest du gerne in Kapitel 11 nach.

Whitepaper

Mit Whitepaper sind Texte gemeint, die sich einem bestimmten fachlichen Thema widmen und ein konkretes Problem lösen. Ein Whitepaper wird in Form eines PDF-Files auf der Website zum Download angeboten oder aber auch als Dankeschön für die Newsletter-Anmeldung bereitgestellt. Während Whitepaper für Endkunden weniger interessant sind, gehören sie im B2B-Bereich zum Standard-Repertoire.

Dort werden sie vor allem für die Leadgenerierung genutzt. Inhalt eines White-papers kann beispielsweise eine Anleitung zur Problemlösung, Hilfestellung zu komplexen Anwendungen, Trendanalysen oder Best-Practice-Beispiele sein. Hier gilt: Ja nicht mit Wissen geizen. Zeige deinen Lesern lieber, was du kannst.

6.1.2 Der Visuelle: Bild-Content

So sehr ich textbasierten Content auch liebe, es gibt auch einen großen Haken beim schönen Wort: Etwas zu lesen, braucht Zeit und verlangt nach Konzentration. Wohingegen Bild-Content es schafft, ganz schnell die Aufmerksamkeit von Miri und Paul auf sich zu lenken. Die kurze Aufmerksamkeitsspanne, die du hast, um einen potenziellen Kunden auf dich aufmerksam zu machen, wird mit Bildern am besten ausgenutzt. Galerien, Collagen oder Foto-Reportagen lockern deinen textbasierten Content auf und machen ihn leichter erfassbar. Zudem kann diese Content-Art viel schneller konsumiert werden, denn unser Gehirn verarbeitet Bilder deutlich schneller als Text. Damit ist Bild-Content neben textbasiertem Content das zweite fixe Content-Element, das du unbedingt in deinem Mediamix brauchst. Die Kosten für visuelle Inhalte sind in der Regel höher als die Kosten für textbasierten Content.

Bild-Content-Typen im Überblick

- Bildstrecken
- Fotos
- GIFs
- Grafiken
- Infografiken
- Illustrationen
- Produktbilder
- Screenshots
- Skizzen & Sketchnotes
- Slideshows

Besonders in Sozialen Medien zahlt sich gutes und passendes Bildmaterial aus. Facebook-Posts mit Bildern haben eine um 94 Prozent höhere Engagement-Rate als reine Text-Postings, und Tweets mit Bildern werden um 150 Prozent öfter retweetet.

Wenn es um Bild- und Fotomaterial geht, bist du mit selbst produziertem Bild-Content auf der sichersten Seite. Zum einen ist es damit ein Leichtes, die Bildsprache des Unternehmens einzuhalten, zum anderen besitzt du alle Rechte und Lizenzen für diesen Content, die es braucht, um ihn zu teilen.

Bilder, Bildstrecken und Fotos

Ein Bild sagt mehr als tausend Worte – obwohl dieser Satz so inflationär verwendet wird wie kaum ein anderer, hat er immer noch seine Richtigkeit. Gutes und hochwertiges Bildmaterial ist das A und O im Content Marketing. Worauf du bei Bildern im Web achten solltest, liest du in Kapitel 13 nach.

Grafiken & Infografiken

Grafiken und Infografiken sind zu einem wichtigen Werkzeug für Marketers geworden – sie zeigen, was dein Unternehmen für deine Zielgruppe leisten kann. Infografiken funktionieren branchenunabhängig und bieten gut recherchiertes Wissen im schnellen Überblick. Mehr zum Thema Infografiken liest du in Kapitel 13 nach.

GIFs & Loops

GIF steht für **G**raphic **I**nterchange **F**ormat. GIFs sind kleine Grafiken oder Bilder, die in einer Schleife – dem Loop – abgespielt werden und sich so zu einem Minifilmchen zusammensetzen. Mit einem GIF schaffst du es ganz schnell, Botschaften zu vermitteln.

Screenshots

Bei einem Screenshot verhält es sich wie bei allen anderen Bildformaten – richtig eingesetzt hilft er Miri und Paul, besser zu verstehen, wovon du gerade sprichst.

Skizzen & Sketchnotes

Sketchnotes sind visuelle Notizen, die aus einer Mischung von Handschrift, Zeichen, handgezeichneter Typografie, Formen und grafischen Elementen bestehen. Im Gegensatz zu anderen Skizzen entstehen Sketchnotes aus sinnvollen Gedanken und Ideen und vermitteln ein bestimmtes Thema in Form von Skizzen.

6.1.3 Der Vielseitige: Video-Content

Videos sind klasse! Über kurz oder lang kommt man im Content Marketing nicht um Videos herum. Sie gelten als das hochwertigste und spannendste Content-Format überhaupt und als die Zukunft im Content Marketing. Darum werden sie auch so gerne geteilt und sind die Basis jeder viralen Kampagne. Und jetzt kommt (leider!) das große Aber: Damit Videos wirklich erfolgreich sind, braucht es Zeit und Geld. Im Vergleich zu anderen Content-Formaten sehr viel von beidem.

Für die Produktion bestimmter Videos braucht es neben spezifischem Know-how vor allem hochwertige Technik. Selbstverständlich hast du auch bei diesem Content-Format die Möglichkeit, einfache Inhalte selbst zu erstellen. Zum Beispiel mit dem Smartphone oder mit einer halbwegs guten digitalen Kamera. Aber wenn das Video wirklich dein Unternehmen und deine Marke repräsentieren soll, dann solltest du unbedingt auf Qualität achten. Das bedeutet nicht, dass du diesen Content nicht selbst herstellen sollst – im Gegenteil. Selbst erstellter Content wirkt authentisch und kommt bei einer jungen Zielgruppe besonders gut an.

Video-Content-Typen im Überblick

- Animationen
- Blicke hinter die Kulissen/Making-offs
- Eventvideos
- Erklärvideos
- Image- und Unternehmensvideos
- Interviews
- Musikvideos
- Produktvorstellungen
- Spaß-Videos
- Tutorials/How-to-dos
- Webinare
- Werbespots

6.1.4 Der Schnelle: Snack-Content

Besser, schneller, reichweitenstärker: Selten ist in den letzten Jahren ein Trend so gehyped worden wie Snack-Content. Das liegt unter anderem daran, dass viele Marketer wie auch User einen Content-Schock befürchten. Snack-Content kommt da gerade richtig. Kurze, prägnante Medieninhalte werden als Häppchen serviert. Wie Fingerfood am Buffet. Gut gemachter Snack-Content ist schnell, frisch, witzig und funktioniert mobil. Er animiert, sich intensiver mit einem Unternehmen, einem Produkt oder einer Marke auseinanderzusetzen. Die veralteten GIF-Animations-techniken wurden neu interpretiert und erleben eine Renaissance und treten nun gegen Bild-Text-Collagen an. Und dann ist da noch der Ephemeral-Content, der ebenso schnelllebig wie der Snack-Content ist. Der Unterschied liegt jedoch bei der Lebensdauer, denn Ephemeral-Content ist vergänglich und löscht sich nach einer bestimmten Zeit einfach wieder selbst. Beide Content-Formate sind speziell im Social-Media-Marketing anzufinden. Möchtest du Snack-Content für dich nutzen, dann integriere dieses Content-Format sinnvoll in deine Content-Strategie.

Vorteile von Snack-Content

- Snack-Content ist schnell produziert.
- Snack-Content ist kostengünstig.
- Snack-Content unterhält.
- Snack-Content weckt Sympathie.
- Snack-Content macht neugierig.

- Snack-Content ist schneller konsumiert als umfangreicher Content.
- Snack-Content ist mobil.
- Snack-Content ist reichweitenstark.

Snack-Content-Typen im Überblick

- animierte GIFs
- Instagram-Fotos, -Clips und -Storys
- Memes
- Twitter-Video
- Periscope
- Snaps
- Infografiken
- Snackable Blog-Posts

Animierte Gifs

Bilder sind in sozialen Netzwerken äußerst beliebt. Bilder, die sich bewegen, sind noch beliebter. Nun wurde das in den 1980er-Jahren entwickelte GIF-Dateiformat wieder aus der Versenkung geholt und erfolgreich als Snack-Content eingesetzt.

Instagram-Fotos, -Clips und -Storys

Ich liebe Instagram – ich und mehr als 200 Millionen andere User. Instagram gilt daher als das am schnellsten wachsende Social Media überhaupt. Wenn es zu deiner Marke passt und auch deine Personas auf Instagram vertreten sind, dann solltest du Instagram in jedem Fall in deine Content-Marketing-Strategie mit aufnehmen. Doch dabei zu sein ist in diesem Fall nicht alles. Denn wer auf Instagram ist, muss auf hochwertiges Bildmaterial setzen. Deine Bildsprache wird auf Instagram zum Markenzeichen. Instagram erlaubt auch Videos, jedoch nur bis zu einer Länge von 15 Sekunden. Auf Instagram spielen übrigens Hashtags eine wichtige Rolle. Neben Fotos und Videos ist auch das Feature »Instagram-Stories« sehr beliebt: Mit dieser Funktion kannst du als Privat-User aber auch in deinem Unternehmensprofil kurz Geschichten einstellen, die nach 24 Stunden automatisch wieder verschwinden. Eine Story kann Foto, Video-Clips oder sogenannte Boomerangs beinhalten.

Memes

Im englischsprachigen Raum schon längst nichts Neues mehr, haben Memes auch im D-A-CH-Raum Einzug gehalten. Ein Meme ist ein Internet-Insiderwitz! Irgendein Schnipsel wird in einen neuen Kontext gesetzt. Memes bestehen aus einem Bild und Text – meist nicht hübsch, sondern einfach nur funktionell gestaltet. Irgendwie erinnern mich Memes immer an WordArt-Zeiten. Jedes Thema kann zu einem Meme werden – meistens ist es jedoch etwas, über das man sich lustig macht. Ein Meme ist in nur wenigen Minuten erstellt. Plattformen wie *https://makeameme.org/* erleichtern die Erstellung zusätzlich und liefern bereits zahlreiche lustige Fotos.

Snaps

Mit Snapchat lassen sich sogenannte Snaps versenden, also Bilder oder Videos, die man direkt aus der App heraus produziert oder aus seinen Aufnahmen im Handy heraus hochlädt. Die Videos sind maximal 12 Sekunden lang, und du kannst sie mit Filtern, Emojis, Stickern anreichern. Das Besondere an Snaps ist, dass sie nur für maximal 24 Stunden abrufbar sind oder sich sogar nach ein paar Sekunden selbst löschen.

Snackable Blog-Posts

Auch ein Blogbeitrag kann snackable sein, denn nicht jeder Beitrag verlangt nach 1.000 Wörtern, um Nutzen für Miri und Paul zu stiften. Integriere auch mal kurze Blog-Häppchen, um eine wichtige Botschaft zu verkünden. In diesem snackable Blogbeitrag kannst du dann wieder auf einen längeren Beitrag verlinken.

6.1.5 Der Funktionale: interaktiver Content

Als interaktiver Content wird jener Content bezeichnet, mit dem sich Miri und Paul aktiv beschäftigen – und mit dem sie interagieren. Durch diese Interaktion sorgen sie für wertvolle User Signals – mehr zum Thema User Signals findest du in Abschnitt 12.4.6.

Dieses Content-Format bietet einen hohen Nutzen oder Unterhaltungswert. Mit interaktivem Content gelingt es, viel anschaulicher Informationen zu liefern und den Wunsch nach einem bestimmten Produkt zu schüren als mit anderen Content-Arten. Mit einem Konfigurator stellst du dir zum Beispiel im Nu dein Wunschauto zusammen und weißt auch ohne Beratungs- und Verkaufstermin im Autohaus, was dich dein Traumauto kosten würde.

Mit einem Schwangerschaftsrechner errechnen sich viele Frauen bereits vor dem ersten Arzttermin den Geburtstermin ihres Babys und den Beginn des Mutterschutzes. Jede Babynahrungsmarke verfügt über einen solchen Schwangerschaftsrechner. Und das ist der Moment, in dem werdende Mütter bereits neun Monate vor der Geburt des Babys mit einer Marke in Berührung kommen, die sie meist zuvor noch nie auf dem Radar hatten.

Umfragen oder Petitionen schaffen es häufig, Leser zu aktivieren. Ein Tool, dass bestimmt jeder schon einmal verwendet hat, ist der Brutto-Netto-Rechner, der dir ganz schnell Auskunft darüber gibt, wieviel von deinem Gehalt du bzw. dein Arbeitgeber abgeben muss. Interaktive Content-Formate lassen sich zum Teil ganz easy und mit geringem Kostenaufwand produzieren. Auch hierfür gibt es wieder kostenlose Tools, auf die du zurückgreifen kannst. Andere Formate sind aber auch in dieser Format-Kategorie teuer und verlangen nach Experten-Know-how.

Das Plus: Interaktiver Content erhöht die Verweildauer auf deiner Website. Je länger sich Miri und Paul mit deinem Content beschäftigen, desto länger bleiben sie auf der Website. Und das wiederum merkt auch Google.

Interaktiver Content-Typen im Überblick

- Kalkulator
- Rechner
- Quiz
- Umfragen
- Interaktive Videos

- Slideshows
- Interaktive E-Books & Whitepaper
- Webinare & Live-Chats
- Augmented Reality
- Spiele

6.1.6 Der Authentische: User-generated-Content

Mit User-generated-Content sind jene Inhalte gemeint, die deine Audience für dich und dein Unternehmen aufbaut. Diese Art von Content ist überaus wertvoll, weil er in der Regel exakt von jenen Menschen stammt, die deiner Persona entsprechen. Auch Content von Bloggern und anderen Influencern wie Instagrammern, Snappern und YouTubern zählt zu diesem wertvollen User-generated-Content. User-generated-Content zu erstellen, ist allerdings die Königsdisziplin im Content Marketing und kommt nicht ganz von allein. Du musst dich dafür richtig ins Zeug legen.

Das ist User-generated Content

- Content, der von Menschen selbst gestaltet wurde und eine gewisse kreative Eigenleistung braucht.
- Content, der nicht in einem professionellen Rahmen entstanden ist.

Arten von User-generated-Content

- Texte auf Blogs und Microblogs wie Twitter (sofern sie nicht von Unternehmen stammen) sind User-generated-Content. Dazu zählen auch Wikis und Nachrichtenportale, soziale Netzwerke, Foren und Bewertungsplattformen.
- Bilder und Grafiken, z.B. auf Instagram oder Pinterest
- Videos und Filme auf YouTube und anderen Videoplattformen
- Bewertungen

Vorteile

- UGC schafft Vertrauen.
- UGC erhöht die Verweildauer auf deiner Website.
- Nichts schafft so viele Interaktionen wie UGC!

Nachteile

- Keine Kontrollierbarkeit des Contents (Eigendynamik!)
- UGC kann durch Urheberrechte geschützt sein.
- UGC-Modelle sind erst ab einer bestimmten Größe profitabel.
- Pflegeintensiv

DEINE CHALLENGE

DU BIST DRAN!

NO. 09

" **UND JETZT DU!**
   WENDE DEIN NEUES WISSEN AN.

Entscheide: Welches Content-Format passt zu deinem Unternehmen? Und was viel wichtiger ist: Welches Format passt zu deiner Zielgruppe und deinen Zielen? Erarbeite ein detailliertes Konzept, das sich an den Content-Formaten orientiert. Wäge dabei ab, welche Formate relevant sind und warum.

KAPITEL 7

MIT DEM RICHTIGEN CONTENT BEGEISTERN

80 Prozent aller Online-Inhalte sind für den Leser quasi unsichtbar. 80 Prozent! Ich finde die Vorstellung, dass einer deiner oder einer meiner Texte unter diesen 80 Prozent sein könnte, richtig traurig. Wenn dem tatsächlich so ist, dann liegt das daran, dass Google die Relevanz deiner Inhalte nicht erkennt und deshalb den Content nicht auf den ersten beiden Seiten rankt. Das ist richtig blöd. Denn wie du es vielleicht von dir selbst kennst, klickt sich kaum jemand bis zur dritten oder vierten Seite der Google-Suchergebnisse durch. Warum auch?

Wie schafft man es also, dass die eigenen Inhalte nicht zu diesen 80 Prozent zählen? Die Antwort: Erstelle relevante Inhalte! Dabei geht es in erster Linie gar nicht darum, dass du mehr Inhalte produzieren sollst als alle anderen. Ganz im Gegenteil. Beim Content Marketing geht's nicht um die Masse. Es geht um Qualität. Um bessere Inhalte. Um nutzenstiftende Inhalte. Um Spezialisierung. Um Expertise. Und um Begeisterung!

Um deine Kunden, deine Personas und Miri und Paul zu erreichen, kommst du also um eine gut durchdachte Content-Strategie nicht herum.

7.1 Bedürfnis trifft auf Suchverhalten

Das Internet ist die erste Anlaufstelle, wenn wir Informationen benötigen. Das ist so bei dir. Bei mir. Bei Arbeitskollegen. Bei Freunden. Und auch bei fast allen anderen Menschen, die älter als 10 Jahre sind. Kaum einer nimmt noch ein Lexikon zur Hand, wenn er etwas wissen will. Oder sucht eine Bastelanleitung im Bastelbuch. Holt die Stadtkarte aus den Untiefen des Kofferraums, um zur neuen hippen Location der Stadt zu finden. Hat überhaupt noch irgendjemand eine Stadtkarte im Kofferraum? Oder kauft sich jemand ein neues Kochbuch, nur um schnell ein neues Rezept zu suchen? Nein. Du, ich, Miri und Paul – wir suchen online nach Lösungen und Antworten. Das alleine ist Grund genug, dass auch dein Unternehmen online ist. Und zwar in so hochwertiger Art und Weise, wie es dir nur möglich ist.

ZITAT VON LARRY PAGE, GOOGLE-MITBEGRÜNDER (2002)

> Die perfekte Suchmaschine versteht genau, was man wissen will, und liefert ebenso genau das gewünschte Ergebnis.

Damit du dich bei der Erarbeitung deiner Content-Strategie etwas leichter tust, ist es sehr hilfreich, die Customer Journey deiner Personas zu kennen. Frage dich also, in welcher Situation, zu welchem Zeitpunkt Miri und Paul deine Hilfe am meisten benötigen. Und mit welchem Content du sie in genau diesen Momenten begeistern kannst. Sei dabei ganz ehrlich zu dir selbst. Denn wer weiß, vielleicht ist schlussendlich gerade dieser Content auschlaggebend, dass Miri und Paul die größten Fans deiner Marke werden.

Content stillt Bedürfnisse

Stell dir mal folgende Situation vor. Miri liegt abends gemütlich auf der Couch vor dem Fernseher. Und surft ganz nebenbei am iPad von einer Website zur nächsten. Miri möchte in der Regel in diesem Moment nichts kaufen – sie möchte sich vielmehr inspirieren lassen. Kaufen wird sie dann zu einem späteren Zeitpunkt. Dennoch erwartet sie sich auch in diesem Moment Content, der auf ihre aktuellen Suchanfragen zugeschnitten ist. Wer weiß, vielleicht überlegt Miri in genau diesem Moment, ob es nicht mal wieder an der Zeit wäre, sich einen neuen Haarschnitt machen zu lassen. Nur welchen? In diesem Fall punktest du mit Content in Form von schönen Fotos von Haarschnitten.

Vielleicht aber will sie sich in diesem Moment selbst schnell die Stirnfransen schneiden und sucht nach einem Video-Tutorial, das erklärt, wie sie ihr Vorhaben am besten in die Tat umsetzen kann. So machen es immerhin 42 Prozent der deutschen Internetnutzer. Sie gehen auf YouTube, wenn sie wissen wollen, wie etwas Bestimmtes funktioniert.[1]

Vielleicht überlegt sie aber auch, was sie am Tag darauf bei einem Date anziehen soll, und sucht Inspiration in Form von Fotos auf Pinterest.

Paul hingegen plant derweil zur selben Zeit einen Kite-Urlaub mit seinen Jungs und will sich informieren, in welchem Land es bereits im Frühjahr die besten Kite-Bedingungen gibt. Paul sucht daher Information in Form von Text. Die besten Antworten würde ihm ein umfassender Artikel liefern, der all seine Fragen auf nur einer Content-Seite beantwortet.

Du siehst selbst: Es geht immer um Content, der auf die Bedürfnisse von Miri und Paul zugeschnitten ist. Und es liegt an dir, ihnen den richtigen Content zu liefern. In Form von Bildern, Videos oder Text. Bist du damit einverstanden? Schön!

Damit du weißt, welche Art von Inhalten du Miri und Paul zu welchem Zeitpunkt bieten musst, geht's in die Analyse. Aber keine Angst, diese Analyse ist keineswegs langweilig – auch nicht für kreative Marketer. Es macht sogar richtig Spaß, denn es geht nun darum, ein Gespür für den Markt und deine Mitbewerber zu bekommen. Damit du es besser machen kannst!

Es geht darum, dir einen Überblick über deine eigenen und die bereits bestehenden Inhalte zu machen und mehr über die Bedürfnisse von Miri und Paul zu erfahren. Starten wir also damit, dass wir Miri und Paul erreichen wollen. Im richtigen

---

1. Ipsos Untersuchung »Momente der Entscheidung«, Juni 2015, Deutschland

Moment, auf dem richtigen Endgerät. Und genau hier kommt die Customer Journey ins Spiel.

7.1.1 Die Customer Journey

Die Customer Journey hilft dir, deine Personas – also Miri und Paul – besser zu verstehen und ihre Erlebnisse und Entscheidungen besser nachvollziehen zu können. Mehr noch. Dank der Costumer Journey kannst du Miri und Paul genau jene Information liefern, die sie zu einem bestimmten Zeitpunkt brauchen, um zu deinen Kunden und zu deinen größten Fans zu werden. Und das wiederum ist Grund genug, dass du dich mit der Customer Journey beschäftigst. Du wirst sehen, noch während dieses Kapitels werden dir bereits erste coole Themen für deine Content-Strategie einfallen. Versprochen.

Schreibe dir die Ideen, die dir im Rahmen der Datenanalyse kommen, gleich auf, damit sie nicht verloren gehen. Nutze dafür den freien Platz für Notizen, den du im gesamten Content-Workbook findest.

Was ist die Customer Journey?

Der Begriff Customer Journey bezeichnet die Reise von Miri und Paul über die unterschiedlichen Kontaktpunkte hinweg, bei denen sie mit einem bestimmten Produkt, einer Marke oder einem Unternehmen in Berührung kommen. Und zwar

PLATZ FÜR DEINE
NOTIZEN

solange, bis sie eine Kaufentscheidung treffen. Im Regelfall entscheiden sie sich nicht sofort für einen Kauf. Sie kommen vielmehr mehrfach mit einem Produkt oder einer Marke in Berührung. Diese Kontaktpunkte nennt man auch Touchpoints. An jedem dieser Touchpoints haben Miri und Paul andere Bedürfnisse und brauchen demnach unterschiedlichen Content.

Das Ziel der Customer Journey ist in vielen Fällen ein Kaufabschluss, eine Bestellung oder eine Anfrage. Aber auch sogenannte Leads wie etwa die Bestellung eines Newsletters oder der Download eines Whitepapers können solche Zielhandlungen sein. Welches Ziel für dein Unternehmen am Ende der Customer Journey von Miri oder Paul stehen, solltest du in jedem Fall bereits vorab definieren – blättere dafür gerne nochmals zurück zu Kapitel 2.

Wenn du dich mit der Customer Journey beschäftigst, gerate auf keinen Fall in Eile. Schließlich lassen sich Miri und Paul auch nicht unter Druck setzen auf ihrer Reise. Betrachte in Ruhe alle Phasen der Customer Journey und stelle für jede Phase den passenden Content für deine Personas bereit. Damit dir das gelingt, musst du die Stationen von Miris Reise kennen. Frag dafür am besten bei deinen Kollegen in der Marketingabteilung oder bei den Sales-Experten deines Unternehmens nach. Deine Kollegen können dir garantiert wertvollen Input zu den einzelnen Touchpoints liefern.

Aber nun wollen wir uns die Customer Journey anhand eines Beispiels anschauen: Miri will in den Urlaub! Doch bevor sie sich für eine Reise entscheidet, hat sie zahlreiche unterschiedliche Berührungspunkte mit diversen Reiseanbietern. All diese Berührungspunkte beeinflussen sie in ihrer Entscheidung. Miri weiß aber gar nicht, dass es diese Berührungspunkte gibt und nimmt sie daher auch nicht als solche wahr. Alle Informationen zu ihrem Vorhaben sammelt sie unbewusst.

Miri fährt in den Urlaub

Nehmen wir mal an, du bist für das Content Marketing eines schicken Hotels in den österreichischen Alpen verantwortlich. So kann Miris erster Kontaktpunkt mit deiner Marke zum Beispiel über Instagram oder Facebook erfolgen. Sie sieht bei einer bekannten Bloggerin schöne Fotos von deinem Hotel. Miri ist nun auf dich aufmerksam geworden. Dieser Impuls führt aber nicht zur Buchung, sondern dazu, dass Miri Lust auf Urlaub bekommt. Dennoch hat ihre Reise – ihre Customer Journey – begonnen und sie entscheidet sich, dass es höchste Zeit wird, ihren nächsten Urlaub zu planen.

Zuerst will Miri wissen, wohin sie überhaupt fährt. Zu diesem Zeitpunkt braucht sie schöne Fotos von der Landschaft, von Sehenswürdigkeiten und eventuell auch schon vom Hotel. Diese Inspiration findet sie zum Beispiel auf Pinterest oder Instagram, auf Blogs, in Online-Reisemagazinen oder in einem Newsletter – Miri befindet sich jetzt in der Inspirationsphase.

Anschließend folgt die Recherchephase. In dieser Phase spielt die organische Suche eine wesentliche Rolle. Wenn du nun relevanten Content bietest, hast du eindeutig die Nase vorne. Das machst du am besten in Form von Text-Content auf deiner Website, im Online-Magazin, auf deinem Content-Hub oder in Form eines Videos. Interessant sind zum Beispiel Ratgeber, Hintergrundstorys und Bucket-Listen.

In der nächsten Phase, der Entscheidungsphase, geht's nun darum, Miri den letzten Anstoß zur Buchung zu geben. Das gelingt dir vielleicht mit einem Newsletter, der die besten Gründe für einen Urlaub in deinem Hotel erläutert und dich nochmals von anderen abhebt.

Ist der Urlaub dann gebucht, beginnt die Zeit der Vorfreude: Jetzt erst plant Miri die Details zur Anreise und entscheidet, welche Aktivitäten sie während der Reise machen möchte. Letzteres recherchiert sie oft auch erst direkt im Urlaubsort. Umso wichtiger ist es, dass deine Inhalte auch mobil einwandfrei funktionieren.

Um die Customer Journey Schritt für Schritt abzubilden und zu durchdenken, stehen dir zahlreiche unterschiedliche Modelle zur Verfügung. Ich bevorzuge es, mit folgenden fünf Phasen zu arbeiten und sie für die einzelnen Branchen abzuwandeln.

Die fünf Phasen der Customer Journey

1. **Inspiration**
   Miri und Paul erkennen in dieser Phase ihr Problem oder ihr Bedürfnis. Sie sind auf etwas aufmerksam geworden und haben nun Interesse daran.

2. **Recherche**
   Engagement durch Auseinandersetzung mit dem Content – in dieser Phase sucht der Kunde eventuelle auch nach Alternativen. Egal, ob dein Produkt die Alternative oder die erste Wahl ist. Wer jetzt den besseren Content liefert, hat die Nase vorne!

3. **Überlegung**
   Miri und Paul denken darüber nach, deine Lösung zu erwerben/deine Dienstleistung in Anspruch zu nehmen. Sie überlegen, wie sie damit ihr Bedürfnis befriedigen können. Die dafür nötige Brand Awareness und das Markenvertrauen entsteht durch deinen Content. Jetzt geht's nur noch darum, dass du Miri und Paul dein Produkt in Erinnerung rufst, damit sie es tatsächlich kaufen.

4. **Conversion**
   Miri und Paul sind überzeugt – sie kaufen dein Produkt. Mit gutem Content kannst du den Verkauf sogar noch steigern.

5. **Erleben**
   Das Produkt ist da! Nun wollen Miri und Paul das Beste daraus machen. Es wird recherchiert, wie das Produkt eingesetzt werden kann. Und wer weiß, vielleicht sind sie so davon überzeugt, dass sie eigene Erfahrungsberichte verfassen.

Je nachdem, in welcher Phase der Customer Journey sich Miri und Paul gerade befinden, ist darauf abgestimmter Content für sie wichtig. Auch auf welchem Medium (= Touchpoint) sie den Content konsumieren, hängt von der jeweiligen Phase der Costumer Journey ab.

Welche die wichtigsten Momente entlang der Customer Journey sind, hängt immer von den einzelnen Branchen ab. Einen schnellen Überblick darüber liefert dir die Plattform ThinkwithGoogle.

www.thinkwithgoogle.com/tools/customer-journey-to-online-purchase.html

Gib dazu einfach deine Branche, deine Unternehmensgröße und dein Land ein, und nutze dann die erhaltenen Daten, um die für deine Ziele wichtigen Touchpoints zu definieren und den dafür relevanten Content zu erstellen, mit dem du punkten und begeistern kannst.

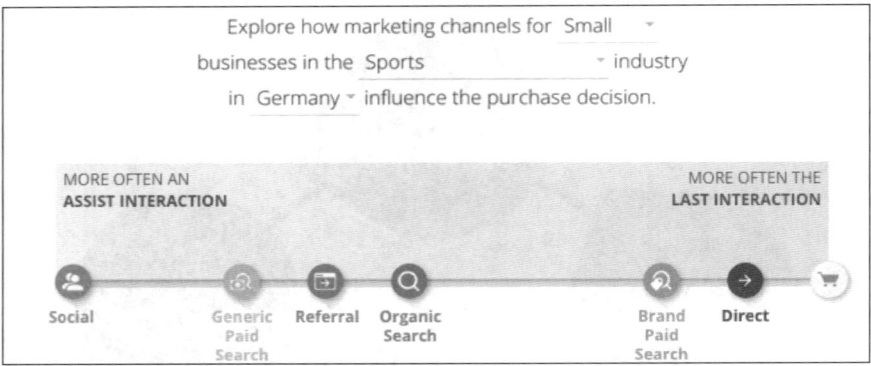

Wenn du das E-Bike-Thema auf dieser Plattform durchspielst, siehst du, dass für kleine Unternehmen aus dem Sportbereich Social Media und Paid Search in der Inspirations- und der Recherchephase eine große Rolle spielen.

DEINE CHALLENGE

DU BIST DRAN!

NO. 10

**❞ UND JETZT DU!
WENDE DEIN NEUES WISSEN AN.**

Tippe den Link ein und informiere dich, wie die Customer Journey deiner Personas laut Google aussieht.

7.1.2 Content entlang der Customer Journey

Betrachte die Customer Journey nicht als eine Reise mit einem Anfang und einem Ende. Es geht vielmehr um ein ständiges Umkreisen von Paul und Miri. Je nachdem, in welcher Phase sich die beiden gerade befinden, verlangen sie nach unterschiedlichen Informationen in Form von gutem Content. Stehen am Beginn der Customer Journey, in der Bewusstseinsphase, breitgefächerte und allgemeine Informationen im Vordergrund, wird das Informationsbedürfnis immer spezifischer, je mehr sich Miri und Paul der Conversion nähern.

Content in der Bewusstseinsphase

Du erinnerst dich: Miri und Paul erkennen in dieser Phase ihr Bedürfnis. Sie sind auf etwas aufmerksam geworden und haben nun Interesse daran. In dieser Phase geht's darum, möglichst viel Traffic und eine hohe Reichweite zu generieren.

- Blog- oder Onlinemagazinbeiträge mit allgemeinen Informationen zu bestimmten Themen
- Checklisten
- Videos
- Newsletter an die eigene Audience
- Native Advertising
- Banner
- Infografiken
- Fotos
- Audio-Podcast
- Sponsored Posts
- Influencer Relations
- Social Media-Content
- Snack-Content auf eigenen Kanälen

Content in der Recherche- & Überlegungsphase

Das ist deine Chance! Ergreife sie! Denn in dieser Phase setzen sich Miri und Paul ernsthaft mit dem Produkt auseinander. Wer jetzt den richtigen Content liefert, hat eindeutig die Nase vorne. In dieser Phase punktest du mit:

- Detailinformationen
- Hintergrundinformationen

- Whitepaper
- Broschüren
- E-Books
- Webinaren
- Case Studies
- FAQs
- automatisierter Bereitstellung von Inhalten (Newsletter, Retargeting)
- positiver Berichterstattung und Empfehlungen
- Influencer Relations mit erhöhter Glaubwürdigkeit
- Bewertungen
- Display-Ads
- Website-Content

Content in der Abschlussphase

In der letzten Phase geht's nur noch darum, dass du am Ball bleibst und dich immer und immer wieder in Erinnerung rufst. Bis Miri und Paul tatsächlich kaufen. Biete nun den Content, der für den Abschluss wichtig ist. Nicht mehr, aber auch nicht weniger. In dieser Phase punktest du mit:

- Bereitstellung von kaufrelevanten Informationen (Shoptexte, Preisvergleiche, Feature-Listen, ...)
- Retargeting
- Kundenreferenzen
- Pauschalen
- Rabattcodes
- Special-Deals
- Angeboten
- Coupons
- Services für After-Sales
- Loyalty-Programmen

7.1.3 Micro Moments

Immer öfter finden die Kontaktpunkte entlang der Customer Journey auf mobilen Endgeräten statt – laut Google werden sogar 80 Prozent der Suchanfragen auf mobilen Endgeräten getätigt. Ob im Zuge der organischen Suche, der Nutzung einer App, des Besuchs einer Website oder des Ansehens eines Videos: Menschen nehmen ihr Smartphone zur Hand, um Antworten auf ihre Fragen zu finden, und kommen so in Berührung mit unterschiedlichen Marken. Google nennt dieses veränderte Suchverhalten, das sich vorwiegend am Smartphone abspielt, »Micro-Moments« – die Momente der Entscheidung.

Tagtäglich entstehen mehrere solcher »Momente der Entscheidung«. Diese sind durch den Kontext (Endgerät, Ort, Tageszeit) und durch die Absicht des Nutzers geprägt. Und genau diese Mirco-Moments sind deine Chance, Miri und Paul während ihrer mobilen Reise abzuholen. Und zwar in jenem Moment, in dem Entscheidungen getroffen werden.

Diese Momente der Entscheidung werden in vier unterschiedliche Momente eingeteilt. Du siehst selbst: Die Micro-Moments unterscheiden sich nicht viel von der klassischen Customer Journey des Marketings.

I-WANT-TO-KNOW-MOMENTS	I-WANT-TO-GO-MOMENTS	I-WANT-TO-DO-MOMENTS	I-WANT-TO-BUY-MOMENTS
Wenn man mehr, bessere oder ergänzende Informationen zu einem ganz bestimmten Sachverhalt haben möchten.	Wenn man nach nahegelegenen Orten sucht, die man unmittelbar besuchen möchte, um etwa einzukaufen.	Wenn man sein Problem mithilfe von Informationen aus dem Netz lösen möchte. Gemäß dem Motto „Hilf mir, mir selbst zu helfen".	Wenn man sich aufgrund der online zur Verfügung stehenden Information zum Kauf entscheidet.

I-want-to-know-Moments

Paul untersucht oder erforscht etwas, ist aber noch nicht in Kaufstimmung. Er will mehr über etwas wissen. Paul will hilfreiche Informationen und eventuell Inspiration.

I-want-to-do-Moments

Diese Momente können jederzeit stattfinden – vor oder nach dem Kauf eines bestimmten Produktes, oder ganz unabhängig davon. Paul sucht in diesen Momenten nach Unterstützung, bestimmte Dinge zu erledigen oder etwas Neues auszuprobieren. Paul sucht nach Rat und nach Anleitungen.

I-want-to-go-Moments

Paul ist auf der Suche nach einem lokalen Laden, Restaurant oder einem Produkt, das er lokal erwerben möchte. Mit den richtigen ortsbasierten Einstellungen auf Google kannst du dein physisches Geschäft in den Fokus rücken. Die sogenannten »In meiner Nähe«-Suchen auf Google haben sich im Jahr 2016 verdoppelt.

I-want-to-buy-Moments

Paul ist bereit und will etwas kaufen. Vielleicht braucht er noch Unterstützung dabei, weil er nicht weiß, für welches Modell, welchen Tarif oder Ähnliches er sich entscheiden soll. Befindet sich Paul in der Kaufphase, braucht er Content, der alle seine Fragen rund um das bestimmte Produkt beantwortet. Nicht mehr – aber auch nicht weniger. Mehr schreiben darfst du für jenen Content, mit dem du in den I-want-know-Moments begeistern möchtest. In diesen Momenten will Paul etwas genauer wissen.

81 Prozent der User informieren sich online, bevor sie einen Kauf tätigen. Dennoch werden aktuell noch 79 Prozent aller Einkäufe offline getätigt. Auch wenn du also etwas im Laden verkaufen willst, solltest du mit den richtigen und beratenden Inhalten online sein. Google nennt hier als Beispiel die Tatsache, dass 66 Prozent der Smartphone-User nach ihrem Smartphone greifen, um sich über ein Thema genauer zu informieren, dass sie soeben im TV gesehen haben.

Aber auch, wenn sie schnell etwas online kaufen wollen. Insgesamt sind 90 Prozent – lies das bitte nochmal: 90 Prozent!!! – aller weltweiten Suchen informationell oder transaktional. Ich weiß, das sind sehr viele Zahlen und Prozentangaben in einem kurzen Absatz. Diese sollen dir aber belegen, wie wichtig es ist, relevanten Content zu produzieren.

Was ist aber nun genau ein relevanter Inhalt?

Relevante Inhalte sind:

- Inhalte mit einer semantischen Nähe zum Suchbegriff
- Inhalte, die zum Produkt passen. So sucht Miri nach »Küchenmaschine«, bevor sie nach »KitchenAid« sucht.

DEINE CHALLENGE

DU BIST DRAN!

NO. 11

❝❝ UND JETZT DU!
WENDE DEIN NEUES WISSEN AN.

Überlege, mit welchen Inhalten du in welcher der insgesamt fünf Phasen der Customer Journey bei Miri und Paul punkten kannst:

- Wie kannst du in der Inspirationsphase auf dich aufmerksam machen?
- Wonach suchen Miri und Paul in der Recherchephase?
- Wie punktest du in der Überlegungsphase?
- Wie in der Conversion-Phase?
- Und wie begeisterst du in der Erleben-Phase?

7.2 Die Kategorisierung von Content

Content ist nicht gleich Content. Wenn von gutem Content die Rede ist, dann denken die einen an einen Blogbeitrag, die anderen an einen Webtext und wieder andere an ein Video oder an eine aussagekräftige Fotostrecke. Während sich das eine Content-Format »relativ« rasch produzieren und online stellen lässt, dauert es bei den anderen oft um ein Vielfaches länger. Welche Content-Formate für Miri und Paul die richtigen sind, hängt, wie du schon weißt, immer von deren Bedürfnissen ab.

Jeder Content, der von dir erstellt wird, verfolgt ein gewisses Ziel und erfüllt somit eine ganz bestimmte Aufgabe. Content kann zum Beispiel Leads generieren. Content kann Vertrauen aufbauen. Content kann inspirieren. Content kann informieren. Bevor du nun also mit der Planung weitermachst, solltest du dir darüber im Klaren sein, welche Ziele du mit deinem Content verfolgst. Wenn du dir nicht ganz sicher bist, dann blättere gerne nochmals zurück zu Kapitel 2.

Hast du deine Ziele im Kopf, gilt es nun, den richtigen Content dafür zu entwickeln. Dafür teilen wir deine Inhalte in unterschiedliche Kategorien ein. Damit dir das gelingt, will ich dir gleich mehrere unterschiedliche strategische Ansätze vorstellen, die du einzeln, aber auch kombiniert verwenden kannst. Ich mische sie ehrlicherweise gerne. Aber dazu vielleicht ein anderes Mal. Nun wollen wir uns folgende drei Kategorisierungsmodelle für deine Inhalte ansehen:

- das 3-H-Modell
- das FISH-Modell
- das Content-Universum

7.2.1   Das 3-H-Modell: Hero – Hub – Hygiene

Das 3-H-Modell (Hero-Hub-Hygiene-Modell)[2] der Content-Erstellung wurde von Google für YouTube entwickelt und diente ursprünglich der Kategorisierung von Bewegtbild-Inhalten – also von Videos. Das Hero-Hub-Hygiene-Modell teilt Content in unterschiedliche Nutzungs- und Verbreitungsdimensionen ein. Mit diesem Ansatz ist es möglich, den richtigen Content für deine Personas bereitstellen. Das Modell baut sich auf wie eine Pyramide. Ein guter Redaktionsplan (mehr dazu in Abschnitt 8.2) sollte dabei alle drei Content-Kategorien abdecken. Dein Hero-Content wird zusätzlich gepusht und auch werblich (in Form von Ads) inszeniert.

---

2. Quelle: The 3H model: Hero, help, and hub content across different communication needs and across time (De Schepper, 2016)

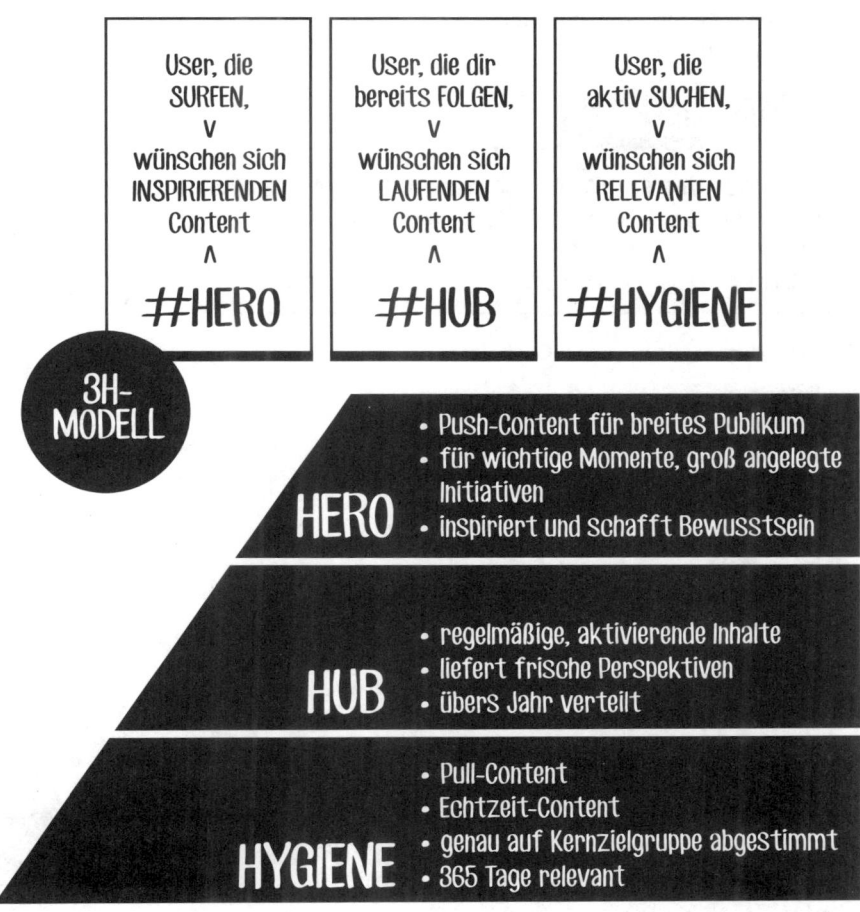

Hygiene-Content für alle

Unter Hygiene-Content verstehen wir den klassischen Search-Content oder den Pull-Content. Also Inhalte, nach denen Miri und Paul im Web suchen. Daher wird Hygiene-Content gerne auch »Help-Content« genannt. Hierbei geht's um Themen, die ihre Bedürfnisse stillen. Wie du herausfindest, welche Themen das sind, liest du in Kapitel 5 nach.

Auch sogenannte Long-Tail-Themen und Evergreen-Themen zählen zum Hygiene-Content. Man könnte auch sagen, dass Hygiene-Content jene Inhalte sind, die jederzeit und dauerhaft relevant sind. Aus diesem Grund hat dieser Content auch einen Anspruch auf Suchmaschinenoptimierung. Hygiene-Content bringt laufend Traffic auf deine Website.

LONGTAIL-THEMEN

Als Longtail-Themen („langer Schwanz") bezeichnet man Nischenthemen, die zwar nicht so oft gefragt, dafür bei einer gewissen Zielgruppe jedoch sehr angesagt sind. Und genau hier liegt deine Chance. Bist du für ein bestimmtes Nischenthema der Experte, hast du weniger Konkurrenz.

Content-Format für Hygiene-Content:

- Tutorials
- How-to-Anleitungen
- Unternehmensinformationen auf der Website
- FAQs
- ...

Bereitstellung: Hygiene-Content solltest du laufend her- und bereitstellen. Diese Inhalte sind 365 Tage im Jahr relevant.

SEO-Relevanz: ist ausschlaggebend

Kosten: gering

PUSH-CONTENT VS. PULL-CONTENT

Push-Content ist jene Art von Content, die der Leser aufgezwungen bekommt. Als würdest du ihn anschreien. Werbung sozusagen. Darunter fallen Banner-Werbung, Pop-up-Fenster und Bild-Text-Anzeigen in redaktionellen Inhalten. Pull-Content ist jener Content, der sich an den Bedürfnissen der Zielgruppe orientiert und den sich der User schlussendlich selbst holt - in Form von Suchanfragen.

Hub-Content

Beim Hub-Content handelt es sich, im Gegensatz zum Hygiene-Content, um sogenannten Push-Content. Diese Art von Inhalten decken die ganz spezifischen Interessen von Miri und Paul ab. Auch aktuelle Themen aus der jeweiligen Branche und Trendinhalte zählen zur Kategorie des Hub-Contents. Der Content wird daher in regelmäßigen Abständen immer wieder neu und aktualisiert veröffentlicht und an Miri und Paul verteilt. Bei Hub-Content bespielen Unternehmen eigene Plattformen mit Content: Typischer Hub-Content sind Blog- oder Video-Serien, die ein Thema von verschiedenen Perspektiven aus beleuchten. Das Ziel von Hub-Content ist, Miri und Paul immer und immer wieder auf deine Seite zurückzuholen.

Content-Formate für Hub-Content:

- Newsletter
- Blogbeiträge
- Online-Magazin-Beiträge
- Videos

SEO-Relevanz: ist wichtig

Kosten: mittel

Hero-Content

Hero ist unser Held – auch in Sachen Content. Hero-Content sind die Leuchttürme des Content Marketings, und die werden nur punktuell und in Form von einzelnen Kampagnen eingesetzt. Hero-Content inspiriert und schafft Aufmerksamkeit. Große Aufmerksamkeit. Hero-Content ist besonders wichtiger und hochwertiger Content und daher auch sehr zeit- und kostenintensiv in der Produktion. Aber Hero-Content ist auch Content, der sich für die Vermarktung am besten eignet. Dieser Content muss eine möglichst große Anzahl von Miris und Pauls ansprechen. Hero-Content ist ein Push-&-Pull-Format. Hast du Hero-Content erstellt, wirst du alles dafür tun, um ihn auch zu verteilen – also zu pushen.

SEO-Relevanz: spielt keine große Rolle

Kosten: sehr hoch

7.2.2 Das FISH-Modell

Der deutsche Content-Marketer Mirko Lange hat das 3-H-Modell erweitert und daraus das FISH-Modell entwickelt.

Der ungewöhnliche Name leitet sich ab von:

F = Follow	**S** = Search & Sales
I = Inbound	**H** = Highlight

Das FISH-Modell führt die Interessen von Miri und Paul mit deinen Interessen zusammen.

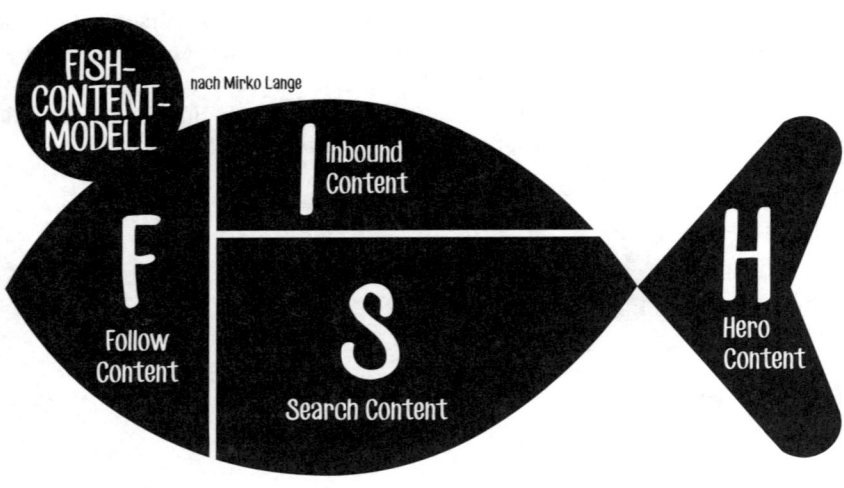

FISH-CONTENT-MODELL — nach Mirko Lange

F — Follow Content

I — Inbound Content

S — Search Content

H — Hero Content

FOLLOW CONTENT

- nachhaltige Reichweite in der Kernzielgruppe
- für laufenden Kontakt
- stärkt Nähe und Vertrauen
- inspiriert und unterhält

INBOUND CONTENT

- dient konkreten Anfragen
- Content liefert Wissen
- hilft bei komplexen Problemstellungen

SEARCH CONTENT

- liefert Antworten auf Suchanfragen
- für akute Informationsbedürfnisse
- erzeugt Traffic
- höchst SEO-relevant
- stärkt Positionierung und Expertenstatus

HERO CONTENT

- erzeugt Aufmerksamkeit
- unterstützt die Außenwirkung des Unternehmens
- Turbo für alle Content-Arten

F wie Follow-Content

Dein Follow-Content hilft, nachhaltige Reichweite in der Kernzielgruppe aufzu-
bauen. Und nachhaltige Reichweite ist sehr wichtig, schließlich wollen wir nicht
immer wieder bei null starten. Follow-Content hilft dir demnach, wertvollen Traffic
zu generieren. Dieser Content ist für jene User gedacht, die dir bereits folgen oder
bald folgen werden. Follow-Content macht Lust auf mehr von deiner Marke und deinen Inhalten und stärkt die Nähe und das Vertrauen zum Unternehmen.

Content-Formate für Follow-Content:

- Snack-Content (Text, Bild, Video)
- Blogbeiträge
- Social-Media-Content
- News
- einfache Infografiken

SEO-Relevanz: spielt eine geringe Rolle

Kosten: mittel

Ziel: Engagement

Bereitstellung: Aufgrund der kurzen Lebensdauer ist die Regelmäßigkeit besonders wichtig.

I wie Inbound-Content

Dein Inbound-Content hilft dir, Adressen zu sammeln, die du anschließend nutzen
kannst, um Follow-Content zu verteilen. Damit dir jemand freiwillig seine Daten
gibt, musst du ihm aber etwas anbieten. Etwas, für das er sonst vielleicht sogar
bares Geld bezahlen müsste. Zum Beispiel ein Whitepaper, ein E-Book oder eine
Studie. Ist der Inbound-Content richtig gut, verhilft er dir sogar zu Backlinks oder zu
Traffic.

Content-Formate für Inbound-Content:

- Whitepaper
- Webinare
- Studien
- Case Studies

SEO-Relevanz: spielt eine wichtige Rolle

Kosten: hohe Kosten – Qualität ist sehr wichtig

Ziel: Leadgenerierung

Bereitstellung: einmalig bis regelmäßig

S wie Search-Content

Der Search-Content ist, wie der Hygiene-Content des 3-H-Modells, jener Content, der die konkreten Nutzerbedürfnisse befriedigt. Obwohl in diesem Fall SEO eine große Rolle spielt, beschränkt Search-Content nicht nur auf SEO-Themen, sondern auf all jene Themen, die von Miri und Paul gesucht werden. Search-Content erzeugt demnach richtig viel Traffic auf der Website.

Content-Formate für Search-Content:

- Informationen
- Listen
- Checklisten
- Webtexte
- Blogbeiträge
- Bilder
- Videos
- Content zu aktuellen Themen

SEO-Relevanz: spielt eine entscheidende Rolle

Kosten: mittlere Kosten

Ziel: Conversion oder Folgen

Bereitstellung: lange Lebensdauer, dennoch kontinuierlicher Ausbau bzw. Updates nötig

H wie Highlight-Content

Highlight-Content oder Hero-Content. Diese Content-Kategorie ist mit dem Hero-Content des 3-H-Modells vergleichbar. Highlight-Content dient als Treibkraft für alle anderen Content-Kategorien und ist somit strategisch besonders wichtig. Dieser Content beeinflusst das Image deines Unternehmens maßgeblich.

Content-Formate für Highlight-Content:

- Longformats
- Videos
- multimediale Inhalte
- Blogbeiträge

Kosten: sehr hohe Kosten

Ziel: Folgen

Bereitstellung: lange Lebensdauer, dennoch kontinuierlicher Ausbau bzw. Updates nötig

SEO-Relevanz: spielt keine Rolle

Wer mit seinem Content Marketing erfolgreich sein möchte, braucht eine ausgewogene Mischung der einzelnen Content-Kategorien. Wie du die einzelnen Content-

Kategorien für dein Unternehmen einsetzt, hängt von deinen Zielen und deiner Branche sowie der Unternehmensgröße ab. Eine Content-Kategorie alleine reicht aber nicht aus. Es kann natürlich sein, dass das Budget für Hero- oder Highlight-Content deinen Rahmen sprengt.

7.2.3 Das Content-Universum

Beim Content-Universum nach Doris Eichmeier drehen sich vier unterschiedliche Content-Phasen entlang der Customer Journey rund um deine Marke. So gibt es Content zum Kennenlernen, Content, der die Neugierde weckt, Content, der bei Entscheidungen hilft, und Content, der für Loyalität sorgt. Im Grunde ähnelt auch dieses Modell dem 3-H-Modell und dem FISH-Modell und geht davon aus, dass der User je nach Phase unterschiedliche Bedürfnisse hat und somit unterschiedlichen Content braucht.

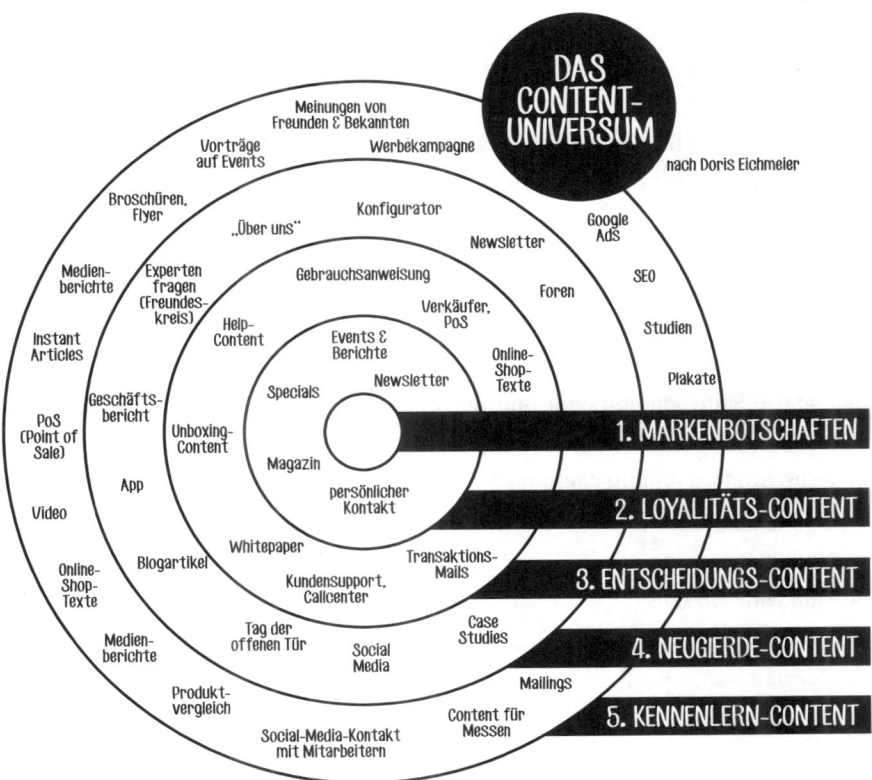

Der Kennenlern-Content

In dieser Phase gehen wir davon aus, dass Miri und Paul deine Marke noch nicht kennen.

Content-Formate für Kennenlern-Content:

- Mailings
- Content für Messen
- Medienberichte
- Online-Shop-Texte
- Video
- Instant-Articles
- Broschüren
- Vorträge bei Events
- Goolge-Ads
- SEO
- Plakate
- ...

Neugierde-Content

Miri und Paul haben bereits Interesse an deiner Marke. Inhalte, die du für diese Content-Phase generierst, befriedigen ihre Neugierde und helfen ihnen bei der Produktauswahl.

Content-Formate für Neugierde-Content:

- Case-Studies & Erfahrungsberichte
- Social-Media-Content
- Blogbeiträge
- Newsletter

Entscheidungs-Content

Das sind Inhalte, die kurz vor und nach der Kaufentscheidung wichtig sind. Sie begleiten das Produkterlebnis.

Content-Formate für Entscheidungs-Content:

- Kundensupport
- Whitepaper
- Unboxing-Content
- Help-Content
- Gebrauchsanweisung
- Service-Content
- Online-Shop-Texte & Produktdetailtexte

Loyalitäts-Content

Dieser Content ist wichtig, wenn du Miri und Paul zu Stammkunden oder Stamm-gästen machen möchtest. Im Idealfall werden sie dank Top-Content zu gut infor-mierten Markenbotschaftern, die bei anderen potenziellen Kunden in der Kennen-lern-Phase eine wichtige Rolle spielen.

Content-Formate für Loyalitäts-Content:

- Magazine
- Specials
- Newsletter
- Blogbeiträge
- Events & Berichte

DEINE CHALLENGE

DU BIST DRAN!

NO. 12

❞❞ UND JETZT DU!
WENDE DEIN NEUES WISSEN AN.

Wähle für dich eine der drei vorgestellten Kategorie-Modelle aus und kategorisiere deinen Content nach deinen Zielen. Überlege dir dabei, welche Bedürfnisse dein Paul und deine Miri haben und welche Ziele du selbst verfolgst. Notiere, in welchem Verhältnis du welche Content-Kategorie erstellen willst.

PLATZ FÜR DEINE
NOTIZEN

KAPITEL 8

PLANUNG IST DIE HALBE MIETE

RESSOURCEN- UND REDAKTIONSPLAN

Die Planung deiner gesamten Content-Strategie findet mit einem detaillierten Redaktionsplan ihren Abschluss. Dein Redaktionsplan verhilft dir und dem gesamten Content-Team zur Disziplin. Leider reicht beim Content Marketing die anfängliche Motivation nicht aus, um langfristig erfolgreich zu sein. Irgendwann kommt bei jedem Content-Marketer einmal der Punkt, an dem man nicht mehr weiß, wie es weitergehen soll, oder einem schlichtweg aufgrund von zahlreichen anderen Aufgaben und To-dos nichts mehr einfallen mag. Aus diesem Grund ist eine gute Planung vorab das A und O.

Das Niederschreiben deiner Aufgaben hat zudem noch etwas Motivierendes. Denn wer seine To-dos niederschreibt und dann auch noch mit anderen teilt, wird sie eher umsetzen, als diejenigen, die es nicht tun. Das liegt unter anderem auch daran, dass man Dinge, die man sich nicht notiert, im hektischen Alltag einfach wieder mal vergisst. Bist du damit einverstanden? Super!

Doch das Aufschreiben alleine reicht noch nicht, um im Content Marketing erfolgreich zu sein. Alle Punkte auf der To-do-Liste, die keine konkrete Deadline haben, schleift man oftmals Tage, Wochen, Monate und teilweise sogar ein ganzes Jahr mit sich mit – bis man sie einfach irgendwann von der Liste streicht. Um Platz zu schaffen. Und um endlich das eigene schlechte Gewissen zu beruhigen. Kennst du das? Dann trickse dich selbst ein klein bisschen aus und Nutze die große Macht der Deadline.

Nimm dir jetzt deinen bereits super umfassenden Themenplan zur Hand, und mache daraus einen noch besseren Redaktionsplan.

8.1   Kenne deine Ressourcen

Nicht nur die Investitionen im Onlinebereich, sondern auch die Investitionen im Bereich Content Marketing steigen in zahlreichen Unternehmen zunehmend. Was nicht bedeutet, dass ganz plötzlich mehr Marketing-Budget zur Verfügung steht, sondern dass das vorhandene Budget anders aufgeteilt wird. In Europa wird bereits mehr als 20 Prozent des gesamten Kommunikationsbudgets für contentorientierte Formate ausgegeben. In den USA sind es sogar 28 Prozent.[1]

Egal, wie man es dreht und wendet, die Erstellung von gutem und hochwertigem Content knabbert garantiert an deinen Ressourcen. Entweder an den zeitlichen oder an der Geldbörse des Unternehmens. Es gibt leider keine Schlupflöcher und schon gar keine Angebote vom Wühltisch. Und genau aus diesem Grund solltest du

---

1. Das ergibt die Studie »The State of Content Marketing Internationally« des International Content Marketing Forums (ICMF).

verantwortungsbewusst mit diesen Ressourcen umgehen und das Beste für dich und dein Unternehmen herausholen. Denn auch wenn Content Marketing Spaß macht, machen wir es nicht (nur) zum Spaß!

8.1.1 Die Gretchenfrage: dein Geld oder deine Zeit?

Gute Inhalte zu kreieren, Ideen zu entwickeln, zu recherchieren, zu texten, zu fotografieren, zu lektorieren, den Content online zu stellen, den Content zu verbreiten, zu analysieren, nachzubessern – all das kostet Zeit. Viel Zeit. Deine Zeit. Oder die Zeit von jemand anderem. Und dann wären da noch das Know-how und die Kompetenzen, die in einem Content-Team vorhanden sein müssen.

3 Varianten für dein Content-Management

Du hast drei Möglichkeiten:

Erstens: Du investierst deine Zeit, deine Kapazitäten und dein Know-how und machst dir selbst Gedanken zu deiner Content-Strategie, die du anschließend auch selbst realisierst.

Zweitens: Du vergibst diese Leistungen – so sparst du an deiner Zeit, investierst dadurch aber dein Marketingbudget.

Drittens: Du mischst Variante eins mit Variante zwei und übernimmst manche Maßnahmen inhouse und lagerst jene, für die dir das Know-how oder die Kapazitäten fehlen, aus. Welche das sind, das hängt natürlich von den oben genannten Punkten ab: den freien Kapazitäten und dem Know-how.

Egal, für welche der drei Möglichkeiten du dich entscheidest: Vergiss dabei nicht, dass auch deine Zeit nicht kostenlos ist. Und dein selbst erstellter Content ist es somit auch nicht! Es stellt sich also nicht die Frage, wie du günstig an guten und nutzenstiftenden Content kommst, sondern wie du deine Ressourcen bestmöglich einsetzt.

Der Zeit- und Kostenfaktor ist in jedem Fall ein wichtiger Faktor. Lege ein realistisches Budget fest und entwerfe dann einen Zeitplan mit Etappenzielen. Halte dich konsequent daran. Wie du ja schon weißt, soll dein Ziel realisierbar sein.

Nein, du musst nicht alles selbst können. Und auch nicht alles selbst machen. Je nachdem, wie fit du in Sachen Content Marketing bist bzw. wieviel Zeit dir dafür zur Verfügung steht, kannst du die Aufgaben auch verteilen. Dein Content-Team kannst du dir intern, extern oder bunt gemischt zusammenstellen. So oder so – es braucht immer jemanden, der den Gesamtüberblick behält. Und dieser jemand ist der Content-Manager.

Der Content-Manager: Wer ist für den Content verantwortlich?

In der Content-Strategie wird nicht nur festgelegt, welche Inhalte veröffentlich werden, sondern auch, wer für den gesamten Content verantwortlich ist. Das bedeutet nicht, dass diejenige Person den Content auch selbst erstellen und veröffentlichen muss.

Nein. Es geht darum, dass im Unternehmen jemand die Verantwortung dafür übernimmt, dass die Content-Strategie eingehalten wird und alle definierten und geplanten Maßnahmen geordnet und zeitgerecht umgesetzt werden. Dass jeder Content zum Unternehmen passt und auf die ausgearbeitete Zielgruppe bzw. die einzelnen Personas zugeschnitten ist. Der Content-Manager hat die Aufgabe, immer den Überblick zu bewahren und alle Aufgaben sinnvoll zu verteilen.

Der Content-Manager im Unternehmen ...

- ... gibt den Content-Fahrplan im Unternehmen vor und sorgt dafür, dass er eingehalten wird – von allen Beteiligten.
- ... sorgt dafür, dass die Content-Guidelines eingehalten werden.
- ... nimmt am Themenplan- & Redaktionsplan-Meeting teil.
- ... plant den Content fürs Unternehmen.
- ... definiert die Personas.
- ... übernimmt die Themenabstimmung mit anderen Abteilungen.
- ... stellt sicher, dass alle Aufgaben zeitgerecht erledigt werden.
- ... überwacht sämtliche Prozesse.
- ... stellt die Qualität sicher.
- ... verfasst Briefings.
- ... steuert das Budget.
- ... ist die Schnittstelle zwischen Agentur(en) und Unternehmen.

8.1.2   Die Content-Redaktion

Ein weiterer wichtiger Punkt im Rahmen der Strategieerstellung ist die Antwort auf die Frage, wer den Content erzeugen soll, was uns zum Thema »Content-Team« führt. Die Tatsache, nun auch relevante Inhalte zu erstellen, die online veröffentlicht werden, stellt zahlreiche Unternehmen vor große Herausforderungen.

Nicht selten wird die Textierung dann von der Presseabteilung übernommen, da diese Mitarbeiter bereits über Text-Know-how verfügen und sprachlich sehr gute Texte verfassen können. Leider wird oftmals übersehen, dass ein guter Pressetext etwas vollkommen anderes ist als ein guter Webtext. Das einzige, was diese beiden Texte gemeinsam haben, ist die Tatsache, dass es Texte sind.

Grundsätzlich gilt: Text ist nicht Text. Texte, die im Internet veröffentlicht werden, unterscheiden sich wiederum von Katalogtexten oder Texten für Unternehmensbroschüren. Ein Blogartikel ist anders aufgebaut als ein Webtext, mit dem du verkaufen willst. Bei einem Posting auf Facebook oder Instagram sind es wiederum andere Faktoren, die über Erfolg oder Misserfolg entscheiden, als beim klassischen Webtext.

Bei der Entscheidung, wer den jeweiligen Content erstellen soll, geht es also nicht nur um eine Ressourcen-, sondern auch um eine Kompetenzfrage.

Content-Redaktion inhouse

Ist die Content-Redaktion im eigenen Unternehmen angesiedelt, profitiert man selbstverständlich von der Nähe zu allen relevanten Ansprechpersonen und davon, dass die Redaktion mit den Produkten bestens vertraut ist.

Ist insbesondere geeignet für:
- Start-ups
- kleinere Unternehmen
- Unternehmen, die klar auf Content-Strategie setzen
- B2B-Unternehmen mit einem ganz speziellen Nischenthema

Nachteile:
- keine Vertretung bei Krankheit und Urlaub
- kann meist nur eine Content-Art abdecken (nur Fotos oder nur Text)
- zusätzliche Kosten durch laufende Fortbildung
- Betriebsblindheit

Content-Redaktion extern

Eine professionelle Content-Agentur bringt frischen Wind und neue Ideen ein und verfügt meist über mehr Kapazitäten als die Content-Redaktion im Unternehmen. Wer also schnell viel Content benötigt, ist bei einer Agentur besser aufgehoben.

Ist insbesondere geeignet für:
- Unternehmen, die unterschiedliche Arten von Content benötigen
- Unternehmen ohne eigene Redaktion bzw. ohne Content-Experten
- Unternehmen, die regelmäßig exklusiven Content benötigen und bei denen Content-Know-how intern fehlt

- Unternehmen, die einzelne Content-Arten auslagern möchten (SEO-Content, Magazinbeiträge, Videos, Ratgebertexte, Fotos etc)
- Unternehmen, die auf frische Impulse setzen

Nachteile:

- Der Abstimmungsaufwand ist zu Beginn der Zusammenarbeit hoch – Mustertexte müssen geschrieben werden, um die Tonalität des Unternehmens zu treffen.
- Externe Content-Experten haben mehr Fragen zum Unternehmen als Mitarbeiter des Unternehmens – es empfiehlt sich daher eine fixe Ansprechperson im Unternehmen.
- Mitarbeiteraufwand im Unternehmen entsteht durch die Agentursteuerung.

Bevor wir uns nun mit der nächsten großen Phase des Content-Marketing-Zyklus beschäftigen, habe ich noch eine Challenge für dich. Du kannst sie vermutlich noch nicht gleich beantworten – aber vielleicht nach dem nächsten Kapitel.

DEINE CHALLENGE

DU BIST DRAN!

NO. 13

❞❞ UND JETZT DU!
WENDE DEIN NEUES WISSEN AN.

Überleg dir ganz gewissenhaft, welche Bereiche des Content Marketings du im Unternehmen erledigen willst und kannst, alleine oder in Zusammenarbeit mit deinem Team. Welche Aufgaben müsstest du dafür abgeben? Und bei welchen Aufgaben brauchst du noch den Input von externen Experten?

8.2 Vom Themenplan zum Redaktionsplan

Dein Themenplan ist erstellt, und du hast dir bereits Gedanken gemacht und dir einen Überblick über die zahlreichen Content-Kategorien und -Formate verschafft? Hast für dich definiert, welchen Content du für Miri und Paul erstellen möchtest? Dann ist jetzt die Planung des Contents an der Reihe.

Nimm dir wieder die großen Medienhäuser zum Vorbild – plane deine redaktionellen Inhalte früh genug. Tatsächlich ist es so, dass Zeitschriften und Magazine ihre Veröffentlichungen oft für ein komplettes Jahr im Voraus planen. Die Erstellung deines eigenen Redaktionskalenders geht Hand in Hand mit der Entwicklung einer Content-Marketing-Strategie.

Das Herzstück deiner durchdachten Content-Marketing-Strategie ist ein akribisch erstellter Redaktionsplan. Er ist das Zentrum aller Inhalte, hier läuft alles zusammen, und er konkretisiert den Themenplan.

Scheue dich also nicht davor, dir ausreichend Zeit für die Redaktionsplanung zu nehmen. Wie immer gilt: Je besser die Planung, desto schneller geht's in der Umsetzung. Der Redaktionsplan hilft dir, den Überblick zu bewahren und dich selbst zu disziplinieren. Jetzt geht's um Regelmäßigkeit und Deadlines, die auch wirklich eingehalten werden.

Im Redaktionsplan wird festgehalten, welches Thema wann und von wem wo genau veröffentlicht wird. Im Redaktionsplan werden alle Inhalte, die von einem Unternehmen publiziert werden, festgehalten.

8.2.1 Was gehört in einen Redaktionsplan?

Kompliziert ist die Erstellung eines Redaktionsplans für dein Content Marketing in keinem Fall. Gewöhnlich reicht dafür eine einfache Excel-Tabelle aus, in der wichtige Eckdaten für die Veröffentlichungen festgehalten werden. Aber es gibt auch zahlreiche hochprofessionelle Tools, die dir die Redaktionsplanung erleichtern. In den Redaktionsplan gehören folgende Eckdaten:

- wichtige Ereignisse/Termine
- Kanal, auf dem publiziert wird
- Deadlines
- Verantwortlichkeiten
- Themen und Kurzbeschreibungen
- Status

Datum, wichtige Ereignisse/Termine

Neben dem Datum sind auch wichtige allgemeine Ereignisse und branchen- bzw. unternehmensinterne Termine für die Redaktionsplanung relevant. Ich plane auch gerne in Kalenderwochen. Die allgemeinen Ereignisse sind Feiertage oder/und Welttage (*www.daysoftheyear.com*), die dir zu neuen Ideen verhelfen. Zum Beispiel kann der Weltfrauentag in zahlreichen Unternehmen zum Thema gemacht werden. Der Jogginghosentag wird insbesondere für den Kleidungshandel von Bedeutung sein, und der Cyber Monday darf in der Digitalbranche nicht übersehen werden. Ferien sind im Tourismus besonders wichtig, und immer wiederkehrende Themen wie Weihnachten, Silvester, Frühlingsbeginn sind in fast jeder Branche ein Anknüpfungspunkt. Das sind die Themen, die du super vorbereiten kannst. Und dann ist natürlich auch noch wichtig, wann diese Themen für deine Kunden relevant sind. Wann fragen sie danach? Die schönsten Geschenketipps für den Valentinstag sind zum Beispiel nicht am Valentinstag relevant, sondern bereits Wochen zuvor. Dann, wenn man diese Geschenke noch rechtzeitig für seinen Schatz kaufen kann.

Kanal

Jeder deiner verwendeten Kanäle – das können Facebook, Newsletter, Instagram, Twitter, ... sein – verdient eine eigene Spalte. Hier wird eingetragen, wo der Beitrag veröffentlicht wird. Aber auch zusätzliche Postings finden in diesen Spalten ihren Platz. Auch hier gilt: Weniger ist mehr. Trage nur jene Kanäle ein, die auch wirklich von deinem Unternehmen bespielt werden.

Verantwortlichkeiten

In dieser Spalte wird definiert, wer für den Content zuständig ist. Versuche, die Verantwortlichkeiten einfach zu halten. Ist es immer der gleiche Redakteur und immer das gleiche Lektorat, dann kannst du auf diese Spalte auch verzichten.

Deadlines

Das geplante Datum der Veröffentlichung und das Datum der Fertigstellung. Das müssen nicht zwingend dieselben Termine sein. Versuche dir einen kleinen Puffer einzuplanen, um Unvorhergesehenes zu bewältigen.

Thema und Kurzbeschreibung

Nicht nur das Thema, sondern auch einzelne Schwerpunkte sind wichtig. Umschreibe das Thema so, dass sich jeder auskennt – auch wenn du mal krank bist und ausfällst.

Status

In diese Spalte wird eingetragen, in welchem Bearbeitungsstatus sich der jeweilige Beitrag gerade befindet. Überleg dir sinnvolle Bezeichnungen für die einzelnen Stationen und achte darauf, dass sie einheitlich vom ganzen Team verwendet werden. Diese Spalte ist nur dann sinnvoll, wenn der Redaktionsplan zu jeder Zeit von allen abrufbar ist.

Das sind also die Mindestanforderungen deines Redaktionsplans. Natürlich steht es dir frei, den Redaktionsplan nach deinen Bedürfnissen zu erweitern oder einzugrenzen. Je nach Umfang der geplanten Inhalte wird der Redaktionsplan monatlich, quartalsweise oder halbjährlich erstellt. Letzteres erfordert jedoch besonders viel Fantasie, Erfahrung und Fingerspitzengefühl, denn nicht alle Inhalte lassen sich so lange Zeit im Voraus planen.

Weitere Spalten

Weitere mögliche Spalten, die deinen Redaktionsplan noch detaillierter machen:

- Das Content-Format: Artikel, Blog-Post, Interview, E-Book, Whitepaper etc.
- Persona: Welche deiner Personas willst du mit genau diesem Content erreichen?
- Call-to-Action: Welches Ziel verfolgst du mit diesem Content: Newsletter, Downloads, Link auf die Website, Reichweite, Likes?
- Keywords: Vergiss nicht, dass für den Erfolg nicht nur gute Inhalte zählen – auch SEO spielt eine wichtige Rolle. Füge deinem Redaktionsplan noch eine Keyword-Spalte hinzu, in der du für jeden Beitrag Suchbegriffe einträgst, die zum Thema passen und die das Ranking deines Unternehmens verbessern können.

TIPP

Füge dem Redaktionsplan ein separates Brainstorming-Dokument bei, in dem du und dein Team Überschriften-Ideen oder andere Ideen sammelt. Das kann auch dein Redaktionsplan sein!

Grundsätzlich ist ein Redaktionsplan eine entspannende Sache. Denn du sparst dir bei jeder einzelnen Aktion die langwierige Themenfindung. Viel besser ist es nämlich, sofort loslegen zu können. Wie bei so vielen anderen Dingen im Leben auch, so gilt auch beim Redaktionsplan, dass manchmal weniger mehr ist. Versuche die Sache nicht zu verkomplizieren. Der Redaktionsplan soll dich in deiner täglichen Arbeit unterstützen und dir eine Übersicht bieten. Je komplexer du das Thema angehst, desto weniger ist der Plan später für den schnellen Überblick geeignet.

Die Kunst liegt also darin, alle Informationen aufzunehmen, die wichtig sind, und alles andere außen vor zu lassen. Für die Planung deines Contents kannst du je nach Größe des Unternehmens und deines Content-Teams auf Excel, deinen Outlook-Kalender, Plug-ins, Tools oder Software zurückgreifen. Hauptsache, du planst. Arbeitest du mit einem Team, bei dem nicht alle auf denselben Server zugreifen können? Dann erschweren lokal gespeicherte Microsoft-Word- oder Excel-Dateien die Zusammenarbeit des Content-Teams ungemein.

Versuche also, eine andere Lösung dafür zu finden. Mit GoogleDocs oder mit einem Speicherplatz in der Cloud (iCloud oder Dropbox).

Im Internet kursieren zahlreiche Redaktionspläne zum Download – basierend auf Excel, GoogleDocs oder auf Wordpress. Da ist bestimmt auch der richtige für dich dabei. Zudem habe ich für dich einen Redaktionsplan zum Starten entwickelt, der sich schon für zahlreiche Kundenprojekte bewährt hat.

DEINE CHALLENGE

DU BIST DRAN!

NO. 14

„„ UND JETZT DU! WENDE DEIN NEUES WISSEN AN.

Erstelle ergänzend zum Themenplan einen detaillierten Redaktionsplan für zwei Monate.
Bedenke vorher, ob du alle Spalten aus der Vorlage brauchst oder welche du löschen bzw. ergänzen möchtest.
Der Redaktionsplan soll schließlich eines der wichtigsten Werkzeuge in deinem Content-Alltag werden.

Einen Redaktionsplan zum Download findest du auf
WWW.PUNKT-KOMMA.AT/CONTENT-MARKETING-WORKBOOK

8.2.2 Das Content-Team

In den Planungsprozess deiner Content-Strategie fallen auch die Zuständigkeiten und Verantwortlichkeiten des gesamten Content-Teams. Überlege dir daher ganz genau, wer im Content-Team welche Aufgaben übernehmen kann – und welche Aufgaben du vielleicht sogar extern vergibst. Um diese Aufgabe erfolgreich umzusetzen, ist es wichtig, dass du die Stärken deiner Kollegen kennst und sie auch richtig einsetzen kannst. Frage dich in diesem Zusammenhang also Folgendes:

- Wer recherchiert das Thema?
- Wer verfasst den Text dazu?
- Wer lektoriert/übernimmt die abschließende Orthographiekontrolle?
- Wer gibt den Text frei?
- Wer stellt den Content online?
- Wer verbreitet den Beitrag?
- Wer analysiert den Beitrag?
- Und wer hat den Hut auf. Sprich: Wer ist schlussendlich für den reibungslosen Ablauf verantwortlich und sorgt dafür, dass jeder seine Aufgabe fristgerecht erfüllt?

Aufgaben des Content-Teams

Die Recherche:
Achte im Zug der Recherche der einzelnen Themen darauf, ob eventuell schon Unterlagen dazu im Haus vorhanden sind? Handelt es sich um ein komplett neues Thema? Oder gibt es tatsächlich schon jemanden im Unternehmen, der sich mit diesem Thema beschäftigt hat? Bitte diese Person um ihre Rechercheunterlagen und Ergebnisse. Wenn bereits Texte vorhanden sind, nimm dir diese als Basis für deinen Webtext oder Blogbeitrag.

Das Lektorat:
Veröffentliche nie, nie, nie einen Beitrag, ohne dass ihn vorher jemand auf Rechtschreibfehler überprüft hat. Je nach Unternehmensgröße und je nachdem, wieviel Content dein Unternehmen veröffentlicht, lohnt es sich, mit professionellen Lektoren/Korrektoren zu arbeiten. Ob Freelancer oder Agentur – ein Lektorat ist leistbar und trägt maßgeblich zur Content-Qualität bei. Anders ausgedrückt: Websites, auf denen es vor Rechtschreibfehlern wimmelt, werfen ein schlechtes Licht auf das Unternehmen.

Die Freigabe:

Definiere bereits bei der Planung, wer die einzelnen Beiträge freigibt, und achte darauf, dass diese Person auch über den Redaktionsplan verfügt. Nichts ist blöder, als wenn der Geschäftsführer einzelne Beiträge freigeben möchte (weil es vielleicht seine ganz speziellen Herzensthemen sind) und er bei der geplanten Veröffentlichung nicht greifbar ist.

Content-Veröffentlichung:

Ist der Text fertig und freigegeben, muss er ins System gestellt werden. Diese Aufgabe muss nicht zwingend vom Content-Redakteur erledigt werden. Definiere also, wer für Einpflege ins CMS, die Editierung, die Verlinkung, die Einbindung des passenden Bildmaterials und schlussendlich für die Veröffentlichung zuständig ist.

Content-Verteilung:

Der Beitrag ist online! Nun muss er unter die Leute. Wer ist nun dafür zuständig und auf welche Maßnahmen setzt du? Mehr dazu in Teil 4.

Content-Analyse:

Der Beitrag ist nun seit zwei Wochen online. Performt er so, wie du und dein Team euch das vorgestellt habt? Oder gilt es, dort und da noch an ein paar Schrauben zu drehen? Wird der Beitrag gelesen? Wie hoch ist die Absprungrate? Damit du all das erfährst, musst du jemanden definieren, der sich um die Analyse der einzelnen Content-Maßnahmen kümmert. Mehr dazu in Teil 5.

Content-Manager:

Schlussendlich muss es jemanden geben, der für all das die Verantwortung hat und die einzelnen Aufgaben einfordert. Jemanden, der darauf achtet, dass jeder die Deadlines einhält, und der gegebenenfalls reagieren kann – den Content-Manager.

Alle Aufgaben können von einer, aber auch von mehreren Personen im Team übernommen werden. Das Content-Team kann sich aus Personen aus dem Unternehmen selbst oder aber auch aus externen Mitarbeitern (Agenturen, Freelancern) zusammensetzen. Wichtig ist, dass jede dieser Personen Zugriff auf den Redaktionsplan hat.

GUT ZU WISSEN!

DEINE CHALLENGE

DU BIST DRAN!

NO. 15

❞❞ UND JETZT DU!
WENDE DEIN NEUES WISSEN AN.

Definiere dein ganz persönliches Content-Team. Überlege genau, wer welche Aufgaben intern übernehmen könnte - und bei welchen Aufgaben du von außen Unterstützung brauchst. Blätter nochmals zurück zu Abschnitt 8.1.1.

8.2.3   Das Redaktionsmeeting

Die Redaktionsplanung ist zwar umfangreich und zeitaufwändig, nimmt aber gleichzeitig den Druck aus dem Ganzen. Solltest du nicht selbst für die Umsetzung der Inhalte verantwortlich sein, erstelle den Redaktionsplan gemeinsam mit den Umsetzern. Damit ist sichergestellt, dass alle Beteiligten verstehen, was mit den genauen Titeln und Themen wirklich gemeint ist. Außerdem macht das Ideenspinnen in der Gruppe gleich viel mehr Spaß.

Ist dein Redaktionsteam definiert, solltest du daher regelmäßig Redaktionsmeetings einberufen, um die Themen und Kampagnen der kommenden Wochen und Monate zu besprechen – und zu entwickeln. Das Redaktionsmeeting hat sich über die Jahre – ja sogar über Jahrzehnte – hinweg in kleinen und großen Verlagshäusern mehr als bewährt. Erfinde das Rad nicht neu, sondern greif einfach auf dieses gut funktionierende System zurück.

Teilnehmer des Redaktionsmeetings

Die Teilnehmer des Redaktionsmeetings sind neben deinem fixen Content-Team auch Kollegen aus anderen Abteilungen. Jemand aus der Presseabteilung kann zum Beispiel wertvollen Input über die dort geplanten Maßnahmen liefern (trag dir die geplanten Presseaussendungen gleich in den Redaktionsplan ein). Lade auch jemanden aus dem Sales-Team ein, der über alle kommenden Aktionen Bescheid weiß – auch diese Termine haben ihren Platz im Redaktionsplan verdient.

Agenda des Redaktionsmeetings

Starte das Redaktionsmeeting mit dem, was war. Welche Themen und Content-Formate der letzten Wochen haben gut performt? Wo gäbe es eventuell Verbesserungspotenzial? Und welche Maßnahmen haben dich enttäuscht? Konnte alles so umgesetzt werden wie geplant – wenn nicht: Woran lag es?

Aus diesen Ergebnissen lassen sich bereits erste konkrete Maßnahmen für die kommenden Wochen und Monate ableiten. Ins Redaktionsmeeting solltest du unbedingt auch deinen Themenplan mitbringen. Am besten druckst du ihn für alle Teilnehmer aus, damit jeder mitlesen kann und auf dem gleichen Informations- und Wissenstand ist.

Hat jeder Teilnehmer kundgetan, welcher Content wofür benötigt wird, wird nun definiert, was bis wann von wem fertiggestellt werden muss. Wo es Herausforderungen gibt. Oder bei welcher Kampagne noch weitere Maßnahmen gesetzt werden müssen. Werden neben Text auch Grafiken benötigt? Trag es in den Redaktionsplan ein! Und teile die Aufgabe auch gleich jemandem zu.

Um die kostbare Zeit deiner Kollegen im Meeting bestmöglich zu nutzen, empfehle ich dir, dass du dich auf das Meeting vorbereitest – und dass du auch jedem einzelnen Teammitglied die Möglichkeit dazu gibst. Konkret bedeutet das für dich:

- Bereite die Vorlage des Redaktionsplans bereits vor dem Meeting vor. Trage alle Termine ein, die für dein Unternehmen relevant sind.

- Informiere das Team bereits eine Woche vorher über die Agenda des Meetings. Willst du mit ihnen über den Frühlingstrends sprechen und dafür noch Themen sammeln? Sag ihnen das bereits vorab.

- Bitte alle, dass sie sich auf das Meeting vorbereiten. Dann kommen sie bestimmt schon mit konkreten Ideen, und die Themensammlung geht dann gleich viel schneller von der Hand.

TEIL 3

CONTENT-ERSTELLUNG: SEO, WEBTEXT UND VISUAL CONTENT

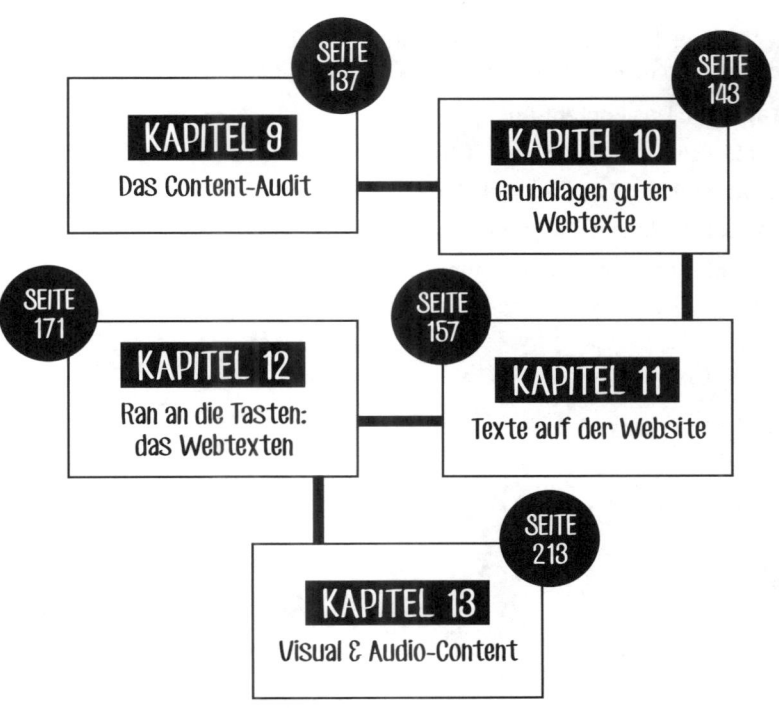

SEITE 137

KAPITEL 9

Das Content-Audit

SEITE 143

KAPITEL 10

Grundlagen guter Webtexte

SEITE 171

KAPITEL 12

Ran an die Tasten: das Webtexten

SEITE 157

KAPITEL 11

Texte auf der Website

SEITE 213

KAPITEL 13

Visual & Audio-Content

Wow! Bevor du nun weiterliest, möchte ich dir gratulieren. Du hast schon ein richtig großes Stück Arbeit geschafft. Dafür hast du dir einen großen Applaus verdient.

Nun sind wir in einem besonders spannenden Teil angekommen: der Content-Erstellung. Das am meisten verbreitete Content-Format ist nun mal das geschriebene Wort. Und: Webtext kannst du relativ einfach und schnell selbst erstellen, während für andere Content-Formate wie Videos oder Apps vorwiegend spezialisierte Agenturen beauftragt werden sollten. Aus diesem Grund liegt das Hauptaugenmerk in diesem Kapitel auf der Webtextierung. Am Ende findest du aber ein weiteres Kapitel zum Visual Content.

In den folgenden Kapiteln geht es ans Eingemachte. Jetzt kannst du nämlich all das umsetzen, was du in den vorangegangenen Kapiteln an Strategie und Konzept geplant hast. »Endlich!«, wirst du jetzt wahrscheinlich denken. Und gleichzeitig wirst du froh sein, dass du dir für die ersten Kapitel so viel Zeit genommen hast. Du wirst schnell merken, wie viel leichter dir die kommenden Aufgaben fallen, nachdem du dich mit der Planung und der Strategie auseinandergesetzt hast.

Dieser Teil des Buches ist voll mit geballtem Wissen rund um das Thema Content-Erstellung, und du darfst dich auf Inputs zu folgenden Themen freuen:

- **Kapitel 9:** Das Content-Audit
- **Kapitel 10:** Grundlagen guter Webtexte
- **Kapitel 11:** Texte auf der Website
- **Kapitel 12:** Ran an die Tasten: das Webtexten
- **Kapitel 13:** Visual & Audio-Content

DAS CONTENT-AUDIT

Bevor du nun deine ganze Energie in neue Inhalte steckst, nimm dir etwas Zeit und unterziehe deine Website einer Inventur. Erstelle eine Bestandsaufnahme aller aktuell vorhandenen Inhalte auf deiner Domain und hinterfrage sie in Bezug auf deine Kommunikationsziele. Damit definierst du den Status Quo: Welche Inhalte funktionieren? Und welche nicht?

Damit du weißt, auf welche Inhalte du zurückgreifen kannst, legst du dir am besten ein Content-Verzeichnis an. Und das gelingt dir mithilfe eines Content-Audits.

Ein Content-Audit kommt einer Inventur deiner Website gleich. Und bei einer Inventur wird im ersten Schritt der aktuelle Bestand der Ware erfasst und überprüft, was davon man noch verwenden kann und welche Produkte bereits alt und unbrauchbar sind. Anschließend wird überlegt, welche Produkte fehlen. Und genauso ist das auch bei einem Content-Audit. Deine Inhalte sind in diesem Fall die Ware, die es zu erfassen und auf ihre Gültigkeit zu überprüfen gilt.

Bedenke dabei, dass du wirklich alle Inhalte deiner Seite (auch PDFs, Infografiken, Videos, Whitepaper, Blogbeiträge) in die Analyse miteinbeziehst. Sonst wäre es ja nur eine halbe Bestandsaufnahme. Damit du dein Audit erfolgreich beginnen kannst, definierst du vorab am besten die Kennzahlen, die dir wichtig sind und denen du jeden einzelnen Content zuweisen kannst.

Stelle dir folgende Fragen:

- Welcher Content generiert Leads?
- Welcher Content trägt indirekt oder direkt zur Conversion bei?
- Welcher Content beeinflusst das Unternehmensimage positiv?
- Welcher Content hat eine hohe Verweildauer?
- Welcher Content hat SEO-spezifische Ziele?
- Entspricht dein Content noch den rechtlichen Anforderungen (Impressum etc.)?
- Weist die Website doppelten Inhalt auf = Duplicate Content – beabsichtigt oder unbeabsichtigt?
- Kannst du mit deinen Inhalten alle für Miri und Paul relevanten und wichtigen Fragen beantworten?
- Welcher Content dient der Senkung der Callcenter-Kosten?
- Welcher Content verbessert die Markenwahrnehmung?
- Mit welchem Content positioniert sich das Unternehmen als Experte für einen bestimmten Bereich?

So ein Content-Audit hilft dir nicht nur bei der Identifizierung von besonders gutem Content, sondern auch bei der Auslese von besonders schlechtem Content.

- Gibt es Inhalte, die hohe Absprungraten aufweisen?
- Gibt es Inhalte, die nicht mehr aktuell sind?
- Sind Inhalte vorhanden, die nicht zu den wirtschaftlichen Unternehmenszielen beitragen?
- Gibt es Inhalte, die du auch sonst keinem deiner Ziele zuordnen kannst?

Lass uns also loslegen! Erstelle dir eine Excel-Tabelle mit den folgenden zehn Spalten.

- URL
- Name der Seite (Title inkl. Description)
- Datum der Veröffentlichung/letzten Änderung
- Content-Format (Text, Video, Bildergalerie, ...)
- Content-Typ (F-I-S-H, 3-H, ...)
- Umfang (Wortanzahl)
- verfolgt welches Ziel
- spricht welche Persona an
- Kategorisiere in »wertvoll« – »wirksam« – »nutzlos«
- Resultat: Behalten, Löschen, Optimieren, Zusammenführen

PLATZ FÜR DEINE
NOTIZEN

9.1   Wertvoll? Wirksam? Oder nutzlos?

Es gibt zahlreiche Möglichkeiten, um deinen Content mithilfe eines Content-Audits zu kategorisieren und daraus Schlüsse zu ziehen. Da du mit diesem Content-Workbook aber eine Schritt-für-Schritt-Anleitung in den Händen hältst und ich weiß, dass es dir schon unter den Fingernägeln brennt und du so viel wie möglich selbst, zeitnah und vor allem unkompliziert ausprobieren möchtest, stelle ich dir eine besonders schnelle Variante vor. Dabei unterteilst du all deine Inhalte in drei Bereiche.

Wertvoll:

- Der Content ist für dich und/oder für Miri und Paul wertvoll.
- Er liefert Antworten auf bekannte W-Fragen.
- Er hilft dir zudem bei der Erreichung deiner strategischen Kommunikationsziele.
- Er hilft dir beim Aufbau deines Expertenstatus.

Wirksam:

- Der Content erzielt eine hohe Reichweite.
- Er hat eine hohe Verweildauer.
- Er dient deinen operativen Marketingzielen, wie der Leadgenerierung, oder bereitet eine Conversion vor.

Nutzlos:

- Der Content ist nicht wertvoll.
- Der Content ist nicht wirksam.
- Der Content hat keine Reichweite.
- Der Content weist eine hohe Absprungrate auf.

Neben der Content-Qualität kannst du mit einem Content-Audit auch die allgemeine Qualität deiner Inhalte prüfen. Mithilfe von SEO-Tools (wie Searchmetrics, Sistrix, Onpage.org, Seolyze, ...) lässt sich deine Website auf folgende Paramater überprüfen:

- verwaiste Seiten
- Content-Umfang
- Qualität der Überschriften (Länge, Duplicate, ...)
- Lesbarkeit der Texte
- Duplicate Content
- Fehlerseiten

- Qualität der Meta-Tags
- Dateigrößen

DEINE CHALLENGE

DU BIST DRAN!

NO. 16

" " UND JETZT DU!
WENDE DEIN NEUES WISSEN AN.

Lege dein Excel-Sheet an und leg noch heute mit deinem Content-Audit los! Je eher du damit startest, desto früher bist du damit fertig!

9.2 Das Content-Audit-Resultat

Nun sind wir beim zehnten Punkt deiner Excel-Tabelle angekommen: Dem Endergebnis. Was willst du nun mit dieser Content-Seite machen?

- **Ist sie einwandfrei:** Freu dich darüber und lass alles so, wie es ist!
- **Ist sie okay, braucht aber dort und da eine kleine Überarbeitung:** Optimiere sie. Mehr dazu in Abschnitt 12.4.
- **Es der Inhalt gut, aber nicht vollständig, gibt es Content auf deiner Seite, der dazu passt:** Recycle diese Inhalte doch und führe sie zusammen. Mehr dazu in Abschnitt 17.2.2.
- **Oder ist der Content einfach nutzlos?** Dann lösche ihn. Wenn du das machst, musst du auf ein paar Details achten – lies dazu mehr in Abschnitt 17.1.

- **Werden Themen noch gar nicht behandelt:** Schreib sie neu. Worauf du beim Webtexten im Detail achten solltest, schauen wir uns im folgenden Kapitel an.

Klar: Beim ersten Mal ist so ein Content-Audit schon mal etwas mühsam, ich weiß. Aber je öfter du diese Bestandsaufnahme wiederholst, desto einfach wird sie. Versprochen.

Wie oft du ein Audit brauchst, hängt von der Frequenz deiner Inhalte ab. Betreibst du ein Online-Magazin oder ein Blog, empfehle ich dir ein jährliches Content-Audit. Nutze dafür doch jene Wochen im Jahr, in denen an deinem Arbeitsplatz weniger los ist. In vielen Unternehmen ist im Hochsommer oder zum Jahreswechsel eine eher ruhigere Zeit. Nutze sie für ein Content-Audit.

PLATZ FÜR DEINE

KAPITEL 10

GRUNDLAGEN GUTER WEBTEXTE

Bevor wir uns gleich Schritt für Schritt mit der Content-Erstellung beschäftigen, brauchst du noch etwas ganz Wichtiges. Und zwar das Wissen darüber, wie text-basierter und visueller Content im Web konsumiert werden. Sind Miri und Paul auf deiner Website gelandet, entscheiden sie sich innerhalb weniger Sekunden, ob sie auf deiner Seite wirklich ihre Antworten auf ihre Fragen finden. Wenn nicht, wissen sie: Die nächste Website ist im Internet nur einen Klick entfernt.

- Sind Miri und Paul in den ersten drei (3!) Sekunden von deiner Seite überzeugt? YEAH!
- Schaffst du es nicht, und sie klicken gleich wieder weg? Nicht so toll! Du hast noch ein großes Stück Arbeit vor dir.

Du weißt es bereits: 80 Prozent des Online-Contents ist unsichtbar. Was bedeutet, dass diese Inhalte nicht gelesen werden. Der Grund dafür ist simpel und traurig zugleich. Diese Inhalte erscheinen einfach nicht auf den ersten beiden Seiten der Suchergebnisse! Als Content-Marketer brauchst du daher ein solides SEO-Grund-verständnis. Denn schließlich sollen deine Inhalte auch gefunden werden. Lass uns also ein wenig über Google reden!

10.1 Google

Google ist eine Textsuchmaschine, deren Aufgabe es ist, dem User – also dir, mir, Miri und Paul – immer die besten und relevantesten Inhalte zu den gestellten Suchanfragen zu liefern.

Keine einfache Sache, bedenkt man, wie viele Websites weltweit online sind.

Damit Google das gelingt, muss die Suchmaschine im ersten Schritt alle sichtbaren Content-Seiten erfassen. Dafür schickt sie sogenannte Crawler aus, die von einer Seite zur nächsten crawlen und dabei immer neuen Links folgen. Die dabei erfass-ten Informationen werden indexiert und abgespeichert. Sucht Paul nun nach »E-Bike-Touren Österreich«, so durchsucht Google seinen Index (also alle Seiten, die dort abgespeichert sind) nach diesen Suchbegriffen und wählt die relevantes-ten Seiten aus. Relevant sind für Google jene, die Paul die besten Informationen zu dieser Anfrage bieten.

Kurzum: Google ist dein Freund und will nur das Beste für dich. Ob du willst oder nicht.

Ist Google für Content-Marketer herausfordernd? Ja, das ganz bestimmt. Aber das ist auch gut so. Warum, möchte ich dir gerne erklären.

SEO LAUT WIKIPEDIA

SEO (Search Engine Optimization = Suchmaschinenoptimierung) bezeichnet all jene Maßnahmen, die dazu beitragen, dass eine Website bei organischen Anfragen in den unbezahlten Suchergebnissen an einer hohen Stelle steht.

Wusstest du, dass Google mehr als 3,5 Millionen Suchanfragen pro Tag verzeichnet? Das ist richtig viel. Umso wichtiger ist es, allen Anfragen die richtigen und relevanten Antworten auszuliefern. Und seit Googles Anfängen hat sich nicht nur der Algorithmus der Suchmaschine maßgeblich weiterentwickelt, sondern auch wir, die wir diese Suchmaschine verwenden.

GOOGLE-ALGORITHMUS

Laut Google sind Algorithmen Computer-Prozesse und Formeln, die Fragen in Antworten verwandeln. Sie durchforsten geschätzte „Billionen" von Websites, um die Informationen zu finden, die du suchst. Gäbe es keine Algorithmen, müssten wir alle Informationen selbst durchforsten, um das Gewünschte zu finden. Das ist wie die Suche nach der Nadel im Heuhaufen.
Die letzte wirklich große und für uns Content-Marketer maßgebliche Änderung war Googles neuer Algorithmus namens Hummingbird (was von „schnell" und „präzise" kommt). Seither wird an Hummingbird gefeilt, damit er noch besser und präziser wird.

Das ist der Tatsache geschuldet, dass bereits 80 Prozent der Online-Konsumenten das Smartphone zu Rate ziehen, wenn sie nach Antworten suchen. Was bedeutet, dass die Suchanfragen, die über das Smartphone getätigt werden, häufiger sind als die desktop-basierten Anfragen. Laut einer Studie[1] verbringen Smartphone-Nutzer durchschnittlich 145 Minuten täglich mit ihrem Smartphone. Das sind mehr als zwei Stunden pro Tag.

Du siehst selbst: Unser Verhalten könnte unterschiedlicher als noch vor fünf Jahren gar nicht sein. Klar, dass Google da laufend reagiert. 20 Prozent aller mobilen Suchanfragen werden sogar per Spracheingabe gestellt. Anfragen sind heute keine einzelnen Keywords mehr, sondern ähneln vielmehr der gesprochenen Sprache.

---

1. *https://blog.dscout.com/mobile-touches*

Anstatt »Badezimmer Trends« wird per Spracheingabe »Wie schauen die Badezimmer-Trends 2017 aus« gesucht.

Dementsprechend hat sich auch bei den Rankingfaktoren so einiges getan – und wird sich auch noch laufend verändern. Die Updates, die Google in den letzten zwei Jahren an seinem Algorithmus vorgenommen hat, sind alle darauf ausgelegt, natürliche Sprache möglichst genau zu verarbeiten und so Suchanfragen besser zu interpretieren. Zusätzlich hat Google Anfang 2017 zu einer Mobile-first-Indexierung gewechselt, was bedeutet, dass der Suchergebnisindex von Desktop-first auf Mobile-first umgekehrt wird und mobile Ergebnisse somit priorisiert werden. Daher muss deine Website responsiv – oder zumindest mobile – sein. Bietest du deinen Lesern auf der mobilen Version andere, vielleicht sogar weniger relevante Inhalte als auf der Desktop-Version, solltest du das ganz schnell ändern.

10.1.1   Faktoren für das Google-Ranking

Das Hinzufügen von relevanten Keywords war mal ausreichend, um sich eine gute Position auf der SERP (Erklärung dazu im Hinweiskasten) zu sichern, und damit die richtigen Leser zu erreichen. So war das auch noch zu meiner Anfangszeit als Webtexterin im Jahr 2008.

Seither hat sich viel geändert: Die Keywords spielen heutzutage nicht mehr die gleiche Rolle für Suchmaschinen-Rankings wie noch vor ein paar Jahren – was aber keinesfalls bedeutet, dass Keywords unwichtig geworden sind. (Lies mehr zum Thema Keywords in Abschnitt 12.4.5).

SERP

SERP ist die Abkürzung für Search Engine Result Pages – auf Deutsch: Seite mit der Suchergebnisliste. Die einzelnen Suchergebnisse werden der Relevanz nach absteigend geordnet. Die Rangordnung wird durch zahlreiche Faktoren berechnet und bestimmt und kann von User zu User unterschiedlich sein.

Pauschale Rankingfaktoren von der Stange gibt es in dieser Form nicht mehr. Die Rankingfaktoren von heute ändern sich fortlaufend und unterscheiden sich pro Branche und sogar pro einzelner Suchanfrage. Der Grund dafür liegt in der Entwicklung und Anwendung von Machine-Learning-Algorithmen. Das bedeutet, dass Google mehr und mehr differenzieren kann, was genau Miri und Paul im Moment der Suchanfrage wollen.

Das soll aber nicht bedeuten, dass wir auf Google keine Rücksicht mehr nehmen. Im Gegenteil.

Faktoren, die dein Ranking positiv beeinflussen

- Die Schaffung von relevantem Content, der sich an der Nutzerintention ausrichtet, ist das A und O für Content-Marketer und SEOs.
- Meta-Tags wie Title & Description sowie Elemente wie eine H-Auszeichnung der Überschriften sind im Jahr 2017 längst schon kein Nice-to-Have mehr, sondern obligat. Mehr dazu in Abschnitt 12.4.3.
- Technische Aspekte sind die Grundvoraussetzung, um gewünschte Rankings mit gutem Content zu erzielen. Das ist so. Und das bleibt so. Denn immer mehr Seiten sind technisch top-optimiert.
- Seitenladezeit, Dateigröße, interne Verlinkungen und die Seitenarchitektur sind ebenso wichtige Faktoren, die auf dein Ranking einzahlen.
- User Signals sind das A und O für deine Inhalte und Rankings. Die Reaktion der Nutzer auf deine Inhalte gibt Suchmaschinen direkten Input über deren Zufriedenheit mit deinem Content.
- Die Einbindung von Visual Content verbessert die User Signals auf Websites stark.
- Seiten, auf denen der Content strukturiert und umfangreich ist, ranken besser. Sie enthalten mehr interaktive Elemente und eine bessere interne Linkstruktur. Damit sind sie sowohl für User als auch für Google klar verständlich und interpretierbar.
- Seiten, die auch mobil einwandfrei funktionieren und eine gute Usability aufweisen, ranken besser.

Du siehst selbst, manche der Faktoren kannst du ganz einfach im Zuge deiner Arbeit selbst berücksichtigen. Und obwohl du wahrscheinlich nicht alle Punkte selbst umsetzen kannst, ist es wichtig, dass du weißt, dass es bei einer guten Positionierung um mehr geht als nur um guten Content. Wichtig ist die Summe aller Maßnahmen.

10.1.2 Muss es immer ein SEO-Text sein?

Das Wort SEO-Text ist eigentlich kein schönes Wort – und stammt irgendwie noch aus der Webtext-Steinzeit. Der Begriff SEO-Text wird gerne und häufig als Synonym für jene Texte verwendet, die gut ranken sollen. Demnach ist ein SEO-Text jener Content, der gut gefunden werden muss, damit er anschließend seinen Zweck erfüllen und Miri und Paul begeistern kann. Nun, da du weißt, wie Suchmaschinen funktionieren und worauf es ankommt, kannst du deine Inhalte dahingehend opti-mieren. Guten Content-Marketern gehen die »sogenannten SEO-Maßnahmen« rund um den Webtext leicht von der Hand. Du wirst schnell sehen: Je mehr du übst, desto einfach wird's.

PLATZ FÜR DEINE
NOTIZEN

DEINE CHALLENGE

DU BIST DRAN!

NO. 17

❞ ❞ UND JETZT DU!
WENDE DEIN NEUES WISSEN AN.

Überprüfe deine Website nochmals ganz genau und erstelle eine Liste mit all jenen Punkten, die du noch verbessern kannst. Teile die Liste in zwei Bereiche: einen für dich. Und einen, bei dem du Unterstützung benötigst. Zum Beispiel von einem Programmierer.

Aber ist wirklich jeder Text, den du online stellst, entscheidend für das Ranking? Und muss wirklich jeder Text auf Platz eins in den SERPs landen? Ich sage nein. Was bringt es dir zum Beispiel, wenn dein Impressum super rankt. Oder deine Teamseite auf Platz eins der SERPs ist. Oder die Zimmerpreise deines Hotels? Somit ist nicht jeder Webtext ein SEO-Text.

Was das nun konkret für deine Arbeit bedeutet?

Erstelle eine Liste mit all den Texten, die du für deine Website brauchst, und kategorisiere sie. Überleg dir dabei, welche der Texte du SEO-optimieren musst.

- Welche Inhalte liefern für Miri und Paul einen tatsächlichen Nutzen und helfen ihnen weiter? Diese Inhalte sind in den meisten Fällen auch SEO-relevant.
  - Ratgeberinhalte
  - Produktbeschreibungen

- Anleitungen
- Guides
- ...

- Welche Inhalte willst du zusätzlich online haben? Überleg dir, ob du damit auch wirklich ranken willst?
  - Über uns
  - das Unternehmen
  - Teamseite
  - Impressum
  - Kontaktformular
  - Awards und Auszeichnungen
- Dann gibt es auch noch jene Texte, die zwar wichtig sind, aber erst im zweiten Schritt. Hierunter fallen zum Beispiel Zimmerbeschreibungen auf Hotelwebsites, Pauschalen bei Destinationsseiten, Produktbeschreibungen in Onlineshops, ... Willst du diese Seiten ins Rankingrennen schicken? Dann SEO-optimiere sie. Oder aber reicht es dir, wenn die User auf diesen Inhalt stoßen, wenn sie bereits auf deiner Website sind. Dann beachte alle Webtext-Regeln. Den SEO-Fokus brauchst du nicht.

Webtext-Regeln gelten bei allen Webtexten, da alle diese Texte im Web veröffentlicht und konsumiert werden.

10.2 Lesearten im Web

Wer Texte fürs Web schreiben möchte, muss neben den herkömmlichen Texter-Regeln noch auf die zahlreichen Kleinigkeiten achten, die das Online-Nutzerverhalten mit sich bringt. Allen voran ist die Tatsache zu nennen, dass Webtexte ganz anders wahrgenommen werden als Texte in einer Zeitschrift oder in einem Buch. Vergleiche einfach selbst einmal folgende zwei Situationen.

Situation Nummer eins: Es ist Sommer und es ist Wochenende. Die Sonne lacht vom Himmel und du liegst entspannt in der Liege mit Blick auf den Pool. In der Hand hältst du ein spannendes Buch, in das du voll und ganz vertieft bist.

Situation Nummer zwei: Du befindest dich im Bus. Sitzend. Der Bus fährt Kurven, bremst ruckartig und ist überfüllt mit zahlreichen Menschen, die morgens in die Arbeit fahren. In den Händen hältst du ein iPad und liest einen Beitrag in einem Online-Reisemagazin mit den Tipps für die besten Strände auf Sardinien. Nebenbei schaust du immer wieder aus dem Busfenster, damit du ja deine Station nicht verpasst.

Merkst du, wie realitätsnah beide Situationen sind? Und wie unterschiedlich? Und genau in dieser Unterschiedlichkeit liegt die Diskrepanz zwischen einem klassischen Text für ein Printprodukt und einem Webtext.

Ein Printprodukt wird meist in einer entspannten Situation konsumiert. Ich denke da zum Beispiel an ein gutes Buch, dass du auf der Liege am Strand liest. Oder an eine Zeitschrift, die du bei Sonnenschein und einem guten Kaffee im Freien liest und auf die du dich voll und ganz darauf konzentrieren kannst.

Was es für beide Text-Disziplinen braucht, ist das Talent zum Schreiben. Auch für gute Webtexte ist es eine unabdingbare Voraussetzung. Der Rest ist Handwerkzeug, das du lernen kannst. Grundsätzlich heißt es, 90 Prozent seien Handwerk, 10 Prozent Begabung. Ohne Begabung geht nichts. Aber allein mit diesen 10 Prozent entstehen auch noch keine guten Texte. Aber du wirst sehen, von Mal zu Mal wird es dir leichter fallen, Texte für das Medium »Internet« zu verfassen.

Miri und Paul sitzen jedoch nur in den seltensten Fällen mit voller Aufmerksamkeit vor deinen Texten. Sie haben wenig Zeit, befinden sich in Stresssituationen, haben womöglich nur einen kleinen Bildschirm zur Hand. Erschwerend kommt dazu, dass sie von einer bestimmten User-Intention getrieben sind. Das bedeutet, sie wissen ganz genau, was sie in genau diesem Moment online suchen – und wollen auch nur genau das lesen.

Das schaut dann ungefähr so aus: Paul sitzt zu Hause vor dem Bildschirm und sucht nach einer passenden Radtour in seiner Umgebung. Einer Tour, die auch für Anfänger geeignet ist – er will Miri mitnehmen und sie vom Radsport überzeugen. Stellen wir uns vor, du arbeitest jetzt für einen Radhersteller und lieferst Miri und Paul diese Informationen, damit sie dich als den Bike-Experten wahrnehmen. Du hast Glück – dein Text ist so relevant, dass er in diesem Moment von Google in die Suchergebnisliste aufgenommen wird – Paul klickt darauf. Ab jetzt hast du genau zwei bis drei Sekunden Zeit, um Paul davon zu überzeugen, dass er auf deiner Website richtig ist ...

Das Online-Leseverhalten wird daher in drei unterschiedliche Phasen aufgeteilt:

- Scanning = 20 Prozent der Inhalte werden wahrgenommen.
- Skimming = 50 Prozent der Inhalte werden wahrgenommen.
- Reading = nun wird gelesen.

Du siehst selbst: Es ist gar nicht so einfach, den Leser dazu zu bewegen, wirklich deinen ganzen Text zu lesen. Er muss also im ersten Moment schon überzeugen.

10.2.1 Scanning: Die ersten Sekunden entscheiden

Diese Scanning-Phase ist wahnsinnig wichtig! Denn wie so oft im Leben entscheidet sich in wenigen Augenblicken, ob der Leser am Ball bleibt oder deine Seite wieder verlässt. Das passiert in Sekundenschnelle – genauer: in zwei bis drei Sekunden!

Die Leser erfassen beim sogenannten schnellen Check der Website jene Informationen, die für sie relevant sind. Warum das so ist? Den gesamten Content in so kurzer Zeit wahrzunehmen, ist fast unmöglich.

DEINE CHALLENGE

DU BIST DRAN!

NO. 18

„ UND JETZT DU! WENDE DEIN NEUES WISSEN AN.

Mache ein kleines Experiment: Öffne eine Website - irgendeine - und zähle mit. 21 … 22 … 23 …, dann schließe die Seite wieder. Was hast du dir von der Seite gemerkt? Probiere es wirklich mal aus. Es wird dir garantiert einen neuen Zugang zum Aufbau deiner Content-Seite und zum Aufbau deines Webtextes verschaffen.

Welche Informationen das im Speziellen sind, kommt ganz darauf an, aus welchem Grund Miri und Paul auf deiner Seite gelandet sind.

- Suchen sie ganz konkret nach bestimmten Informationen? Zum Beispiel die Öffnungszeiten eines Hotels/Restaurants oder die Produktgröße in einem Online-shop – dann sprechen wir von »Directed Scanning«.
- Kommt Miri auf deine Seite, weil sie glaubt, hier das Gesuchte zu finden, sprechen wir von »Motivated Scanning«.
- Oder surft Miri einfach mal so herum, landet dabei auf deiner Seite, ohne ein konkretes Bedürfnis? In diesem Fall sprechen wir vom »Impressionable Scanning«.

Hast du die letzte Challenge bereits absolviert, dann weißt du, dass man in zwei Sekunden eigentlich noch gar nicht wirklich vom »Lesen« sprechen kann. In diesen Sekunden wird die Seite eher rasch »gescannt« und als Ganze betrachtet. Dieser Zustand wird auch als die »schwebende Aufmerksamkeit« bezeichnet.[2] In den ersten zwei Sekunden nimmt der Leser maximal zehn bis 20 Prozent des Inhalts wahr.

Was in der Scanning-Phase wahrgenommen wird:

- Seitennavigation
- Überschriften
- Bilder
- Buttons

10.2.2 Skimming: Jetzt musst du überzeugen!

Hast du den Leser in den ersten wenigen Sekunden überzeugt, bleibt er auf deiner Website. Nun wechselt er unbewusst in die Skimming-Phase. Skimming (von »to skim«) bedeutet, etwas abzuschöpfen oder etwas zu überfliegen. In dieser Lesephase geht es darum, erste Leseeindrücke zu sammeln und eine erste Orientierung darüber zu erhalten, worum es im Text geht. In dieser Phase werden etwa 60 Prozent des Inhalts wahrgenommen. Das ist schon richtig viel.

---

2. Infos dazu unter *http://www.dma.ufg.ac.at/app/link/Allgemein%3AModule/module/11333/sub/11357*

Was in der Skimming-Phase wahrgenommen wird:

- Seitennavigation
- Headlines
- Bilder
- Buttons
- Listen (hier vor allem der erste und letzte Punkt)
- Grafiken
- Tabellen
- Zwischenüberschriften
- Informationen, die am Beginn neuer Absätze stehen

Am Bildschirm lesen wir um 25 Prozent langsamer als bei einem gedruckten Text auf Papier. Das hat mit den Lichtimpulsen zu tun, die die Augen schneller müde werden lassen und die sich zusätzlich negativ auf die Konzentration auswirken.

GUT
ZU
WISSEN

10.2.3 Reading: Biete nutzenstiftenden Content

Jetzt erst, und nur, wenn dein Content bis hierher überzeugt hat, setzt die Reading-Phase ein, und Paul widmet sich dem von dir verfassten Text. Er liest ihn bis in die Tiefe und fokussiert dabei seine Aufmerksamkeit auf das Gelesene.

Was lernen wir daraus? Dass Webtext nicht den klassischen literarischen Regeln folgt, wie es Romane oder Artikel in Printmagazinen tun. Der Spannungsaufbau ist ein anderer, und wir geben dem User möglichst bald, wonach er sucht.

PLATZ FÜR DEINE

NOTIZEN

DEINE CHALLENGE

DU BIST DRAN!

NO. 19

„" UND JETZT DU! WENDE DEIN NEUES WISSEN AN.

Nimm dir Zeit und schau dir deine Website oder deinen Blog mit deinem neuerworbenen Wissen an. Überzeugt dich der Inhalt in den ersten drei Sekunden? Achte dabei ganz genau auf folgende Punkte:

- Seitennavigation
- Überschriften
- Bilder
- Buttons
- Zwischenüberschriften
- Beginn von Absätzen
- Listen (hier vor allem erster und letzter Punkt)
- Grafiken und Tabellen
- Seitennavigation

Erstelle eine Liste mit all den Texten, die du für deine Website brauchst, und kategorisiere sie.

PLATZ FÜR DEINE
NOTIZEN

KAPITEL 11

TEXTE AUF DER WEBSITE

Bereits im ersten Teil des Workbooks hast du gelesen, dass es immer auf die Bedürfnisse deiner Persona ankommt, wenn es darum geht, guten Content zu kreieren. Denn nur, wenn dein Content auf die Bedürfnisse von Miri und Paul abgestimmt ist, wirst du sie damit begeistern. Und Begeisterung ist das, was wir schließlich erreichen wollen.

11.1 Webtext ist nicht gleich Webtext

Erinnere dich nun also an das Beispiel mit den Frisurentrends in Abschnitt 7.1 zurück. Wer nach Haartrends sucht, sucht Inspiration. Miri will keinen 1.500-Wörter-langen Text zu den aktuellen Haartrends lesen. In diesem Fall ist eher eine Bildstrecke gefragt, die alle Haartrends übersichtlich zusammenfasst und einen schnellen Überblick über die angesagten Frisuren gibt.

Wer hingegen nach »E-Bike-Touren in Österreich« sucht, wird mit solch einer Bildstrecke alleine nur wenig anfangen können – in diesem Fall punktest du eher mit der Bildstrecke in Kombination mit einem umfangreichen Tourenguide. Zudem hast du bereits damit begonnen, deinen Content zu kategorisieren (siehe dazu Abschnitt 7.2.1) – vielleicht mit dem Hero-Hub-Hygiene-Modell, das Content in unterschiedliche Nutzungs- und Verbreitungsdimensionen einteilt. Und das beantwortet dann auch gleich die Frage, ob es nur die eine »richtige« Sorte Webtext gibt. Die gibt es natürlich nicht. Das wäre ja fast zu einfach. Wie in jedem Bereich, so gilt es auch beim Webtext, zwischen den einzelnen Content-Arten zu unterscheiden. Nach Zielen. Nach Bedürfnissen. Und nach dem Content-Zuhause. Je nachdem, um welchen Webtext es sich handelt, bedarf es mehr oder weniger SEO-Optimierung.

Gehen wir mal davon aus, du willst einen Webtext schreiben, der alle Fragen von Miri und Paul beantwortet und mit dem du auch ranken möchtest. Hierunter fällt der klassische Search-Content, also jene Inhalte, die von Miri und Paul zu deinem Produkt oder deinem Themenbereich gesucht werden. Auch der Evergreen-Content – also Content, der immer oder immer wieder für deine Personas relevant ist (saisonaler Content, Ratgeber-Content, ...), fällt unter diese Kategorie. Das sind jene Inhalte, mit denen du auf dich aufmerksam machst und die in jedem Fall unter deinem Top-10-Content sein sollten. Und dann brauchst du auch noch Beiträge wie einen »Über-uns-Text«, eine »Team-Vorstellung«, einen »Produkttext für den Online-Shop« oder einen »Informationstext« zu einer Wanderreise, die verkauft werden soll.

Merkst du bereits selbst den Unterschied? Ich bin mir ganz sicher, dass du dir bereits jetzt darüber im Klaren bist, dass Webtext nicht gleich Webtext ist – und dass es auch beim Texten immer auf dein Ziel ankommt.

11.1.1 Auf die Länge kommt es an

Du fragst dich nun, wie viel Text es braucht, um damit erfolgreich zu sein? Das ist eine sehr gute Frage, die eigentlich auch sehr einfach beantwortet ist: Deine Inhalte sind am besten immer so lang, bis alles Wichtige gesagt ist. Und damit meine ich wirklich alles Wichtige. Wenn einmal 200 Wörter ausreichen, sind es bei einem anderen Text vielleicht 1.000 Wörter und bei wieder einem anderen Text 2.000 Wörter.

Die optimale Textlänge deiner Inhalte ergibt sich aus mehreren Faktoren: aus der Content-Art, dem Content-Ziel und dem Endgerät, auf dem der Text ausgespielt wird. Als Faustregel kannst du dir merken: Biete deinem Leser immer so viele Text, wie du brauchst, um das Thema allumfassend zu beschreiben. Ein Beitrag ist eben so lang, wie er sein muss.

Das liest doch keiner!

Du bist der Meinung, dass einen langen Text eh keiner liest? Damit liegst du falsch. Die ideale Leselänge pro Beitrag beträgt sieben Minuten – das entspricht zirka 1.600 Wörtern. Das wiederum entspricht 3,5 DIN-A4-Seiten Text (bei einer Schriftgröße von 11pt, Arial). Das ist eine ganze Menge. Und auch schon mal eine Zahl, die dir als Richtwert dient. Das bedeutet aber nicht, dass ab sofort alle deine Texte 1.600 Wörter lang sein sollen – allzu langer Text ist nur dann gut, wenn der Inhalt die Länge rechtfertigt. Versuche deswegen nie, deinen Text künstlich mit Absätzen in die Länge zu ziehen, die nichts aussagen. Der Leser wird es merken und einfach aufhören zu lesen.

Warum lange Texte oftmals ein sehr gutes Ranking erzielen

- Lange Texte beleuchten ein Thema umfassend und bieten hohen Informationswert.
- Sie beinhalten meist automatisch Keyword-Phrasen im Longtail-Bereich.
- Lange holistische Texte genießen durch ihre Länge Alleinstellungsmerkmale.
- Lange Texte behandeln ein Thema so umfangreich, dass sie schnell zum »besten Text zu diesem Thema im Web« werden.
- Länge ist ein Autoritäts-Signal. Daher ziehen lange Texte Qualitätslinks auf sich.

Wenn du dich lieber an Durchschnittswerte hältst, habe ich hier alle wichtigen Textlängen für dich zusammengefasst.

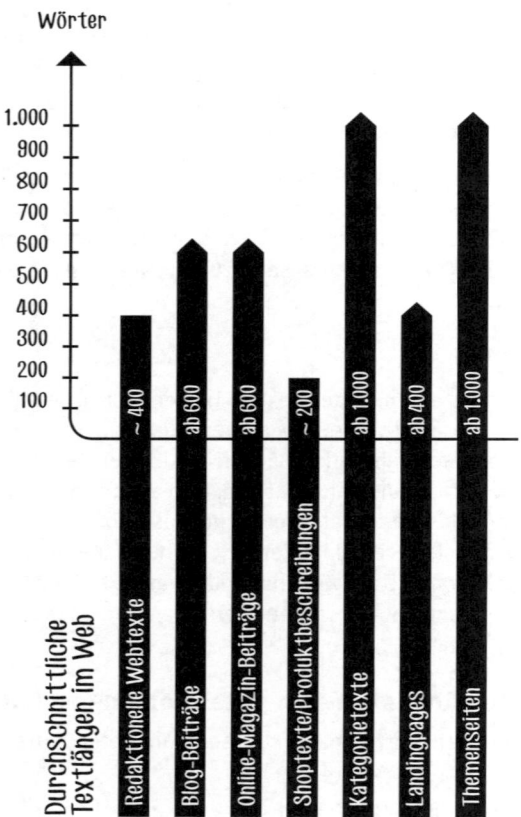

11.1.2 Mit Geschichten fesseln: Storytelling

Storytelling hat ursprünglich nichts, aber rein gar nichts mit Marketing zu tun. Das Erzählen von Geschichten diente in seinen Anfängen der Weitervermittlung von Nachrichten und dem Wissenstransfer. Jäger erzählten am Lagerfeuer Geschichten übers Mammutjagen, die fahrenden Sänger des Mittelalters zogen von Burg zu Burg und trugen die großen Geschichten aus der Artus- und anderer Epik vor, nebenbei verbreiteten sie auch noch einigen Klatsch und Tratsch der Royals. Doch auch in dieser Zeit ging es immer um gute Geschichten, die gerne erzählt und angehört wurden.

Warum das heute noch so ist, und warum du Storytelling in dein Content Marketing integrieren solltest, ist schnell erklärt: Wir lassen uns nicht mehr mit plakativen Werbebotschaften überzeugen. Wir wollen mehr. Wir wollen Begeisterung. Und nutzenstiftende Inhalte, die uns auf Augenhöhe begegnen. Wir wollen Content, der inspiriert, informiert oder unterhält. Geschichten kann sich das Gehirn einfach besser merken als reine Fakten.

Zutaten für eine gute Story

Jede gute Story braucht einen Helden. Ein Held muss aber nicht immer gleich ein Superheld sein, der die Welt rettet und anschließend das Herz der Prinzessin für sich gewinnt. Ich persönlich finde das Wort »Held« immer etwas verwirrend, weil ich immer gleich an Captain America denken muss. Deswegen spreche ich viel lieber von »Hauptdarstellern«.

Überlege dir, wer oder was in deinem Beitrag die Hauptrolle spielt. Ist es die Marke selbst? Sind es Miri und Paul – also die Leser? Oder ist ein Experte?

Vorsicht: Nicht immer ist es möglich, die Disziplin Storytelling anzuwenden. Bei Sachtexten zum Beispiel funktioniert das Geschichtenerzählen nicht so gut. Bei Blogbeiträgen dafür umso besser. Viele Blogs funktionieren zum Beispiel gerade deshalb so gut, weil sich die Leser mit dem Autor – dem Blogger – identifizieren können.

Wie du Storytelling für dich am besten nutzen kannst, liest du im Buch »Storytelling für Unternehmen« (mitp-Verlag, *www.mitp.de/242*) nach.

11.2 Textarten

Wie du ja nun bereits weißt, ist Webtext nicht gleich Webtext. Eine gute Webpräsenz besteht aus unterschiedlichen Content-Bausteinen und aus mehreren Textarten. In den nächsten Abschnitten lernst du die unterschiedlichen Textarten besser kennen und erhältst Input für die Erstellung der einzelnen Textarten.

11.2.1 Navigation

Das Projekt »Webtext« startet bei der Beschriftung deiner Seitennavigation. Benenne dabei jeden einzelnen Punkt so, dass sich Miri und Paul sofort auskennen, welche Inhalte sich dahinter verbergen. Vermeide Namen, die zum Nachdenken anregen sollen, um Neugierde zu wecken. Zum Beispiel »Siebter Himmel« anstatt »Wellness«. Oder etwa »Genussträume« anstatt »Restaurant«. Solche Spielereien haben in der Navigation keinen Platz. Sei klar und strukturiert.

CHECKLISTE
für deine Navigation

☑ Verzichte auf blumige Wortspielereien - sei klar und direkt.

☐ Achte darauf, dass du maximal sieben Hauptnavigationspunkte hast.

☐ Achte darauf, dass du bereits in der Navigation relevante Keywords einbindest.

☐ Achte darauf, dass jede Unterseite auch für sich alleine stehen könnte.

☐ Miri und Paul landen im Regelfall direkt auf einer Unterseite.

11.2.2 Die Startseite

Im Durchschnitt landen zirka 30 Prozent aller Websites-Besucher auf deiner Startseite. Ja, richtig gelesen – nur 30 Prozent. Alle anderen landen direkt auf einer Unterseite – und zwar auf jener, die auf den entsprechenden Suchbegriff optimiert ist. Im Umkehrschluss bedeutet das, dass diejenigen User, die auf der Starseite landen, das Unternehmen schon kennen und nach dem Unternehmensnamen gegoogelt haben oder sogar bereits direkt die URL eingetippt haben.

Nichtsdestotrotz ist die Startseite deine Chance für den ersten Eindruck. Auf der Startseite hast du die einzigartige Möglichkeit, einen Gesamtüberblick zu bieten.

• Was kann man hier kaufen oder erfahren?

• Mit wem hat man es zu tun?

• Handelt es sich um einen seriösen, vielleicht sogar zertifizierten Anbieter?

• Wie kommt der User schnell zu den von ihm gesuchten Informationen?

Vermeide Floskeln, Zitate und langweilige Banalitäten wie »Herzlich willkommen auf unserer Startseite«. Hast du jemals schon nach »Herzlich Willkommen« gegoogelt? Ich nicht. Dafür einen wertvollen H1-Tag zu verschenken, wäre nicht nur schade, sondern grob fahrlässig.

Ziel: Gesamtüberblick über die Website zu bieten – Top-Angebote (oder Top-Themen) in den Vordergrund stellen.

Zusatznutzen: Weiterleitung auf die wichtigsten Unterseiten

Besonderes Merkmal: Jede Unterseite linkt auf die Startseite – meist über das Logo.

Empfohlene Wortanzahl: zirka 400 Wörter

11.2.3 Landigpages

Die Landingpage ist – wie der Name schon sagt – eine Seite, auf der Miri und Paul landen sollen – und zwar im Rahmen von Werbekampagnen, die du online, aber auch offline betreibst. Schaltest du zum Beispiel gerade Display-Kampagnen, AdWords oder Facebook-Ads zu einem bestimmten Thema – linken alle Werbemaßnahmen auf eine Landingpage, die dieses bestimmte Thema umfassend behandelt. Vielleicht schaltest du auch Werbung in einer Zeitschrift oder verteilst Flyer, um auf deine Aktion aufmerksam zu machen. Achte darauf, dass der Link zu deiner Landingpage gut sichtbar und lesbar ist. Wie zum Beispiel diese URL: www.unternehmen.de/meine-landingpage.

Diese Landingpage solltest du dementsprechend auf das Aktionsthema und dessen Zielgruppe optimieren. Im Gegenzug zur restlichen Website reduziert man bei Landingpages so gut es nur geht, um Miri und Paul nicht dazu zu verleiten, sich mal eben durchzuklicken – deswegen wird auch die Navigation ausgeblendet. Im Mittelpunkt steht die kurze und prägnante Beschreibung deiner Kampagne. Außerdem sollte der User zu jeder Position, auf der er sich gerade befindet, eine Möglichkeit zum Konvertieren haben, sprich: einen Anfrage- oder Buchungsbutton finden.

Miri und Paul müssen deine Botschaft auf einen Blick erfassen können. Je schneller der User versteht, was das Ziel der Landingpage ist, desto größer ist die Chance, dass er konvertiert. Kurz gesagt: Wir machen es Miri und Paul so einfach wie möglich, zu einem Kunden oder qualifizierten Lead zu werden.

Bestandteile einer Landingpage

Eine erfolgreiche Landingpage[1] vermittelt Miri und Paul in wenigen Sekunden folgende Informationen:

- **Was genau wird angeboten?** Welche Vorteile ergeben sich für Paul, wenn er dir seine Daten gibt? Gib ihm eine Antwort darauf.
  Zum Beispiel: »Melden Sie sich für den Newsletter an, und erhalten Sie im Gegenzug den umfangreichen E-Bike-Tourenguide für Österreich. Geschenkt!«

---

1. *https://knowledge.hubspot.com/de/landing-page-user-guide-v2/how-to-create-a-landing-page*

- **Welche Vorteile bietet das Angebot?** Erkläre Paul, warum er ohne den Touren-guide einfach nicht kann.
Zum Beispiel: »Im Tourenguide sind die beliebtesten E-Bike-Touren Österreichs aufgelistet. Sortiert nach Bundesländern – inklusive Insidertipps für die schöns-ten Raststationen und Fotospots!«

- **Warum braucht der Besucher das Angebot gerade jetzt?** Verleihe deinem An-gebot eine gewisse Dringlichkeit.
Zum Beispiel: »Die E-Bike-Saison hat bereits begonnen – verlieren Sie keine Zeit!«

- **Wie bekommt der Nutzer das Angebot?** Mache es Paul ganz einfach, zum Lead zu konvertieren.
Zum Beispiel: »Fordern Sie jetzt den E-Bike-Tourenguide an!« an.

Ziel: Conversion, Conversion, Conversion

Zusatznutzen: Zielseite bei Werbeaktionen online und offline

Empfohlene Wortanzahl: ab 400 Wörter – wenn für das Ranking entscheidend, dann mehr.

PLATZ FÜR DEINE

11.2.4 Themenseiten/Onlineshop-Kategorieseiten

Auch eine Themenseite kann als Landingpage fungieren. Im Gegensatz zur Landingpage ist eine Themenseite nicht ganz so reduziert und beinhaltet noch die Navigation und andere Elemente der Website. Dennoch sind nicht alle Themenseiten in der Navigation verankert.

Willst du zum Beispiel zu einem ganz bestimmten saisonalen Thema auf dich aufmerksam machen und dazu ein top Rankingergebnis erzielen, empfiehlt es sich, eine holistische Themenseite zu diesem Thema zu erstellen. Zeige auf einer Themenseite deine ganze Expertise und werde zur Autorität in diesem Bereich! Dazu solltest du das Thema holistisch abdecken, also wirklich alles, alles, alles zu diesem einen Thema behandeln und beantworten.

Auch Onlineshop-Kategorieseiten sind solche Themenseiten. Verkaufst du zum Beispiel Gartentische in einem Onlineshop, dann ist es nur wenig sinnvoll, dass du bei jedem einzelnen Produkt – also bei jedem Gartentisch – 400 Wörter schreibst. In diesem Stadium der Customer Journey interessiert sich Miri für das Material, die Maße, die Pflegemöglichkeiten, die Lieferbedingungen und den Preis – diese Informationen hast du höchstwahrscheinlich mit 200 Wörtern abgedeckt.

Aber bevor sich Miri dazu entscheidet, in deinem Shop zu kaufen, solltest du sie mit Zusatzinformationen abholen. Etwa mit einer Themenseite, auf der alle relevanten Informationen zu Gartentischen enthalten sind. Was genau deine Zielgruppe zu diesem Thema interessiert, findest du mit dem W-Fragen-Tool heraus. Wenn wir beim Beispiel »Gartentisch« bleiben, wären das dann diese Fragen, die du beantworten könntest:

- Gartentische für 2, 4, 6, 8 oder mehr Personen
- Welches Material eignet sich für meinen Gartentisch?
  - Gartentisch aus Holz (welches Holz, welche Lasur, ...)?
  - Gartentisch aus Glas
  - Gartentisch aus Kunststoff
- der gedeckte Gartentisch
  - der gedeckte Gartentisch für Hochzeiten
  - der gedeckte Gartentisch für Geburtstage
  - der Gedeckte Gartentisch für Ostern
- Pflege für den Gartentisch
- Gartentisch mit Schirmloch
- Gartentisch ...

Siehst du, wie viele Fragen die User zum Thema Gartentisch stellen? Finde heraus, mit welchen Antworten du deine Personas abholen und begeistern kannst, und beantworte diese Fragen so gut, wie es sonst keiner im Web macht. Dann schaffst du es garantiert, Miri und Paul zu begeistern und sie als Kunden zu gewinnen.

Ziel: Ranking – wird durch organische Suche gefunden

Zusatznutzen: kann als Landingpage fungieren

Empfohlene Wortanzahl: ab 1.000 Wörter

DU BIST DRAN!

DEINE CHALLENGE

NO. 20

" " UND JETZT DU! WENDE DEIN NEUES WISSEN AN.

Mache zu deinem Produkt eine W-Fragen-Abfrage!

11.2.5 Produktdetailseiten

Biete Miri und Paul umfassende Informationen zum Produkt und gleichzeitig fachkundige Beratung im Shop. Kunden wollen nicht die Katze im Sack kaufen. Aus diesem Grund solltest du in deinem Online-Shop relevante und ansprechende Informationen rund um die angebotenen Produkte bieten. Wie bereits beschrieben, ist es aber wenig sinnvoll, Produktseiten dem Content zuliebe mit enorm viel Text zu bestücken. Schreibe so viel, dass alles gesagt ist. Nicht weniger, aber bitte auch auf gar keinen Fall mehr. Hebe dich von der Konkurrenz ab und verzichte auf die Herstellertexte, die du auf deine Website kopierst. Schreibe immer deine eigene und somit einzigartige Produktbeschreibung.

Folgende Informationen sollte dein Produkttext beinhalten:

- alle für den Kunden relevanten Informationen zum Produkt
- Q&A-Liste mit typischen Fragen zum Produkt
- Gib alle Infos preis und biete gleich auch Montageanleitungen und Ähnliches als PDF oder Tutorial an. IKEA macht das zum Beispiel super.
- Du bietest in deinen Produkttexten persönliche Beratung an? Dann weise auf die Telefonnummer hin und füge einen Callback-Button hinzu.

Ziel: Informationen bieten kurz vor Kaufabschluss

Empfohlene Wortanzahl: zirka 200 Wörter – sag alles, was es zu sagen gibt – nicht mehr, aber auch nicht weniger.

11.2.6 Blogbeitrag

Sucht man im Internet nach der Definition von Blogs, merkt man schnell, dass alle eines gemeinsam haben: In jeder Blogdefinition ist die Rede von einem »Tagebuch«. Und wer Tagebücher schreibt, weiß, dass man dies in chronologischer Reihenfolge tut – genauso ist das auch beim Bloggen. Die Beiträge eines Blogs erscheinen in chronologischer Reihenfolge. Das allein zeichnet einen Blog jedoch noch nicht aus. Es ist vielmehr die Persönlichkeit eines Unternehmens, die du über einen Corporate Blog optimal präsentieren kannst. Während man im Webtext versucht, möglichst neutral zu berichten, darfst du in einem Blog ruhig Meinung zeigen oder Themen ansprechen, die sonst keinen Platz auf der Website haben. Letzteres ist übrigens hervorragend geeignet, um im SEO-Kontext deine Webpräsenz semantisch reichhaltiger zu machen. Je mehr Blogbeiträge zu deinem Themenkosmos online gehen, umso mehr kann Google indexieren und nimmt dich nach und nach immer besser als Experte wahr.

Ziel: allgemeine Informationen zu einem Thema bis hin zu Spezial- und Detailinformationen

Empfohlene Wortanzahl: ab 600 – nach oben offen! Laut Studien werden längere Beiträge öfter geteilt als kürzere.

Tipps für das Bloggen im Unternehmenskontext

Du willst, dass dein Unternehmensblog erfolgreich ist? Dann beachte folgende Punkte:

- Mache deinen Unternehmensblog zu einer wichtigen Kommunikationszentrale des Content Marketings.
- Integriere den Unternehmensblog von Beginn an in deine Kommunikationsstrategie.
- Veröffentliche regelmäßig Inhalte auf deinem Blog – mindestens (!) zwei Mal pro Monat. Studien belegen, dass sich der Traffic bei vier Blogbeiträgen pro Monat verdoppelt.
- Achte auf ein ansprechendes Design.
- Achte auf ein klares Konzept und eine klare Strategie – wer auf deinem Blog landet, soll ganz genau wissen, welche Inhalte ihn erwarten.
- Positioniere dich mit deinem Blog als Experte für einen bestimmten Themenbereich.
- Veröffentliche nur lesenswerte Inhalte.
- Erstelle einen Redaktionsplan.
- Achte darauf, dass jeder Blogbeitrag auf deine Marken- bzw. Unternehmensreputation einzahlt oder du dich damit als Experte für einen gewissen Themenbereich positionierst.
- Achte auch beim Bloggen auf die gängigen Webtextregeln wie Headlines, Meta-Tags, Keywords, CTA, ... schließlich ist ein Blogbeitrag auch ein Text im Web. Siehe dazu Abschnitt 12.4.

PLATZ FÜR DEINE
NOTIZEN

DEINE CHALLENGE

DU BIST DRAN!

NO. 21

**❞❞ UND JETZT DU!
WENDE DEIN NEUES WISSEN AN.**

Erstelle eine Liste mit Themen, die für dein Unternehmen relevant sind. Und dann unterscheide zwischen Webtexten und Blogbeiträgen.

11.2.7 Whitepaper & E-Book

Whitepaper und E-Books sind zwar keine Webtexte im klassischen Sinne, dennoch sind es Texte, die im Web erscheinen – mit dem Vorteil, dass du Miri und Paul diese Texte als PDF zum Download zur Verfügung stellst. Auch PDFs werden von Google ausgelesen und indexiert.

Während ein E-Book mit einem Fachbuch vergleichbar ist, der Inhalt mehrere Jahre Gültigkeit besitzt und eher einen größeren Umfang hat, ist ein Whitepaper vielleicht gerade das, was du für Miri und Paul bereitstellen möchtest.

Nicht nur, dass ein Whitepaper deinen Status als Experte untermauert, es eignet sich auch hervorragend zur Leadgenerierung. Stelle es dafür auf einer Landingpage bereit – den Link dazu erhalten Miri und Paul per E-Mail von dir – dazu brauchst du natürlich ihre E-Mail-Adresse. Diese fragst du vorher ab – und schon hast du einen Lead generiert: die Daten von Miri und Paul.

Whitepaper ...

- ... sind mindestens 6 Seiten und maximal 15 Seiten lang.
- ... werden als Download zur Verfügung gestellt.
- ... behandeln ein bestimmtes Thema sehr umfangreich – umfangreicher als auf der Website selbst.
- ... stehen für Qualitätsinhalt und sind glaubwürdig.
- ... untermauern deinen Status als Experte für ein bestimmtes Thema.
- ... sind dank des hochwertigen und umfangreichen Inhalts höchst SEO-relevant.
- ... eignen sich bestens für didaktische Inhalte.
- ... eignen sich perfekt, um bereits vorhanden Content zu recyceln. Mehr zum Thema Content-Recycling in Abschnitt 17.2.2.

PLATZ FÜR DEINE

KAPITEL 12

RAN AN DIE TASTEN

DAS WEBTEXTEN

Wenn du auf dieser Seite angekommen bist, hast du bestimmt bereits deine Strate-
gie- und Planungsaufgaben erledigt und bist dir darüber im Klaren, zu welchen Themen du deine Inhalte kreieren wirst. Was nun folgt, ist die Content-Erstellung!
Beachte bei in dieser Phase, dass Text immer die Grundlage für jeden weiteren Content ist. Endlich hauen wir in die Tasten! Die Content-Erstellung lässt sich in mehrere Phasen unterteilen.

Der Content-Erstellungsprozess im Überblick

1. briefen
2. recherchieren
3. schreiben
4. optimieren
5. lektorieren

Wenn es um Content im Web geht, dann wollen wir vor allem eines: Qualität! Und nur hochwertige Inhalte setzen sich gegen die Konkurrenz durch – das sieht nicht nur Google so. Auch Miri und Paul belohnen hochwertigen Content mit ihrem positiven Nutzungsverhalten. Darum ist der altbekannte Leitsatz »Content is King« gar nicht so verkehrt. Im Gegenteil: Der Satz ist heute aktueller als je zuvor.

Bevor wir jetzt aber gleich richtig loslegen, möchte ich dir ein paar Dinge in Erinnerung rufen:

- Du erstellst deinen Content nicht zum Vergnügen, sondern hast immer ein Ziel vor Augen. Mögliche Ziele sind etwa die Leadgenerierung, der Imageaufbau, der Ausbau deines Expertenstatus, eine bessere Reichweite, mehr Sichtbarkeit für dein Unternehmen in den Suchergebnissen …

- Du schreibst nicht für »ALLE«, sondern für deine ausgearbeiteten Personas. In unserem Fall schreiben wir insbesondere für Miri und Paul. Formuliere deine zukünftigen Webtexte so, dass sich Miri und Paul angesprochen fühlen. Achte bei der Textierung auf das Alter deiner Personas und darauf, dass der Schreibstil zu deinem Unternehmen passt.

- Schreibe nicht einfach drauf los! Liefere wertvolle und nutzenstiftende Informationen zu einem bestimmten Thema. Erstelle Texte zu Themen, die auf deine Reichweite, Expertise und Sichtbarkeit im Internet einzahlen. Denn niemand sucht nach Inhalten, die ihn nicht interessieren.

12.1 Das Briefing

Bevor du mit einem neuen Content-Projekt startest, musst du wissen, worum es darin geht. Das klingt einfach und logisch zugleich, findest du nicht? Ein gewissenhaftes Briefing erleichtert allen beteiligten Personen und Parteien die Arbeit und stellt zudem ein zufriedenstellendes Ergebnis sicher. Ganz egal, ob du selbst die textende Person bist oder einen Text in Auftrag gibst – ohne Briefing wird das Ergebnis nur auf gut Glück dem Ziel entsprechen. Und wenn es das nicht tut, war alle Mühe umsonst. Aus diesem Grund empfehle ich dir, immer zu briefen oder dich briefen zu lassen. Bestehe darauf. Immer. Nur ein Briefing vermeidet im Anschluss Unzufriedenheit, Missverständnisse, offene Fragen und zahlreiche Korrekturschleifen.

12.1.1 Worauf es beim Briefing ankommt

Ein Briefing braucht Zeit. Und genau das solltest du dir einfordern. Egal, ob du ein Briefing erstellen musst oder ob du ein Briefing erhältst. Achte darauf, dass in dieser Phase nichts übereilt wird – es rächt sich garantiert.

Im besten Fall wird ein Briefing mündlich und schriftlich abgehalten. Das mündliche Briefing-Gespräch kann jedoch viel mehr jene Emotionen vermitteln, die es braucht, um anschließend auch die richtige Tonalität zu treffen. Das schriftliche Briefing dient zusätzlich als Protokoll.

Inhalte des Briefings

* Sammlung sämtlicher Unterlagen zum Unternehmen und zum Produkt (online & offline)
* Übersicht der wichtigsten Mitbewerber, online und offline
  (Der Online-Mitbewerber ist nicht immer der gleiche wie der Offline-Mitbewerber.)
* Slogans des Unternehmens, die eingebaut werden sollen
* Ziele der einzelnen Texte
* Zielgruppe & Personas
* Keywordliste allgemein und Keywords und Terme pro Beitrag
* Sprachwelt: B2B, B2C, emotional, faktisch, frech, jung, dynamisch, wissenschaftlich, …
* Ansprache der Zielgruppe – du oder Sie? Wir oder unser?
* No-gos der Zielgruppe und No-gos des Unternehmens
* festgelegte Schreibweisen
  (Firmennamen, Fachvokabular etc.; etwa: »Content-Marketing vs. Content Marketing«)
* Textlänge
* Textbeispiele, die dir als Auftraggeber gut gefallen.
* Als Texter kannst du Leseproben zusammenstellen und dem Auftraggeber zur Verfügung stellen.
* Deadline für den Abgabetermin
* Design der Seite, auf der der Artikel veröffentlicht werden soll.
  (Achte hier insbesondere auf die Länge der Überschriften und Zwischenüberschriften. Sind die Texte einspaltig oder zweispaltig?)
* Anlieferung der Texte (Word, im CMS, …)

DEINE CHALLENGE

DU BIST DRAN!

NO. 22

**„" UND JETZT DU!
WENDE DEIN NEUES WISSEN AN.**

Bereite dich gewissenhaft auf ein Briefinggespräch vor.
Nimm dazu einmal die Rolle des Auftraggebers und einmal
die Rolle des Auftragnehmers ein.

Nutze dazu auch den Briefingleitfaden zum Download auf

WWW.PUNKT-KOMMA.AT/CONTENT-MARKETING-WORKBOOK

PLATZ FÜR DEINE
NOTIZEN

12.1.2 Der Mustertext

Nach dem Briefing folgt ein Mustertext – wir arbeiten in der Agentur bei jedem einzelnen Projekt mit Mustertexten. Ein Mustertext ist der erste Text für ein neues Projekt, der die Marschrichtung für alle weiteren Texte vorgibt. Mit dem Mustertext definierst du Sprache, Tonalität, Textstil und Aufbau der kommenden Texte.

Erst wenn dieser vom Auftraggeber freigegeben wurde, starten wir mit der Textierung des gesamten Projektes. Ein Mustertext muss nicht immer von Beginn an perfekt sein. Er dient vielmehr dazu, gemeinsam mit dem Kunden eine Stilrichtung zu finden. Sich dem Wording des Unternehmens zu nähern. Lass dich also nicht demotivieren, wenn der Mustertext nicht von Anfang an zu 100 Prozent gefällt. Frage aber ganz konkret nach, was nicht gefällt. Nur so ist es dir möglich, die richtigen Wörter für deinen Auftraggeber zu finden.

12.2 Die Recherche

Nach dem Briefing und der Freigabe des Mustertextes geht es los mit der Textierung. Um einen nutzenstiftenden Webtext zu schreiben, der anschließend alle Leser begeistert, fehlt dir jetzt noch das Wissen zum Thema. Viel Wissen. Verlasse dich daher nicht nur auf das Briefinggespräch, sondern recherchiere zusätzlich selber zu den einzelnen Themenfeldern.

Die Recherche ist das Fundament für jeden Text, den du niederschreibst. Daher solltest du stets ausreichend Zeit für eine umfassende Recherche einplanen! Wer sich im Web als Experte positionieren will, muss schließlich Ahnung von dem haben, worüber er schreibt. Der Leser wird es bemerken, wenn nur heiße Luft geplaudert wird, und dich mit einer kurzen Verweildauer bestrafen – und das wirkt sich wieder auf deine User Signals aus.

Willst du bei Miri und Paul Begeisterung auslösen, solltest du also Profi für das jeweilige Thema werden, über das du schreibst. Der erste Schritt des Webtextens ist also jener der Einarbeitung ins Thema. Und zwar so intensiv, dass du auf Fragen kompetent und schnell reagieren kannst. Das besondere Plus der Recherche: Je nachdem, wie gewissenhaft du in dieser Phase arbeitest, ergeben sich aus der Recherche auch mögliche Keywords für das Thema – und zahlreiche weitere Ideen.

12.2.1 W-Fragen zur Recherche

Eine gute Recherche umfasst die klassischen fünf W-Fragen aus der Journalistenschule. W-Fragen sind nicht nur in journalistischen Textformen die Grundlage, sie helfen dir auch ungemein bei der Recherche. Mit der Beantwortung der üblichen W-Fragen lässt sich beinahe jedes Ereignis umfassend beschreiben. Beachte daher bei jedem Text, den du schreibst, dass du folgende fünf W-Fragen beantworten kannst:

- **Wer**

  Wer macht das Angebot? Und wer soll das Angebot annehmen?

- **Was**

  Was wird eigentlich genau angeboten – was macht den Unterschied zu anderen Produkten aus?

- **Wo**

  Wo wird es angeboten? Wo kann ich es erwerben?

- **Wann**

  Wann sind die Leistungen eigentlich verfügbar? Achte auf Saison- und Öffnungszeiten.

- **Weshalb**

  Und weshalb ist das Angebot jetzt so richtig cool? Weshalb sollen Miri und Paul ausgerechnet dieses Angebot in Anspruch nehmen?

PLATZ FÜR DEINE
NOTIZEN

12.2.2 Praktische Recherchetools

Nicht verzagen, Google fragen

Tatsächlich führt kaum ein Weg daran vorbei, dem Urgestein der Suchmaschinen im Rahmen der Recherchephase einen Besuch abzustatten. Aus mehreren Gründen:

- um zu erfahren, nach welchen Begriffen deine Leser suchen
- um herauszufinden, welchen Content es zu deinem Thema schon gibt. So siehst du, was du anders oder besser machen kannst.
- um relevante Websites zu deinem Thema zu finden, die du zur weiteren Recherche nutzen kannst
- Um dir Bilder von verschiedensten Orten und Dingen anzusehen. Das hilft vor allem, wenn du bei der Recherche – zum Beispiel für ein Hotel am Nordpol – mal nicht direkt vor Ort recherchieren kannst.

W-Fragen – warum, wieso, weshalb?

Ich habe mich ja bereits als großer W-Fragen-Fan geoutet. Und mache das nun gerne noch einmal. W-Fragen bieten dir in der Recherchephase sehr viele nützliche Insights. Wer mithilfe von W-Fragen-Tools zu seinem Thema recherchiert, erhält zahlreiche neue Ideen und Informationen zu den einzelnen Themenbereichen. Zum Beispiel: »Was koche ich heute?« Die W-Fragen werden aus den echten Suchanfragen in den Suchmaschinen ermittelt. Der Vorteil: So ehrlich wie zu Google sind die User zu kaum jemand anderem.

TIPP

Anhand der W-Fragen kannst du deinen Text gut vorstrukturieren. Eine Frage = ein Absatz, in dem du die Frage beantwortest.

Inspiration auf die Old-School-Art

Print ist cool! Auch wenn wir Webtexte schreiben, kann hin und wieder ein Griff in das »analoge« Magazinregal Wunder wirken. Sei es nur, um sich vom qualitativ hochwertigen, klassisch-journalistischen Schreibstil inspirieren zu lassen. Aber auch schon in der Phase der Ideenfindung blättere ich immer wieder gerne in dem einen oder anderen Print-Magazin, um der Kreativität auf die Sprünge zu helfen.

Urlaubsfeeling dank YouTube

Ich recherchiere auch sehr gerne auf YouTube und kann dir diese Recherche-Art nur ans Herz legen. In nur wenigen Minuten bekommst du einen lebendigen Eindruck von deinem Thema. Sei es eine Urlaubsregion, ein bestimmter Ort oder ein Produkt.

Wikipedia weiß alles!

Um noch schlauer zu werden, rate ich dir auch gerne mal, das Nummer-eins-Learning aus der Studienzeit über Bord zu werfen, das lautete: Wikipedia ist ein No-go! Fakt ist: Vor allem bei Themen, die dir neu sind, bietet Wikipedia einen guten Überblick und oft auch einen umfassenden ersten Eindruck.

An den Hörer ...

Telefonieren ist oft der schnellste Weg, an wahrheitsgemäße Informationen zu kommen. Aber auch, um nachzufragen, ob die Termine auf der Website noch aktuell sind. Oder um vertrauenswürdige Unterlagen zum Recherchethema anzufordern.

Nicht ohne Social Media!

Klar, dass eine umfangreiche Recherche heutzutage nicht ohne die sozialen Netzwerke auskommt. Welches sich am besten eignet, hängt ganz vom Thema ab:

- **Facebook** eignet sich gut, um Öffnungszeiten, Adressen und aktuelle Informationen zu recherchieren.
- Auf **Pinterest** findest du zu einem Thema oft ganz neue, kreative Ansätze. Und visuelle Inspiration noch dazu.
- **Bewertungsportale** wie tripadvisor oder booking.com sind eine Fundgrube für Kundenmeinungen, insbesondere im Tourismusbereich.
- Auf fachspezifischen **Blogs** holst du dir Insider-Tipps, zum Beispiel, wenn es um eine fremde Stadt geht.

Notizen machen

Sammle alle deine Informationen in Form von Notizen. Das kann ganz unterschiedlich aussehen. Ob im Word-Dokument, in einer Notizen-App am Desktop oder handschriftlich in einem Notizbuch.

12.2.3 No-gos bei der Recherche

- **Schlampigkeit:** lieber eine Quelle mehr heranziehen, als falsche Infos verbreiten
- **Kunden nicht zuhören:** Wenn du freiberuflicher Texter bist, habe immer im Hinterkopf, worauf deine Kunden besonderen Wert legen. Dafür muss man ihnen natürlich gut zuhören.
- **Nicht umfassend recherchieren:** Das heißt: Auch kritische Stimmen hören, aber die positiven Aspekte unterstreichen.
- **Inhalte blind übernehmen:** Prüfe lieber zweimal (oder dreimal!), ob deine Aussagen auch tatsächlich stimmen – zum Beispiel bei Schreibweisen oder Fremdwörtern. Schlampigkeit oder gar Fehler können einen enormen Schaden anrichten.
- **Copy & Paste:** Inhalte werden nicht kopiert. Punkt. Erstens, weil Google das gar nicht gerne hat. Schon gar nicht von fremden Seiten! Google erkennt gestohlene Inhalte als Duplicate Content und straft diesen ab. Ganz zu schweigen von den möglichen rechtlichen Konsequenzen! Zweitens, weil wir individuelle und einzigartige Inhalte liefern und immer den besten Beitrag zu einem Thema im Web präsentieren wollen.

PLATZ FÜR DEINE

DEINE CHALLENGE

DU BIST DRAN!

NO. 23

" " UND JETZT DU!
WENDE DEIN NEUES WISSEN AN.

Führe eine umfassende Recherche zu einem im Themen- oder Redaktionsplan definierten Artikel oder Webtext durch. Liste alles auf, das du gefunden hast (mit Quellen!) oder das dir als Inspiration dient.

12.3 Das Schreiben

Für manche Content-Marketer beginnt nun der beste Teil der Content-Arbeit. Wir starten mit dem Verfassen des Webtextes. Mit der Recherche hast du bereits ein gutes Handwerkszeug erhalten. Nach der Recherche fällt dir der Schreibprozess garantiert gleich um ein großes Stück leichter. Auf den kommenden Seiten beschäftigen wir uns nun also mit dem tatsächlichen Schreibprozess und jenen To-dos, die aus deinem Text einen Webtext machen.

Webtexten ist keine Kunst und keine Zauberei. Guter Webtext ist schlichtweg ein Handwerk, das man lernen kann. Eine Erfahrung, die du dir aneignen kannst. Du wirst sehen, je mehr Webtexte du schreibst, desto flüssiger und erfahrener wirst du darin. Ebenso, wie in allen Handwerksberufen.

Was es jedoch braucht, ist die Gabe des Schreibens. Dass du ansprechend formulieren kannst. Dass du weißt, wie Texte aufgebaut werden müssen. Und dass du kreativ bist. Denn all das sind und bleiben die Grundvoraussetzungen für gute Webtexte.

12.3.1 Schritt für Schritt zu deinem Webtext

Verrate den Mörder zu Beginn

Ja, du hast richtig gelesen! Im Gegensatz zu einem spannenden Kriminalroman, bei dem sich ein Spannungsbogen aufbaut und erst auf den letzten Seiten verraten wird, wer der Mörder ist, geben wir beim Webtexten diese Information bereits ganz zu Beginn preis. Mir ist bewusst, dass es in deinem Text zu 99 Prozent nicht um Mörder und Kriminalinspektoren gehen wird. Was ich dir damit sagen möchte ist, dass du die wichtigsten Fakten, Daten, USPs und Benefits für deine Leser gleich zu Beginn herausarbeiten musst.

Der Aufbau eines Webtextes gleicht im Grunde einer Nachrichtenpyramide. Wie auch beim Schreiben einer Zeitungsmeldung geht es beim Webtexten darum, schnell auf den Punkt zu kommen. Nur wenn du deinem Leser konkret sagst, worum es im jeweiligen Text geht, hast du eine Chance, dass genau dieser Inhalt seine momentane Frage beantwortet – und er somit auf der Seite bleibt, um deinen ganzen Text zu lesen! Formuliere deine Aussagen immer ganz konkret. Tust du das nicht, wird Paul ganz schnell vom Text ablassen und auf einer anderen Website weiter nach seinen Antworten suchen. Vielleicht sogar auf der deines Mitbewerbers. Auf jeden Fall auf einer Website, bei der er die Information schnell findet und auf der die Texte optimal für ihn aufbereitet sind.

12.3.2 Der Schreibprozess

An welcher Stelle du beim Texten anfängst, ist eigentlich egal und voll und ganz dir überlassen. Die meisten Texter schreiben zuerst den gesamten Artikel, bevor sie sich den Headlines widmen. Das ist okay und ganz normal. Aber auch der umgekehrte Weg, also zuerst die Headline zu schreiben, um sich anschließend Schritt für Schritt den einzelnen Absätzen zu widmen, funktioniert für manche bestens.

Für den Schreibprozess im Allgemeinen gilt:

- Stimme die Content-Tiefe auf deine Zielgruppe ab. Oder anders formuliert: Überfordere deine Leser nicht, lass sie aber auch nicht in Langeweile sterben. Die Kunst eines guten Webtexts ist nämlich auch, genau den richtigen Grad an Content-Tiefe zu finden.

- Nimm dir ausreichend Zeit für deinen Text – wie viel das ist, kannst nur du für dich definieren. Als grobe Richtlinie möchte ich dir unsere Zeiten verraten. Für einen Text mit einer Länge von 500 Wörtern kalkulieren wir zirka zwei Stunden – inklusive Recherche und Lektorat (500 Wörter sind nicht ganz zwei DIN-A4-Seiten in Word).

12.4 Optimieren: So ist Webtext

Damit dein Webtext aufs Web abgestimmt ist, musst du ihn dementsprechend aufbereiten. Sprich: optimieren. Das beginnt bereits bei der Überschrift und endet nach der Einpflege ins CMS.

12.4.1 Webtext ist einzigartig

Duplicate Content (doppelter Inhalt) entsteht, wenn gleicher oder sehr ähnlicher Inhalt veröffentlicht wird. Das gilt für gleichen Inhalt innerhalb einer Domain – also auf deiner Website, aber auch für gleichen Inhalt auf anderen Websites. Da Google jedem User immer das beste Ergebnis zu seiner Suchanfrage bieten möchte, wird die Suchmaschine bei Duplicate Content vor ein Problem gestellt. Wie soll sie aus zwei gleichen Texten ermitteln, welcher davon besser ist? Schlimmer noch: Google crawlt und indexiert tagtäglich zig Millionen neuer Domains. Sind deine Seiten an der Reihe und Google findet auf mehreren deiner Content-Seiten denselben Inhalt, kann es sein, dass Google das Crawling abbricht und so für dich wichtige Content Seiten gar nicht erst indexiert werden.

Fazit: Duplicate Content wirkt sich schlecht auf dein Ranking aus. Und schlechtes Ranking bedeutet im Umkehrschluss sinkender Traffic und weniger Lead-Conversions.

Die beste Lösung: Schreibe jeden deiner Texte immer nach bestem Wissen und Gewissen, kopiere keine Texte von anderen Seiten (auch nicht, wenn du ein paar Wörter umschreibst), schreib auch Produkttexte immer neu.

Andere Lösungen: Manchmal geht's aber einfach nicht anders, und du willst einen Inhalt mehrfach auf unterschiedlichen Seiten verwenden. Zum Beispiel ein PDF, das immer wieder eingebunden werden soll. Wenn das der Fall ist, hast du die Möglichkeit, Google darüber zu informieren, dass du weißt, dass du deinen Lesern Duplicate Content bietest.

- Mit einem Canonical Tag sagst du Google ganz offiziell, dass du diese Seite »kopiert« hast, und verweist damit auf die Ursprungsseite des Contents. Für deine Leser bleibt die Seite weiterhin sichtbar.

- Mit dem Meta Robots Tag setzt du *»noindex«*, um Google mitzuteilen, dass eine bestimmte URL nicht indexiert werden soll. Was aber bedeutet, dass du mit diesen Seiten nicht in den SERPs gelistet wirst. Sprich am besten mit deinen Kollegen aus der SEO-Abteilung oder aus dem Webdevelopement und bitte sie um ihre Hilfe.

Auf der Suche nach doppelten Inhalten

Mit dem Tool Siteliner.com kannst du nach doppelten Inhalten auf deiner eigenen Seite suchen – das Tool bietet alle 30 Tage einen kostenlosen Check pro Domain. Auch über SEO-Tools wie Seolyze oder ScreamingFrog kannst du deine Website auf Duplicate Content überprüfen.

Gut zu wissen: Manche der Tools zählen auch verlinkte Auszüge von Blogbeiträgen zu Duplicate Content – Google macht das aber nicht.

So vermeidest du Duplicate Content

- Erstelle Content-Seiten, die thematisch für sich alleine stehen.
- Kopiere keinen Content von anderen.
- Übernimm keine Herstellertexte für Produktbeschreibungen im Onlineshop (diese Texte verwenden garantiert auch der Hersteller und zig andere Onlineshops).
- Spiele keinen Content über RSS-Feeds ein.
- Kannst du den Duplicate Content wirklich nicht vermeiden, nutze noindex.
- Nutze nur eine URL pro Inhalt und vermeide unnötige URL-Variationen.
- Minimiere so gut, wie es nur geht, wiederkehrende Textbausteine auf deiner Website.

- Führe ähnliche Inhalte auf deiner Domain auf eine URL zusammen (siehe auch Content-Recycling in Abschnitt 17.2.2).

12.4.2 Webtext verfügt über H-Überschriften

Deine Überschrift ist eines der wichtigsten Elemente deines gesamten Webtextes. Sie ist sozusagen der erste Eindruck, den du deinen Lesern bietest, sobald sie auf deiner Website gelandet sind. Gemeinsam mit den anderen Überschriften (Unter- und Zwischenüberschriften) hat sie in deinem Webtext gleich drei Funktionen. Überschriften ...

- ... strukturieren deinen Text.
- ... animieren Miri und Paul zum Weiterlesen.
- ... sind höchst SEO-relevant.

Aus diesem Grund verfügt jeder Webtext über Headlines. Das klingt jetzt im ersten Schritt eigentlich ganz einfach. Dennoch passiert es immer wieder, dass im Schreibprozess zwar Headlines getextet, anschließend aber im CMS nicht als solche definiert werden. Verwende die H-Tags nicht zur Formatierung der Schriftgröße oder für ein hübscheres Layout – nutze dafür das CSS. Klingt kompliziert? Ist es gar nicht! In den meisten CMS-Systemen sind die H-Überschriften schon vordefiniert und können über einen Klick ausgewählt werden.

Achte daher immer darauf, dass du deine Headlines wie folgt aufbaust.

Die einzigartige H1

Jeder Webtext verfügt über eine einzige H1-Überschrift. Die H1-Überschrift ist die Hauptüberschrift und ist somit das Erste, was der Leser und Google von deiner Seite sehen, sobald sie auf der Website sind. Verwende das Hauptkeyword der Seite in der H1-Überschrift – so sagst du Google und Paul auf den ersten Blick, um welches Thema sich der kommende Text dreht.

Die strukturierende H2

Nach der H1 folgt chronologisch die H2. Die H2 kann als eine Subheadline eingesetzt werden oder aber auch als die nächstfolgende Überschrift in deinem Text. Verwende thematisch ergänzende Keywords in der H2.

Für noch mehr Ordnung arbeite mit H3, H4, ... Verwende auch hier thematisch ergänzende Keywords.

CHECKLISTE
für deine Überschriften

- ▨ Verwende nur eine H1-Überschrift pro Content-Seite bzw. pro Webtext.
- ☐ Verwende das Hauptkeyword der Seite in der H1-Überschrift.
- ☐ Ordne die Überschriften chronologisch.
- ☐ Verwende thematisch ergänzende Keywords in H2, H3, ...
- ☐ Verwende so viele Überschriften, wie nötig sind.
- ☐ Stelle bei deinen Überschriften immer klar den Nutzen für deine Leser heraus.
- ☐ Halte die Überschriften so kurz wie möglich – streiche unnötige Wörter.
- ☐ Verwende Elemente, die Aufmerksamkeit erregen.

Sag es treffender – Tipps für deine Headlines

Die Headline ist für die meisten User der Grund, einen Text überhaupt zu lesen oder darauf aufmerksam zu werden. Sie muss daher so richtig rocken!

Das muss eine Headline können

- Aufmerksamkeit erzeugen
- Information bieten
- eine Nachricht übermitteln
- Neugierde wecken
- einen Nutzen liefern
- schnelle Wege offenbaren
- Besonderheiten herausstellen
- gut lesbar sein

Ganz schön viel, was eine Headline bieten muss, oder? Hier sind Tipps für coole Headlines:

- Sag es einfach und direkt:
  »Kostenloses Content-Marketing-Whitepaper«

- Zahlen, Daten, Fakten:
  »Asylberechtigte zahlen mehr ein, als sie zurückbekommen.«
- (Besten)listen ziehen immer:
  »Fünf Tipps für bessere Überschriften«
- Gib ein Versprechen:
  »Mit diesen Tipps nehmen Sie 10 Kilo in drei Wochen ab!«
- Sei der Problemlöser:
  »Wie du mit dem Rauchen aufhören kannst!«
- Stelle Fragen:
  »Schließt auch du nie deine Haustüre ab?«
- Verwende Superlative:
  »Die schönsten E-Bike-Touren in Österreich«
- Schreibe zielgruppenspezifisch:
  »Die schönsten E-Bike-Touren für Anfänger!«

DEINE CHALLENGE

DU BIST DRAN!

NO. 24

»» UND JETZT DU!
WENDE DEIN NEUES WISSEN AN.

Formuliere zehn spannende Headlines für dein Thema.
Ja, du hast richtig gelesen. Zehn. Headlines zu schreiben,
bedarf einiger Übung - je früher du damit startest,
desto besser!

12.4.3 Webtext arbeitet mit Meta-Tags

Die Meta-Tags »Title« und »Description« werden im Zuge des Webtextes leider sehr gerne stiefmütterlich behandelt. Und manchmal werden sie sogar ganz übersehen. Dabei bieten diese zwei Elemente so viel Potenzial für einen erfolgreichen Webtext und ein gutes Suchmaschinenranking. Diese beiden Elemente werden nämlich bereits angezeigt, bevor Miri und Paul deine Seite jemals gesehen haben. Und zwar in der Suchergebnisliste.

Aber lass uns von vorne beginnen und darüber sprechen, was Title und Description sind und welches Potenzial in ihnen schlummert. Aus diesem Grund solltest du dich auch ganz gewissenhaft um die Textierung von beidem kümmern.

Stell dir vor: Miri steigt auf Google ein und tippt in das Suchfeld »E-Bike-Touren in Österreich«. Prompt erscheint die Google-Suchergebnisliste (SERP) mit dem Hinweis, dass ungefähr 144.000 Ergebnisse gefunden wurden. Google listet auch schon die ersten Ergebnisse auf – zuerst die Anzeigen und anschließend jene Ergebnisse, bei denen Google der Meinung ist, dass sie für Miri die meiste Relevanz haben. Deine Seite ist darunter? Herzlichen Glückwunsch. Dann hast du die erste Runde bereits für dich entschieden. Miri sieht ein Vorschau-Snippet von deiner Seite.

Mit dem E-Bike über die Alpen | Tirol in Österreich
www.tirol.at › Tirol erleben › Sport & Aktiv › Radfahren ▾
Genießen Sie Tirol gemütlich vom Elektrofahrrad aus. Informationen rund ums E-Biken in den Alpen und zu den passenden **E-Bike Touren** erhalten Sie bei uns.

Das Vorschau-Snippet besteht aus Title (erste Zeile), der URL (zweite Zeile) und der Description (dritte und vierte Zeile). Ein aussagekräftiger und optimierter Title zahlt auf dein SEO-Ranking ein. Die Description verhilft dir zu mehr Aufmerksamkeit in den Suchergebnissen und dadurch zu mehr Klicks.

Die Textlänge bei Meta-Titles liegt nach aktuellem Stand bei 70 Zeichen – ist er länger, wird er von Google gekürzt. Da Google aber immer wieder mal an seinen Schräubchen dreht, kann sich das verändern. Versuche daher, immer auf dem Laufenden zu bleiben. Neben der Anzahl der Zeichen kommt es aber auch auf die Textlänge in Pixeln an. Genauer: Ein »m« braucht nun mal mehr Platz als ein »i«. Und Google rechnet nicht nach Zeichen, sondern in Pixel.

TIPP

Sprich unbedingt mit deinem Programmierer bezüglich Title und Description. Es kann sein, dass manche CMS-Systeme die separate Eingabe der Meta-Tags nicht unterstützen. Er kann dir da bestimmt weiterhelfen.

So schreibst du den perfekten Meta-Title

- Beschränke den Title auf maximal 70 Zeichen.
- Verwende dein Hauptkeyword im Title.
- Verwende im Title deine Brand.

BEISPIELE FÜR GUT TEXTIERTE META-TITLE

Ticketleser Smart Post AX500 I Axess AG
Urlaub im Alten Land zur Obstblüte I Altes Land

Bei der Meta-Description gilt: Kurzbeschreibung des Seiteninhalts in maximal 175 Zeichen (nach aktuellem Stand) – auch sie wird sonst von Google gekürzt. In diesen ein bis zwei Sätzen ist im Idealfall auch eine Call-to-Action enthalten.

Neu seit Frühling 2017: Nun ist die Nutzung von Emojis und anderen Sonderzeichen im Title und in der Description erlaubt. Setze Zeichen wie ♥, ✈, ☎ aber bewusst und sparsam ein.

So schreibst du die perfekte Meta-Description

- Beschränke die Description auf maximal 175 Zeichen.
- Füge der Description eine kurze Handlungsaufforderung bei, die den Leser zum Klicken animieren.
- Verwende deine Keywords in der Description.
- Beschreibe, was den Leser auf der Seite erwartet, und biete gegebenenfalls gleich eine Lösung für das Problem.

BEISPIELE FÜR GUT TEXTIERTE META-DESCRIPTION

Der kontaktlose Nahbereich-Ticketleser bietet optimale Zugangskontrollen - die Datenspeicherung und Kommunikation erfolgen über das AX500 DataCenter. Mehr lesen ...

Das Alte Land ist für seine Obstblüte bekannt. Jedes Jahr im Frühling zieht die Region Kurzurlauber und Tagesgäste an. Jetzt alles über die Obstblüte lesen!

DEINE CHALLENGE

DU BIST DRAN!

NO. 25

**"" UND JETZT DU!
WENDE DEIN NEUES WISSEN AN.**

Überprüfe deine Unternehmensseite auf Title und Description. Füge fehlende Titles & Descriptions hinzu und achte dabei besonders auf die Zeichenanzahl.

12.4.4   Webtext ist strukturiert

Alle Webtexte haben eines gemeinsam: Sie sind strukturiert. Warum das so ist, das ist schnell erklärt. Jeder Text muss für den Leser schnell erfassbar sein! Und genau das ist wohl auch der größte Unterschied zwischen einem journalistischen Beitrag in einem hübschen und bunten Printmagazin und einem Webtext. Wer einen Webtext liest, hat meist wenig Zeit und ist zudem noch von irgendetwas abgelenkt. Achte daher darauf, dass deine Webtexte immer strukturiert sind.

Der Satzbau

- Achte auf einfache und leicht verständliche Sätze – vermeide Schachtelsätze und überflüssige Nebeninformationen. Dafür ist im Webtext kein Platz.
- Lies deinen Satz laut: Kannst du ihn flüssig und schnell vorlesen? Gut gemacht! Stolperst du über gewisse Wörter beim Lesen? Dann versuche, den Satz umzuschreiben.
- Schreibe immer nur einen Gedanken pro Satz – so überforderst du den Leser nicht. Denke daran, dass Miri und Paul deinem Text nicht die volle Aufmerksamkeit widmen und du dennoch das Beste daraus machen willst.
- Strukturiere deinen Text in Absätze – ein Absatz ist vier bis fünf Zeilen lang.
- Arbeite mit Aufzählungen.
- Deine Sätze bestehen aus 15 bis 17 Wörtern – sind es mehr, dann versuche, zwei Sätze daraus zu machen.

Die Wortwahl und der Schreibstil

- Schreibe aktiv.
- Vermeide die Aneinanderreihung von Substantiven.
- Stelle den Nutzen für den Leser klar in den Vordergrund.
- Arbeite mit Superlativen.
- Stelle Fragen.
- Arbeite mit Keywords.
- Denke immer positiv und vermeide Relativierungen wie »wahrscheinlich«, oder »vielleicht«.
- Bringe praktische Beispiele.
- Vermeide branchenüblichen Fachjargon. Gehe immer davon aus, dass deine Leser branchenfremd sind.
- Wörter sind bis zu 12 Zeichen lang.
- Streiche alle Füllwörter aus deinem Text.

Füllwörter – es geht auch ohne:

Füllwörter blasen deinen Text unnötig auf und sagen meist wenig bis gar nichts aus. Aus diesem Grund darfst du Füllwörter getrost aus deinem Webtext-Wortschatz streichen. Unter Füllwörtern versteht man Wörter wie »aber, also, auch, dennoch, irgendwie, manchmal, voll, vielleicht und überaus«. Eine umfangreiche und kunterbunte Liste mit Füllwörtern, die in deinen Texten nicht willkommen sollten, findest du im Anhang.

DEINE CHALLENGE

DU BIST DRAN!

NO. 26

**" " UND JETZT DU!
WENDE DEIN NEUES WISSEN AN.**

Nimm dir einen deiner vorhandenen Webtexte zur Hand und strukturiere ihn. Achte dabei auf den Satzbau, auf die Wortlänge und auf die Füllwörter.

12.4.5 Webtext beinhaltet Keywords

Hab keine Angst vor Keywords! Keywords sind nichts Negatives. Und Keywords machen deine Webtexte auch nicht unleserlich. Ein Keyword ist einfach nur ein Keyword. Keywords repräsentieren Themen. Anders formuliert: Keywords sind **Schlagwörter**. Und Schlagwörter bezeichnen ein Thema. Wer nicht nach einem bestimmten Schlagwort sucht, wird nie einen passenden Text zu diesem Thema finden. Willst du also mehr über die schönsten E-Bike-Touren in Österreich erfahren, wirst du – egal wo – nach »E-Biken+Österreich« suchen. Ob im Web oder in einem gedruckten Reiseführer, der in einem deiner Bücherregale steht. Und nur, wenn in den Texten auch die Schlagwörter E-Bike und Österreich enthalten sind, wirst du den Beitrag darüber finden. So klingt das doch sehr einfach. Und logisch. Und ganz und gar nicht furchterregend. Oder?

Longtail Keywords

Suchanfragen von dir sowie auch von Miri und Paul bestehen in den meisten Fällen nicht nur aus einem einzelnen Wort, sondern vielmehr aus mehreren Wörtern bzw. aus ganzen Sätzen. In diesem Fall spricht man von Longtail Keywords.

KEYWORD: E-Biken

LONGTAIL KEYWORDS: Schöne E-Bike Touren Österreich

Solche Longtail Keywords definieren gleich viel konkreter, wonach du, Miri oder Paul suchen. Und helfen Google, die richtigen Ergebnisse zu bestimmten Suchanfragen zu liefern. Und du kannst mit deinem Content, der sich mit den schönsten E-Bike-Touren in Österreich beschäftigt, punkten. Viel mehr noch: Du begeisterst damit!

Themenrelevante Terme

Im Rahmen der Textierung hast du im Regelfall ein Hauptkeyword und mehrere themenrelevanten Terme – das sind jene Wörter, die dein Thema beschreiben – zur Verfügung, die du im Text unterbringen solltest.

Achte bei der Keyword-Research darauf, dass sich die Sprache in manchen Regionen unterscheidet: Was in einer Region der Karottenkuchen ist, ist in der anderen die Rüblitorte. Oder trinkt man in einer Region Limonade, ist es in der anderen Region die Brause, die den süßen Durst stillt. Bei den »Relevant Terms« handelt es sich um verwandte Suchbegriffe. Lautet dein Keyword zum Beispiel »Fischfutter«, solltest du in deinem Text auch von Futter für Fische oder der Nahrung für Fische sprechen. Zusätzlich sind Terme wie Aquarium, Zierfische, Pflanzen ... wichtig. Oder aber Terme wie Angeln, Angelroute, See, Fluss, ... Je nachdem, auf welchen Kontext sich das Fischfutter in deinem Fall bezieht.

Nun geht's an die Content-Erstellung. Achte hierbei darauf, dass dein Keyword als Beschreibung für das Thema des gesamten Textes dient. So wissen Leser und Suchmaschine, von welchem Thema dein Text handelt. Wie oft sollst du deine Keywords einsetzen? Eine festgelegte Keyword-Density gibt es leider nicht. Als Faustregel sind jedoch zwei Prozent eine gute Ausgangsbasis. Gehen wir davon aus, dass dein Hauptkeyword »E-Biken in Österreich« lautet. Das bedeutet, dass du dein Keyword zwei Mal in 100 Wörtern einsetzen musst. Das ist gar nicht so viel, oder? Das würdest du wahrscheinlich auch ganz selbstverständlich machen, wenn du über E-Biken in Österreich schreibst.

HAUPTKEYWORD

Eine Content-Seite ist idealerweise auf ein einziges Keyword ausgerichtet. Achte daher ganz genau darauf, auf welches Keyword du deinen Text optimieren möchtest.

Fragen, die dir dabei helfen können:
- Mit welchem Keyword willst du gefunden werden?
- Mit welchem Keyword hast du die besten Chancen auf ein hohes Ranking?
- Welches Keyword verwendet Paul, wenn er nach diesem Thema sucht?
- Welches Keyword hat ein hohes Suchvolumen?
- Und welches Keyword deckt perfekt mein Nischenthema ab?

PLATZ FÜR DEINE
NOTIZEN

Keywords richtig einsetzen

- im Title (Hauptkeyword)
- in der Description (verwandter Suchbegriff)
- in die H1 (Hauptkeyword)
- in Zwischenheadlines (Hauptkeyword und verwandte Suchbegriffe – abwechselnd verwenden)

- in den Vorspann – wenn es keinen Vorspann gibt, dann in die ersten 200 Wörter des Textes
- gleichmäßig verteilt im Text
- in Navigationselemente auf deiner Website (Hauptkeyword)
- in die Beschreibung deiner Bilder (Hauptkeyword)
- in Videounterschriften
- Keyword-Density: 2 Prozent

WDF*IDF

Neben der Keyword-Dichte gibt es noch einen weiteren Maßstab, den du für die Optimierung deiner Webtexte heranziehen kannst: die Formel WDF*IDF. Mit dieser Formel gelingt es, den Content noch präziser und genauer zu optimieren. Denn im Gegensatz zur reinen Keyword-Density betrachtet ein WDF*IDF-Tool auch den semantischen Zusammenhang der Begriffe deines Textes und gibt Hinweise darauf, welche weiteren Terme dein Text enthalten muss, um möglichst einzigartig und relevant zu sein.

WDF ist die Abkürzung für »**w**ithin **d**ocument **f**requency«. Und IDF die Abkürzung für »**i**nverse **d**ocument **f**requency«. Mit der mathematischen Formel WDF*IDF kannst du bestimmen, in welchem Verhältnis bestimmte Wörter innerhalb deines Textdokuments oder deiner Website im Verhältnis zu allen potentiell möglichen Dokumenten im Web gewichtet werden. Kurzum: Mit einem WDF*IDF-Tool ist es dir möglich, anhand dieser Formel deine Texte zu optimieren und somit die Relevanz deiner Texte zu erhöhen.

Vorteil: Während die Keyword-Dichte lediglich die prozentuale Verteilung eines einzelnen Wortes in Bezug auf die Gesamtwortzahl eines Textes berechnet, bezieht die Within-Document-Frequency auch das Verhältnis aller im Text verwendeten Wörter mit ein.

12.4.6 Webtext sorgt für User Signals

Wie du bereits weißt, geht es beim Webtexten um die Schaffung von relevantem Content – also Content, der sich nach den jeweiligen Nutzerintentionen von Miri und Paul richtet. Content, der möglichst alle Fragen zu einem Thema beantwortet. Und Content, der umfassend recherchiert und holistisch aufbereitet ist. Neben der Content-Qualität zählen die User Signals zu den wichtigsten Rankingfaktoren. Beide Rankingfaktoren – also die Content-Qualität und die User Signals – sind untrennbar miteinander verbunden. Denn die User Signals sind sozusagen das direkte Feedback der User, mit dem gemessen wird, ob dein Content von den Lesern als gut befunden wird. Dieses Feedback zieht Google heran, um die Relevanz zu einer bestimmten Suchanfrage zu messen. Lautet das Feedback von Miri und Paul, dass dein Content zum Thema E-Bike-Touren in Österreich relevant ist, wird dieser Content auch bei einer anderen Person, die nach diesem Thema sucht, ausgespielt. Je mehr positives Feedback dein Content bekommt, desto relevanter wird er von Google befunden und desto besser ist die Position in der Suchergebnisliste.

USER SIGNALS

User Signals sind die Signale, die Miri und Paul auf deiner Website hinterlassen. Je positiver diese Signale sind, desto besser auch die Benutzerfreundlichkeit deiner Website. Gemessen werden Faktoren wie die Verweildauer, die Besuchszeit, die Absprungrate und die Click-through-Rate. So geben User Signals der Suchmaschine direkte Rückmeldung darüber, wie zufrieden die User mit den Inhalten sind. Zudem kann Google über das Surf-Verhalten von Miri und Paul messen, ob sie mit den vorgeschlagenen Suchergebnissen zufrieden sind (Click-through-Rate).

Die User Signals im Überblick

Click-through-Rate = Klickrate auf Suchergebnisse

Die Click-through-Rate beschreibt die Anzahl der Nutzer, die auf ein Suchergebnis klicken. Die durchschnittliche Klickrate auf die ersten drei Suchergebnisse liegt bei 36 Prozent. Es kommt jedoch auch oft vor, dass User auf mehrere URLs in den Suchergebnissen klicken, um nach einer bestimmten Information zu suchen. Bleiben sie auf deiner Seite, hast du mit deinem Content in den ersten Sekunden überzeugen können. Gratulation.

Bounce Rate = Absprungrate

Die Bounce Rate misst, wie viel Prozent der Nutzer nur eine einzige Seite deiner Website besuchen – nämlich jene, auf der sie bei ihrer Recherche landen. Verlassen Miri und Paul deine Seite, ohne innerhalb der Website weiterzuklicken, springen sie ab. Ist das der Fall, bedeutet das zwangsläufig noch nicht, dass dein Content nicht gut war oder die Information nicht ausreichend. Auch hier kommt es wieder auf das Bedürfnis an: Will Paul zum Beispiel die Öffnungszeiten eines Ladens in Erfahrung bringen und landet auf der Seite mit den Öffnungszeiten, wird er die Website wieder verlassen, sobald er sich über die Öffnungszeiten informiert hat. Denn er hat die Info gefunden und sein Bedürfnis ist gestillt. In Kombination mit anderen KPIs kann die Bounce Rate aber wertvolle Infos für die Relevanz geben.

Handelt es sich zum Beispiel um eine Produktseite, wollen wir nicht, dass Paul »bounct«, sondern vielmehr, dass er konvertiert und auf KAUFEN klickt. Die durchschnittliche Absprungrate der ersten Suchergebnisseite liegt bei 40 Prozent.

Time on Site = Verweildauer auf der Seite

Die Verweildauer auf einer Seite gibt Google einen Hinweis darauf, wie zufrieden Miri und Paul mit dem Ergebnis sind. Klar ist, dass die Verweildauer auf der Seite mit der jeweiligen Suchintention zusammenhängt. Nehmen wir wieder das Beispiel der Öffnungszeiten zur Hand, wird die Verweildauer auf der Seite nur wenige Sekunden zählen. Handelt es sich aber um die Suche nach den schönsten E-Bike-Touren in Österreich, lässt eine kürze Verweildauer von wenigen Sekunden den Rückschluss zu, dass der Content einfach nicht den Bedürfnissen von Miri und Paul entspricht. Denn eine längere Verweildauer bei umfangreicheren Texten deutet auf hochwertigen Content hin, der die Nutzerintention erfüllt.

Gut zu wissen: Auf dem ersten (!) Suchergebnis verbringen die Leser im Durchschnitt rund sechs Minuten! Der Durchschnitt der Verweildauer auf allen übrigen Seiten, die auf der ersten Seite der SERP ausgespielt werden, liegt bei knapp vier Minuten![1]

12.4.7 Webtext bietet einen Ausweg

Links und Handlungsaufforderungen mögen auf den ersten Blick vielleicht nicht zusammenpassen. Dennoch haben sie etwas gemeinsam: Beide bieten deinem Leser einen Ausweg. Gemeinsam sind sie ein unschlagbares Team, wenn es darum geht, Miri und Paul zu einer Aktion auf deiner Website zu bewegen. Schließlich ist Webkommunikation keine Einbahnstraße. Es geht vielmehr darum, deinen Lesern die Möglichkeit für zahlreiche Informationen zu einem bestimmten Thema zu bieten. Schön, wenn du es ihnen so einfach wie möglich machst und ihnen dabei hilfst. So wirst du selbst super glaubwürdig und zudem als echter Experte für ein bestimmtes Thema wahrgenommen.

Links und noch mehr Links

Webtext kann etwas, was analoger Text nie schafft: Sich mit anderen Texten verbinden. Dafür werden gezielt Links gesetzt. Intern sowie zu anderen Websites. Du fragst dich, was ein Link können muss? Grundsätzlich dient ein Link der Navigation zu weiteren Themen und verhilft denjenigen Seiten, auf die verlinkt wird, eine höhere Relevanz. Denn je mehr Links auf eine Seite zeigen, desto wichtiger sind sie

---

1. Quelle: Rebooting Ranking-Faktoren – Google.de *http://pages.searchmetrics.com/ rs/656-KWJ-035/images/Whitepaper-Searchmetrics-Rebooting-Ranking-Faktoren-DE.pdf*

für Google. Ein Link ist quasi ein Hinweisschild, das dir den Weg zu einem bestimmten Ziel zeigt.

Gute Links sind Stilmittel und bieten dem User die Möglichkeit, weitere Informationen einzuholen. Kannst du auf deiner eigenen Seite zu weiterführenden Informationen verweisen – dann mache das mit einem internen Link. Hast du auf deiner Seite keine weiteren Informationen zu einem bestimmten Thema, und du hast das Gefühl, dass der Leser noch welche braucht, dann linke gerne auch auf eine fremde Website.

Verlinke deine Seiten untereinander

Durch eine gleichmäßige interne Verlinkung kannst du deine Leser bewusst steuern. Du hilfst Miri und Paul dabei, deine Website systematisch anzusehen. Ganz gleich geht's auch dem Google-Suchmaschinenbot, der die Seite dank interner Links Schritt für Schritt crawlen und indexieren kann. Wird auf eine Seite besonders häufig verlinkt, zeigt das, dass diese Seite besonders wichtig ist. Achte darauf, dass jede Seite mit anderen Seiten verlinkt ist. Und dass von jeder Seite Links wegführen. Ist das nicht der Fall, spricht man von »verwaisten« Seiten. Denn gibt es auf einer Seite keinen Ausweg mehr, springen Miri und Paul von der Seite ab und wechseln vielleicht zum Mitbewerber. Auch Google unterbricht bei diesen »verwaisten« Seiten das Crawling.

EXTERNE LINKS

Achte darauf, dass externe Links IMMER in einem neuen Tab (=Fenster) aufgehen, damit du den User nicht verlierst.

Halte die Klickpfade kurz

Ist Miri auf deiner Website gelandet, möchte sie rasch zum Ziel kommen. Achte daher darauf, dass deine Klickpfade kurz sind – das bedeutet, dass sie sich nicht stundenlang durch die Website klicken muss, um endlich bei der gewünschten Information anzukommen. Führe sie mit deinen Hinweisschildern alias Links nicht im Kreis, sondern lieber direkt ans Ziel! Als Faustregel gilt: Jede Unterseite ist mit nur drei Klicks erreichbar.

Schreibe schöne Linktexte für mehr Relevanz

Achte darauf, dass der Linktext dem Inhalt der Zielseite entspricht. Linktexte sollen den Link beschreiben. Verlinke daher niemals Wörter wie »hier« oder »mehr«.

Außer du willst auf eine Seite zum Thema »HIER« verlinken – was ich mir kaum vorstellen kann. Gib dem Leser besser die Auskunft, was sich hinter dem Link verbirgt. Möchtest du auf die Seite mit den E-Bike-Touren in Österreich verlinken, dann verlinke das Wort »E-Bike-Touren in Österreich«. Betitelst du alle Links, die auf diese Seite zeigen, gleich, sagst du Google damit, dass diese Seite besonders wichtig für jemanden ist, der nach »E-Bike-Touren in Österreich« sucht.

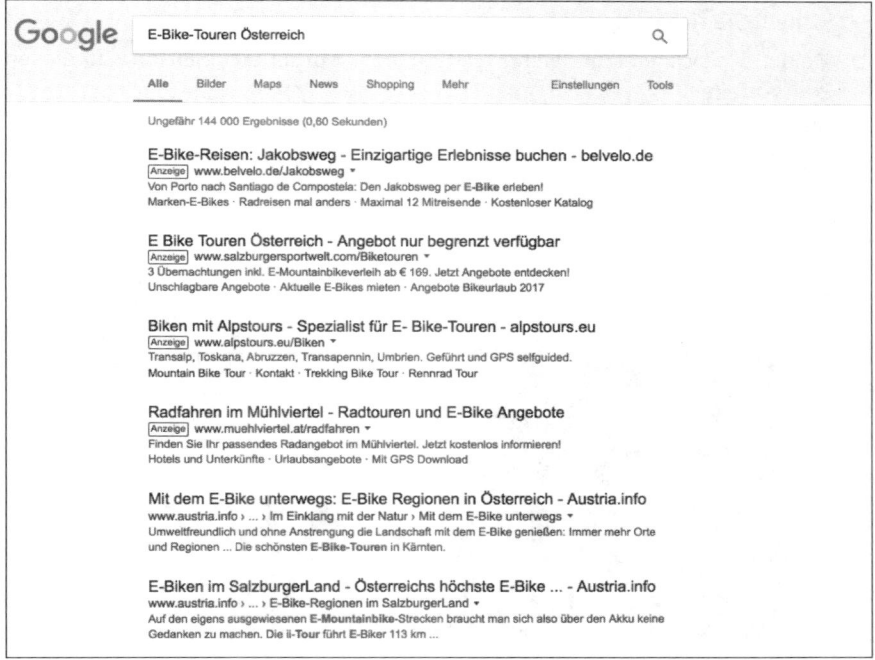

Handlungsaufforderungen

Handlungsaufforderungen werden auch Call-to-Action genannt und CTA abgekürzt. CTAs sind grenzgeniale Stilmittel. Warum, möchte ich dir gerne erklären. Sei einmal ganz ehrlich zu dir selbst: Würdest du etwas tun, ohne dass dich jemand dazu auffordert? Zum Beispiel den Müll wegbringen? Oder den Geschirrspüler ausräumen? Die Kaffeemaschine im Büro reinigen? Oder freiwillig für Milchnachschub im Kühlschrank sorgen? Oder wartest du, bis du aufgefordert wirst, es zu tun? Deinen Lesern geht's da vielleicht ganz ähnlich, wenn sie auf deiner Website sind. Genau darum ist eine konkrete und unmissverständliche Handlungsaufforderung so wichtig! Weil sie bei Miri und Paul einen aktiven Impuls setzt, mit deinem Content in Interaktion zu treten. Im besten Fall genau das, was du dir von ihnen wünscht. Aus diesem Grund sind Handlungsaufforderungen ab sofort fixer Bestand jeder deiner Content-Seiten. Weglassen eindeutig verboten! Gute Handlungsaufforderungen wecken das Interesse beim Leser und fordern konkret zu einer Handlung auf.

Call-to-Actions für deinen Webtext

- Sichern Sie sich jetzt Ihren Logenplatz in den Bergen.
- Melden Sie sich jetzt für den Newsletter an, und profitieren Sie von zahlreichen Preisvorteilen.
- Werden Sie einer von 18.000 zufriedenen Abonnenten.
- Sie sind nur noch wenige Klicks vom Kauf Ihres E-Books entfernt.
- Jetzt mehr über {....} erfahren ...

DEINE CHALLENGE

DU BIST DRAN!

NO. 27

„ UND JETZT DU! WENDE DEIN NEUES WISSEN AN.

Schreibe einen Webtext, der rockt! Wähle dabei ein Thema aus dem Redaktionsplan und greif auf die Ergebnisse der Recherche-Challenge zurück. Vergiss dabei nicht die CTA, Title und Description, Links und eine gute Struktur des Textes.

12.4.8 Gründe, warum sich Miri und Paul auf deiner Seite wohlfühlen

- **Deine Seite ist gut strukturiert.**
  - **Du machst Absätze.** Achte darauf, dass du ausreichend Absätze machst, damit sich das Auge beim Lesen nicht so anstrengen muss. Grundsätzlich gilt: Nach vier bis fünf Zeilen folgt ein Absatz.
  - **Dein Text verfügt über Zwischenüberschriften.** Gliedere deine Texte in einzelne Unterthemen und achte darauf, dass jedes Unterthema eine eigene Headline bekommt. So weiß der Leser gleich, was folgt. Achte dabei auch auf klare Hierarchien: Nach einer H1 folgt die H2 folgt die H3 ... Achte auch darauf, dass der darauffolgende Text immer zur Headline passt.
  - **Du arbeitest mit Aufzählungen.** Aufzählungen bieten Klarheit und helfen dem Auge, sich schnell zurechtzufinden.
- **Die Bilder passen zum Text.**
  - **Arbeite mit schönen Bildern.** Sie lockern den Text auf und zeigen dem Leser zusätzlich, worum es auf der Seite geht. Achte dabei aber auch auf das Copyright der Bilder und die Dateigröße (mehr dazu in Abschnitt 13.1.2).
- **Die Seite bietet einen Ausweg.**
  - **Die Seite ist keine Sackgasse.** Das heißt, es gibt Links, die den Leser zu weiteren Informationen führen. Überprüfe, ob es sinnvoll ist, dem Leser einen »To the top«-Button anzubieten.
  - **Du bietest klare Handlungsaufforderungen.** Soll der Leser einen Newsletter abonnieren? Etwas kaufen? Anfragen? Sich noch weiter informieren? Setze nicht voraus, dass dein Leser von sich aus weiß, was er tun soll. Fordere ihn einfach dazu auf. Mit einer klaren Handlungsaufforderung, der sogenannten Call-to-Action.
- **Die Seite bietet dem Leser einen Mehrwert.**
  - Dein Text ist nicht langweilig und austauschbar.
  - Dein Text ist der beste zu diesem Thema im Web.
  - Die Informationen sind vollständig und keinesfalls falsch.

Ist das nicht einfach genial? Denn was passiert, wenn sich deine Leser nicht wohlfühlen? Klar. Sie verlassen deine Seite ebenso schnell, wie sie gekommen sind. Das heißt, sie springen ab! Und wer kann es ihnen verübeln? Wissen wir doch alle, dass sich im Internet Abertausende, ach Quatsch: Millionen anderer Möglichkeiten bieten, zur gewünschten Information zu kommen.

Aber je höher die Absprungrate auf deiner Seite ist, desto schlechter wirst du von Google bewertet. Die Absprungrate alleine ist zwar nicht ausschlaggebend für dein

Ranking, aber sie spielt eine große Rolle. Sie zählt nämlich zu den User Signals, die von Google immer höher bewertet werden. Und das ist auch gut so. Denn was sagt mehr über die Website aus als eine Handlung von einem echten User? Genau. Nichts!

Neben der Absprungrate ist auch die Verweildauer ein wichtiges und positives Signal für Google. Je länger Miri und Paul also auf deiner Seite verweilen, sich weiterklicken, desto besser für dich. Denn dadurch werden deine Inhalte besser bewertet als andere, und das steigert dein Ranking in den Suchergebnislisten und generell die Sichtbarkeit deiner Seite.

DEINE CHALLENGE

DU BIST DRAN!

NO. 28

❞ UND JETZT DU!
WENDE DEIN NEUES WISSEN AN.

Optimiere deine Content-Seiten und strukturiere deine Texte. Füge fehlende Links und Handlungsaufforderungen ein.

12.4.9 Die ultimative Optimierungs-Checkliste

Dein Webtext steht, und du hast erfolgreich einen Artikel/Webtext geschrieben. Gratulation! Doch damit ist es vorerst noch nicht getan. Es gibt immer etwas zu optimieren. Immer! Auch aus SEO-Sicht. Darum beachte die folgenden Punkte und optimiere deinen Text dahingehend. Mit dieser Checkliste ist es ein Kinderspiel, jeden einzelnen deiner Webtexte zu optimieren.

CHECKLISTE
für die SEO-Optimierung

- [x] Ist das Thema allumfassend behandelt? Wenn wichtige Punkte fehlen, überarbeite den Text noch einmal.

- [ ] Die Keywords sollten in den folgenden Elementen vorkommen:
  - Headline
  - Title-Tag
  - Description
  - URL
  - Alt-Attribute der Bilder

- [ ] Der Text hat einen aussagekräftigen Seitentitel.

- [ ] Es sind Überschriften und Zwischenüberschriften vorhanden, um den Text zu strukturieren.

- [ ] Der Text ist intern gut verlinkt, inklusive Anker-Text.

- [ ] Es kommt nicht nur auf die Keywords an. Schreibe deinen Text auch semantisch reichhaltig. Das bedeutet: Nutze auch verwandte Wörter, die im Zusammenhang mit dem Keyword stehen.

- [ ] Die Seite enthält Bilder, die zum Text passen. Diese sind mit Unterschrift, Alt-Tag und Bildtext versehen.

- [ ] Frage dich: Ist der Text einzigartig und bringt er dem Leser Mehrwert? Wenn nicht, musst du nochmal ran.

- [ ] Behalte beim Texten die Intention der Zielgruppe im Auge. Soll die Seite ein konkretes Problem lösen, löse es. Soll sie Informationen zu einem Thema bieten, biete sie. Und soll sie verkaufen, mach es dem Leser einfach zu kaufen.

- [ ] Der Call-to-Action ist geschickt platziert.

12.5 Lektorieren

Nichts ist peinlicher als Fehler in deinen veröffentlichten Texten. Du willst dich schließlich von deiner besten Seite zeigen. Die Schlussredaktion oder das Lektorat ist darum unumgänglich, um erstklassige Qualität sicherzustellen. Im Idealfall liest ein Außenstehender den Text gegen, denn meist ist man blind für seine eigenen Fehler und findet sie auch beim zweiten oder dritten Durchgang nicht.

Arbeitest du mit einem externen Lektor, ist vorab zu klären, ob und in welchem Umfang das Eingreifen in den Text erwünscht ist. Also wie weit der Text verändert werden darf. Kläre vorab, ob du ein Lektorat oder ein Korrektorat – vielleicht sogar beides wünschst.

Ein professionelles Lektorat achtet auf Struktur, Sprache, Stil und formelle Gesichtspunkte. Ein »Fachlektorat« überprüft darüber hinaus den Inhalt auf seine Richtigkeit. Diese Art des Lektorats ist aber für Webtexte in der Regel nicht notwendig. Beim Korrektorat werden hingegen »nur« Grammatik und Rechtschreibung ausgebessert. Sollte sich einmal aus zeitlichen oder budgetären Gründen kein externes Lektorat ausgehen, findest du hier ein paar nützliche Tipps und Tools, die dir helfen, trotzdem einen fehlerfreien Text abzugeben.

12.5.1 In Word schreiben

Klingt logisch? Gut so! Dann bleib dabei. Denn die Editoren in den meisten CMS-Systemen sind noch nicht so weit, Fehler (Grammatik, Rechtschreibung) zu erkennen. Verfasse deine Texte also zuerst immer in Word/Pages. Die Rechtschreibprüfung ist zwar auch nicht zu 100 Prozent das Gelbe vom Ei, grobe Schnitzer findest du damit aber leicht heraus und kannst sie problemlos korrigieren.

12.5.2 Analog nachlesen

- Den Text am Bildschirm gegenzulesen, ist gut. Ihn ausgedruckt und fernab des Schreibtischs zu lesen, ist besser.

- Ziehe dich bewusst aus deiner gewohnten Schreibumgebung zurück und lies den Text auf einem Blatt Papier. So fallen dir viele Fehler auf, die am Bildschirm leicht übersehen werden.

- Lies den Text am besten auch noch einmal laut. Gibt es Stellen, bei denen du »stolperst«? Dann sind sie fürs Web ungeeignet. Arbeite nochmals drüber.

- Lies den Text so, als hättest nicht du, sondern ein anderer ihn geschrieben. Mit anderen Worten: Bau so viel Distanz zu deinem eigenen Text auf, wie es dir möglich ist.

- Lies den Text erst einen Tag nach dem Schreiben durch. Dann hast du genügend Abstand zum Geschriebenen.
- Lies den Text von unten nach oben und von rechts nach links. Das garantiert, dass du dich wirklich nur auf die Wörter und nicht auf den Kontext konzentrieren kannst.

12.5.3 Tools nutzen

Im Web finden sich mittlerweile ein paar sehr nützliche Helferlein, die dich beim Korrigieren unterstützen. Die Duden Rechtschreibprüfung auf *http://www.duden.de/rechtschreibpruefung-online/* zeigt sofort Wortwiederholungen, Interpunktionsfehler, falsche Wortbezüge, zu viele Leerzeichen und Rechtschreibfehler an. Sogar mit Erklärung! Eine weitere hilfreiche Seite ist *http://wortliga.de/textanalyse/*, die im Prinzip wie der Duden funktioniert. Aber Achtung! Onlinetools sind nicht perfekt, auch sie machen Fehler oder verstehen Texte nicht so, wie Menschen es tun. Setze daher immer den Hausverstand ein.

DU BIST DRAN!

DEINE CHALLENGE

NO. 29

❱❱ UND JETZT DU!
WENDE DEIN NEUES WISSEN AN.

Du bist fast am Ziel! Unterziehe deinen Artikel mit diesen Tipps einem strengen Lektorat. Dem strengsten, das du dir vorstellen kannst.

12.6 Checklisten fürs Schreiben

Deine Webtexte sind geschrieben und eigentlich fertig? Bevor du sie nun auf deiner Website einfügst, nimm dir noch fünf weitere Minuten Zeit und überprüfe, ob du alle wichtigen Maßnahmen, die einen guten Webtext ausmachen, berücksichtigt hast. Diese Checkliste hilft dir dabei.

CHECKLISTE
Webtext-Optimierung in 5 Minuten

TITLE
- maximal 75 Zeichen lang ☒
- ist zugleich eine Headline ☐
- erscheint in den Suchergebnissen ☐
- soll zum Klicken animieren ☐
- enthält am Anfang das Hauptkeyword, ☐
  die Brand am Ende

DESCRIPTION
- Kurzbeschreibung des Seiteninhalts ☐
- maximal 170 Zeichen ☐
- erscheint in den Suchergebnissen ☐
- 1 bis 2 kurze Sätze ☐
- enthält eine Handlungsaufforderung ☐
- soll zum Klicken animieren ☐
- enthält verwandte Suchbegriffe ☐

ALT-TAG
- Alternativtext, der lesbar wird, wenn ☐
  ein Bild nicht angezeigt werden kann
- enthält das Keyword ☐

BILDBESCHREIBUNG
- Text in HTML, der beschreibt, was auf ☐
  einem Bild zu sehen ist
- zirka 100 Zeichen ☐

BILDBENENNUNG
- möglichst klar verständliche Namen ☐
- Kleinschreibung ☐
- keine Unterstriche verwenden ☐
- enthält das Keyword ☐

BEISPIEL: contentcampus-workshop-texten

SPRECHENDE LINKS
- klar formulierte Links mit Keywords ☐

BEISPIEL: Anstatt „hier" besser „Lesen Sie mehr über den Grünen Veltliner!"

H1 BIS H6
- Die Headlines sind als solche ausgewiesen und chronologisch aufgebaut. ☐
- Die Headlines sind einzigartig. ☐
- Die Headlines strukturieren den Text und fassen das darauffolgende Thema zusammen. ☐

TEXTSTRUKTUR
- kurze Wege zur gewünschten Information ☐
- kurze, prägnante Sätze ☐
- Satzlänge: 15 bis 17 Wörter ☐
- kein Wissen voraussetzen ☐
- Floskeln und Text als Selbstzweck entfernen ☐
- konkrete Aussagen ☐
- verständliche, zielgruppenspezifische Sprache ☐
- gute Strukturierung der Texte ☐
- Arbeite mit Aufzählungen. ☐
- Zeilenlänge: 12 Wörter ☐
- Alle relevanten Fragen sind beantwortet. ☐
- Vorteile und Nutzen sind klar hervorgehoben. ☐
- bildhaft geschrieben ☐
- ein Gedanke - ein Absatz ☐
- Absatzlänge: 4 Zeilen ☐

TIPP

Webtexte vor dem Lektorat ausdrucken und im Ausdruck gegenlesen! Dabei finden sich Fehler einfacher.

12.6.1 Mehr Qualität für deine Texte im Web

Im Mai 2011 wurde in den Google-Webmastertools ein Leitfaden veröffentlicht, der Websitebetreibern helfen sollte, ihren Usern mehr Qualität zu liefern. Dieser Leitfaden ging mit dem Panda-Update des Google-Algorithmus einher, das das Ranking zahlreicher qualitativ hochwertiger Websites verbessert hat.

Google selbst ließ damals verlautbaren, sie würden Publishern empfehlen, sich darauf zu konzentrieren, das bestmögliche Nutzererlebnis auf ihren Websites zu bieten und sich weniger damit zu beschäftigen, was sie für die aktuellen Ranking-Algorithmen oder -Signale halten. Seither hat sich zwar sehr viel verändert – aber meiner Meinung nach ist der Leitfaden von damals heute noch genauso relevant wie im Mai 2011.

Wenn du mit deinem Webtext fertig bist, überprüfe ihn auf folgende Fragestellungen.

CHECKLISTE
für guten Content

- ☒ Würdest du den in diesem Artikel enthaltenen Informationen trauen?

- ☐ Bietet dieser Artikel eine vollständige oder umfassende Beschreibung des Themas?

- ☐ Weist die Website doppelte, sich überschneidende oder redundante Artikel zu denselben oder ähnlichen Themen auf, deren Keywords leicht variieren?

- ☐ Würdest du dieser Website deine Kreditkarteninformation anvertrauen?

- ☐ Enthält der Artikel Originalinhalte oder -informationen, eigene Berichte, eigene Forschungsergebnisse oder eigene Analysen?

- ☐ Sind die Artikel kurz oder gehaltlos oder fehlen sonstige hilfreiche Details?

- ☐ In welchem Maße werden die Inhalte einer Qualitätskontrolle unterzogen?

- ☐ Wird die Website als kompetente Quelle zu ihrem Thema anerkannt?

☐ Enthält dieser Artikel orthografische, stilistische oder sachliche Fehler?

☐ Entsprechen die Themen echten Interessen der Leser der Website oder werden auf der Website Inhalte generiert, mit denen ein gutes Ranking in Suchmaschinen erzielt werden soll?

☐ Werden in dem Artikel unterschiedliche Standpunkte berücksichtigt?

☐ Wurde der Artikel sorgfältig redigiert oder scheint er eher schlampig bzw. hastig erstellt worden zu sein?

☐ Hättest du bei gesundheitsbezogenen Suchanfragen Vertrauen in die Informationen dieser Website?

☐ Würdest du diese Website als kompetente Quelle anerkennen, wenn sie namentlich erwähnt würde?

☐ Wurde der Artikel von einem Experten bzw. einem sachkundigen Laien verfasst oder ist er eher oberflächlich?

☐ Enthält dieser Artikel aufschlussreiche Analysen oder interessante Informationen, die nicht allgemein bekannt sind?

☐ Stammen die Inhalte aus einer Massenproduktion oder von zahlreichen externen Autoren bzw. werden sie über ein großes Netzwerk von Websites verbreitet, so dass einzelnen Seiten oder Websites eher wenig Aufmerksamkeit oder Sorgfalt gewidmet wird?

☐ Würdest du diese Seite zu deinen Lesezeichen hinzufügen, an Freunde weitergeben oder empfehlen?

☐ Enthält dieser Artikel unverhältnismäßig viele Anzeigen, die vom eigentlichen Inhalt ablenken oder diesen beeinträchtigen?

☐ Könntest du dir diesen Artikel in einem Printmagazin oder in einem Buch vorstellen?

☐ Hat die Seite im Vergleich zu anderen Seiten in den Suchergebnissen einen wesentlichen Wert?

☐ Wurden die Seiten mit großer Sorgfalt und Detailgenauigkeit oder mit geringer Detailgenauigkeit erstellt?

☐ Würden sich Nutzer beschweren, wenn ihnen Seiten von dieser Website angezeigt würden?

12.6.2 Das hilft gegen Schreibblockaden

Du musst in wenigen Stunden einen Text abliefern, und du bekommst gerade nichts auf das Papier – oder besser gesagt: auf den Bildschirm? Ich kenne das. Mach dich nicht verrückt. Das geht jedem so. Als Texter hast du gute Tage und leider auch weniger gute. An manchen Tagen fließen die Worte nur so aus dir heraus, und die Finger fliegen über die Tastatur – und an anderen bist du froh, wenn du mit Müh und Not eine Seite voll bekommst.

Manchmal kämpfst du mit dem richtigen Einstieg. Und ein anderes Mal ist jedes geschriebene Wort eine Qual. Bevor du nun anfängst, dir andere Aufgaben zu suchen, um Zeit zu schinden, lies dir lieber diese zehn Tipps[2] gegen Schreibblockaden durch. Es ist auch bestimmt für dich die richtige dabei.

Diese zehn Tipps helfen gegen

SCHREIBBLOCKADEN:

1. GEH EINFACH MAL RAUS:
Der Schreibtisch ist nicht der beste Platz für neue Ideen und Kreativität. Spaziere am besten eine kleine Runde um den Block oder durch einen Park.

2. FREE WRITING:
Schreib einfach mal los: Nimm dir einen Block zur Hand und schreibe fünf Minuten lang. Einfach das, was dir gerade durch den Kopf geht. Ohne Punkt und ohne Komma. Achte dabei nicht auf Interpunktion oder Schönschreibung. Das Ziel lautet: je mehr, desto besser, egal was. Diese Übung hilft dir, dich von anderen Gedanken zu lösen - weil sie niedergeschrieben wurden. Man nennt das auch „den inneren Zensor ausschalten".

3. FREE WRITING ZU EINEM BESTIMMTEN THEMA:
Nun machst du diese Übung noch einmal. Und zwar schreibst du nun alles zu dem Thema auf, über das du eigentlich schreiben solltest. Versuche auch jetzt, nicht darauf zu achten, was du laut deinem Chef schreiben solltest. Sondern notiere dir alles, was dir zum Thema einfällt.

4. MACH DIR EINEN FAHRPLAN:
Anstatt aus dem Bauch heraus zu schreiben, solltest du deinen Text bereits im Vorfeld strukturieren. Und überlege dir bereits am Beginn eine passende Überschrift. Sie dient dir als roter Faden für den restlichen Text.

---

2. *http://karrierebibel.de/schreibblockade/*

5. MACH MAL EINE PAUSE:

Wusstest du, dass dein Gehirn nur 90 Minuten am Stück effektiv arbeiten kann? Kein Wunder, dass dir in Minute 120 nichts mehr einfällt, das brauchbar wäre. Steh also auf und geh raus. Bewegung macht dich leistungsfähiger.

6. BEGINNE EINFACH MITTENDRIN:

Dir fällt kein passender Einstieg ein? Dann starte einfach mittendrin! Dein Gehirn arbeitet nicht linear. Und wer sagt, dass du mit der Einleitung beginnen sollst. Starte mit dem Punkt des Beitrages, zu dem dir spontan etwas einfällt. Der Rest ergibt sich dann oft ganz von alleine. Wenn du die Einleitung erst am Ende formulierst, stellst du auch sicher, dass sie alle relevanten Punkte des Textes beinhaltet.

7. LIES ANDERE TEXTE:

Du kennst dein Thema, aber dir fehlt der Startschuss? Oder du fragst dich, wie du das Thema aufbereiten kannst? Lies einfach nach, was andere zu diesem Thema schreiben. Online. Aber gerne auch offline. Nimm dir zum Beispiel eine Zeitschrift zu diesem Thema zur Hand und lass dich inspirieren. Diese Methode funktioniert bei mir immer ausgezeichnet. Aus diesem Grund schmeiße ich gute Zeitschriften auch nicht weg, sondern sammle sie.

8. STÖRFAKTOREN ELIMINIEREN:

Wer kann sich schon konzentrieren, wenn ständig das Telefon klingelt oder neue E-Mails reinkommen? Bereits der Hinweis darauf, dass noch andere Arbeiten ausstehen, kann dich so unter Druck setzen, dass plötzlich gar nichts mehr geht. Bitte deine Kollegen, dich ungestört arbeiten zu lassen, schalte das Telefon und den E-Mail-Account stumm und gönne dir vollkommene Ruhe.

9. WECHSLE DEN ORT:

und zwar nicht nur für einen kurzen Spaziergang, sondern komplett. Schnapp dir dein Notebook und setze dich in einen Park oder ein Cafe um die Ecke. Ein solcher Ortswechsel wirkt oftmals sehr inspirirend. Achte dabei darauf, dass du dort eine WLAN-Verbindung oder ein Smartphone mit Hotspot-Funktion hast, solltest du das Internet für Recherchen brauchen.

10. SORGE FÜR DISZIPLIN:

Nütze die Macht der Deadlines und versetze dich selbst ein klein wenig unter Druck. Das hilft dir, dich auf deine Aufgabe zu fokussieren. Ein nützliches Onlinetool, das dir dabei hilft, ist der Taskmaster auf finaldeadline.co.uk/scrawl - du legst fest, wie lange du schreiben und anschließend pausieren möchtest. Überschreitest du die Zeit, geht der Alarm los. Das hilft dir, dich selbst zu disziplinieren.

PLATZ FÜR DEINE
NOTIZEN

KAPITEL 13

VISUAL & AUDIO-CONTENT

Durch die Fülle an Informationen, die Miri und Paul im Web zur Verfügung gestellt werden, sind sie auch bequemer geworden. Und wie du weißt, ist ihre Aufmerksamkeitsspanne nicht gerade hoch. Wenn du es nicht schaffst, innerhalb der Skimming-Phase – also innerhalb von drei Sekunden – davon zu überzeugen, dass dein Content der richtige für sie sein könnte, sind sie auch schon wieder weg. Umso besser, wenn du ihnen die gewünschte Information unmittelbar vor Augen hältst. Und das machst du am besten in Form von Bildern, Animationen oder kurzen Videos.

Guter Content ist demnach nicht nur eine Frage des Textes. Abhängig von Miris und Pauls jeweiligem Bedürfnis punktest du mit unterschiedlichen Content-Formaten (siehe dazu noch einmal Kapitel 6). Was wäre zum Beispiel ein Rezept, wenn man nicht sehen würde, wie das Gericht schlussendlich aussehen soll? Was ein Beitrag über die schönsten E-Bike-Touren durch Österreich ohne Bildstrecken der Regionen und Radwege? Genau! Nichts.

Mit reinen Textwüsten kannst du Miri und Paul ganz bestimmt nicht überzeugen. Visual Content ist daher ein ständiger Begleiter des Textcontents. Zusammen sind sie ein unschlagbares Duo. Doch Visual Content funktioniert auch eigenständig – wie es zum Beispiel bei einem Video oder einer Infografik der Fall ist.

Gründe für Visual Content

- Visual Content wird von Miri und Paul schneller wahrgenommen als reine Texte – Wir verstehen die Bedeutung von Bildern in nur 13 Millisekunden!
- Das Gehirn kann visuelle Inhalte schneller verarbeiten als Textinhalte – 60.000 Mal schneller.
- Informationen aus Bildern sind länger in unserem Gehirn abgespeichert als Textinhalte.
- Dank Bilder wissen Miri und Paul ganz genau, wie dein Produkt aussieht.
- Visual Content stärkt die Interaktion in den Social Media und erzielt dadurch eine wesentlich höhere Reichweite als reiner Textcontent.
- Visual Content unterstützt Textinhalte enorm.
- Visual Content weckt Emotionen.
- Visual Content ist authentisch und aufmerksamkeitsstark.
- 93 Prozent unserer täglichen Kommunikation ist nonverbal.
- Visual Content wird in den Social Media lieber geteilt als reine Textpostings.
- Visual Content verfügt über großes Storytelling-Potenzial.

13.1 Visual & Audio-Content für deine Content-Strategie

Die visuellen Content-Formate hast du bereits in Kapitel 6 kennengelernt. Vom Bild über die Infografik. Du fragst dich nun, wie du mit den Content-Formaten umgehst, um ein optimales Ergebnis zu erzielen? Wichtig ist, dass du Visual Content als fixen Bestandteil deiner Content-Strategie siehst. Und wie bei allen Elementen der Content-Strategie richtet sich auch dein visueller Content nach der Marke, den Zielen, der Zielgruppe und nach dem Content-Zuhause.

- **Ziele:** Was willst du mit dem Visual-Content-Format erreichen? Die Zielsetzung bestimmt das Format und den Kanal.
- **Content-Zuhause:** Wo willst du den Visual Content veröffentlichen? Jedes Medium folgt seinen eigenen Regeln, seinen eigenen Dateigrößen und optimalen Bildformaten.
- **Einheitliches Design und Bildsprache:** Es gibt keine zweite Chance für den ersten Eindruck. Achte daher auf eine einheitliche Bildsprache und ein ansprechendes Design. Beides soll sich wie ein roter Faden durch deine gesamte Unternehmenskommunikation ziehen. Im besten Fall arbeitest du bei Fotos immer mit dem gleichen Fotografen zusammen.

13.1.1 Bereitstellung von Visual Content

Niemand will wackelige und verschwommene Fotos auf einer Website sehen. Eigentlich wollen wir die überhaupt nicht sehen. Nirgends. Darum empfehle ich dir, bei Unternehmensfotos immer auf einen professionellen Fotografen zurückzugreifen. Im Idealfall arbeitest du immer mit demselben Fotografen – so ist die Einheitlichkeit der Bildsprache auch über Monate und sogar Jahre hinweg gewährleistet. Klar kannst du nicht für jedes einzelne Foto für einen Blogbeitrag den Fotografen beauftragen – das würde selbst in großen Konzernen den Budgetrahmen und auch den Zeitrahmen sprengen. Du hast kein oder nur ganz wenig Fotomaterial? Es gibt zahlreiche kostenlose Bilddatenbanken, die hochwertige Fotos lizenzfrei zur Verfügung stellen.

Bilddatenbanken für kostenlose Bilder

1. Pexels.com
2. FlickR.com
3. Unsplash.com
4. Pixelio.de
5. Pixabay.com

6. Veer.com
7. Gettyimages.net
8. Stocksnap.io
9. Gratisography.com
10. Splitshire.com

Kostenlos heißt nicht immer lizenzfrei. Achte daher immer auf die jeweiligen Lizenz- und Urheberrechte, die bei den einzelnen Datenbanken und Bildern angegeben sind! Eine Verletzung der Rechte kann dich nämlich richtig teuer zu stehen kommen. Neben den kostenlosen Bilddatenbanken existieren noch zahlreiche Stock-Portale im Web, die hochwertiges Bildmaterial gegen Lizenzgebühren anbieten. Auf Fotolia.de findest du zum Beispiel Bildmaterial zu einem angemessenen Preis. Auf istockphoto.com neben HD-Fotos sogar Grafiken und Videos. Worauf du bei den Lizenzen und der Verwendung des Bildmaterials ganz genau achten musst, kannst du im Buch »Fotos richtig nutzen im Internet« (mitp-Verlag) nachlesen.

Erstellung von Infografiken

Das Design spielt bei diesem Format eine große Rolle. Lieblos gestaltete oder unübersichtliche Infografiken werden ganz bestimmt nicht geteilt. Aber damit du schnell eine gute Infografik erstellst, brauchst du keine Grafikkenntnisse mehr – denn auch hier gibt's zahlreiche Tools, die dir die Arbeit erleichtern.

- Piktochart.com
- Geocommons.com
- Easel.ly
- Infogr.am

Weitere Grafiktools für deinen visuellen Content

Canva: Designtool; in der kostenlosen Version gibt es eine umfangreiche Palette an Möglichkeiten, von Schriften und Formen bis zu kostenlosen Stockimages. Wenn du dem Ganzen allerdings mehr Persönlichkeit geben willst, brauchst du die »Pro Version«, mit der sich eigene Fonts hochladen und eine Art Corporate Design mit Farben, Schriften und Logos erstellen lassen.

PicMonkey: Mit dem kostenlosen Foto-Editor kannst du deine Bilder bearbeiten, Formate ändern und Collagen erstellen.

Pablo: Mit Pablo erstellst du Vorschaubilder für Social-Media-Beiträge in wenigen Sekunden. Das Tool ergänzt Bilder um einen Teasertext und einen weiteren Satz. Du kannst auch dein Logo in das Vorschaubild packen.

Storify: Mit Storify hast du die Möglichkeit, Bilder, Videos, Audiodateien und Postings aus Social-Media-Kanälen zu bündeln und als fertige Story in einen Beitrag einzubinden.

13.1.2 Optimierung von Visual Content

Bevor du nun damit beginnst, deinen Visual Content zu optimieren, mach dir Gedanken, wo du diesen Content veröffentlichst. Handelt es sich um ein Bild, das deinen Webtext unterstützt? Um ein Foto, dass du auf Instagram posten möchtest? Um einen Kurzclip, den du auf YouTube bereitstellen möchtest? Eine Infografik für Pinterest? Oder eine Slideshow auf deiner Website? Abhängig davon, wo du deinen Visual Content veröffentlichen möchtest, sind auch die Anforderungen an den Content – angefangen von der Dateigröße bis zum Bildformat.

Wenn du es richtig angehst und deine Ressourcen in die Optimierung deines Visual Contents steckst, wirst du belohnt: mit organischer Reichweite und digitaler Sichtbarkeit.

Bilder-SEO: mit Bildern gefunden werden

Du weißt es bereits: Google ist eine Textsuchmaschine – aus diesem Grund kann Google auch nur Text auslesen. Wenn du dein Bild, das du online gestellt hast, »DMC3498« betitelst, weil deine Kamera das Bild so benannt hat, dann wird Google so freundlich sein und eben dieses Bild bereitstellen, wenn Miri und Paul nach »DMC3498« suchen.

Investiere daher noch ein paar weitere Minuten und optimiere deine Bilder und Grafiken, damit sie auch gefunden werden können.

Dateigröße: Achte auf eine geringe Dateigröße. Ideal sind 150 KB. Tipp: Komprimiere deine Bilddatei mithilfe eines Bildbearbeitungsprogramms.

Dateiformat: Ideal ist ein .png – es verkürzt die Ladezeit und wird meist gestochen scharf ausgeliefert.

Dateiname: Der Dateiname ist höchst SEO-relevant. Durch den Dateinamen erkennt Google, für welches Keyword das Bild von Bedeutung ist. Achte daher immer darauf, dass der Dateiname das Hauptkeyword beinhaltet. Trenne die Begriffe im Dateinamen immer mit Bindestrichen.

Beispiel: E-Bike-Tour-Salzburger-Land.png

Alt-Tag: Das Alt-Tag beschreibt das Bild. Und es wird angezeigt, wenn das Bild nicht geladen werden kann. Zudem wird das Alt-Tag von Screenreadern vorgelesen, die von sehbeeinträchtigten Usern verwendet werden.

Bildunterschrift: Beschreibe das Bild – verwende hier themenrelevante Suchbegriffe.

13.1.3 Die zweitgrößte Suchmaschine: YouTube

Du fragst dich, wo du deinen Video-Content am besten veröffentlichst? Wie wäre es mit YouTube. Schließlich ist YouTube nach Google die zweitgrößte Suchmaschine der Welt. Kümmere dich daher rechtzeitig um deinen eigenen Unternehmenskanal auf der Videoplattform YouTube und achte dabei auf den Corporate Design.

Gründe, die für gute Videos sprechen.[1]

- YouTube hat mehr als eine Milliarde Nutzer – das entspricht fast einem Drittel aller Internetnutzer. Täglich werden auf YouTube Videos mit einer Gesamtdauer von mehreren hundert Millionen Stunden wiedergegeben und Milliarden Aufrufe generiert.
- YouTube insgesamt – und sogar YouTube auf Mobilgeräten allein – erreicht mehr Nutzer im Alter von 18 bis 49 Jahren als jedes Kabel-TV-Netzwerk in den USA.
- Mehr als die Hälfte aller YouTube-Aufrufe erfolgt über Mobilgeräte.
- YouTube steht in insgesamt 76 verschiedenen Sprachen zur Verfügung, die 95 Prozent aller Internetnutzer beherrschen.

Kein anderes Medium erhält derzeit so viele Aufrufe wie YouTube.

Weil Video-Content vergleichsweise kostenintensiv ist, solltest du unbedingt vor der Produktion eine clevere Strategie erarbeiten. Das bedeutet vor allem eines: Definiere Ziele.

Dafür stellst du dir folgende Fragen:

- Was möchtest du mit den Videos erreichen?
- Möchtest du die Brand Awareness steigern?
- Möchtest du auf Produkte und Dienstleistungen aufmerksam machen?
- Möchtest du das Video als Recruiting-Tool nutzen?

Nur wenn du die Ziele kennst, kannst du am Ende den Erfolg deiner Strategie messen. Baue eine Call-to-Action ein. Denk darüber nach, was Menschen tun sollen, sobald das Video beendet ist. Promote deine Videos. Damit, einfach nur zu posten, ist es nicht getan – das wäre auch zu simpel! Verteile die Videos auf allen deinen

---

1. *https://www.youtube.com/yt/press/de/statistics.html*

Kanälen, von der Website bis hin zum Social-Media-Auftritt. Und das nicht nur einmalig, sondern laufend.

Wichtig dabei: Optimiere die Formate für die jeweilige Plattform und für mobile Geräte.

- Live-Streaming wie Facebook Live oder YouTube Live
- Aufgezeichnete Videos, die du bei YouTube veröffentlichst
- Aufgezeichnete Videos, die du auf Facebook hochlädst
- Webinare, die in deinen Online-Kurs eingebettet sind. Du kannst sie auf Vimeo hosten, was bedeutet, dass die Videos nur von Personen im Kurs gesehen werden.

13.1.4 Podcasts als Unterstützung im Content Marketing

Ein Podcast ist ein »Audio on demand«-Format – sprich: Miri und Paul können darüber verfügen, wenn sie es gerade brauchen. Im Grunde ist ein Podcast wie ein Blog – nur halt nicht in geschriebener Form, sondern in gesprochener. Du kannst Miri und Paul demnach ganze Podcast-Episoden anbieten – kostenlos. Denn das macht einen Podcast aus.

Ein Podcast eignet sich für zahlreiche Themen. Eine typische Podcast-Folge ist zwischen 10 Minuten und über eine Stunde lang. Die Regelmäßigkeit spielt eine große Rolle. In Kombination mit deiner Stimme trägt sie zum Beziehungsaufbau mit Miri und Paul bei. Wenn du einen Podcast erstellen möchtest, stelle wieder deine Ziele und die deiner Zielgruppe in den Mittelpunkt.

Erstelle auch für deine Podcasts einen Redaktionsplan – genau so, wie du es für deine Blogbeiträge machst. Erst wenn der Plan für die nächsten Monate fertiggestellt ist, kannst du damit beginnen, den Text, den du anschließend einsprichst, vorzubereiten.

Achte auf Qualität

Ein guter Podcast steht und fällt mit der Qualität – mit der Qualität des Inhalts sowieso – aber auch mit der Qualität der Audiodatei selbst. Achte daher auf die Qualität deines Mikrofones. Ein professionell gestaltetes Intro und ein Outro untermauern deine Professionalität. Achte dabei auf die Rechte und Lizenzen der verwendeten Musik.

Podcast-Programme ...

... zum Aufnehmen:

- **Audacity** ist eine kostenlose Software zum Aufnehmen inkl. Filter, Effekte.
- **Garagenband** ist ebenfalls kostenlos für Mac-User, das Programm ist bereits auf allen neuen McBooks vorinstalliert.

... zum Hosten

- **Libsyn.com** ist der wohl bekannteste Podcast-Anbieter mit zahlreichen Funktionen und Statistiken. Pro Show zahlst du zirka 7 Euro.
- **Podcaster.de** ist mit zirka einem Euro pro Show wesentlich günstiger. Der deutsche Anbieter punktet ebenfalls viele Funktionen und Auswertungen.

PLATZ FÜR DEINE

TEIL 4

CONTENT-DISTRIBUTION: MEDIATYPEN UND DISTRIBUTIONSKANÄLE

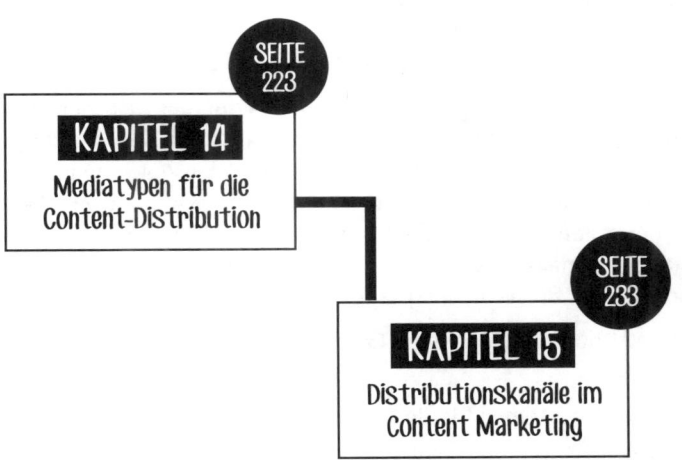

SEITE 223

KAPITEL 14

Mediatypen für die Content-Distribution

SEITE 233

KAPITEL 15

Distributionskanäle im Content Marketing

Für den einen oder die andere ist es wahnsinnig verlockend, die vorherigen Teile des Content-Workbooks zu überspringen und gleich mit diesem Teil ins Thema einzusteigen und mit dem Lesen zu beginnen. Dir geht's da ganz genauso? Das ist natürlich auch okay. Aber weil Content-Marketing-Rockstars nicht alleine aufgrund ihrer super Facebook-Postings erfolgreich sind, empfehle ich dir, dich vorher Schritt für Schritt durch die anderen Teile, Kapitel und Abschnitte zu arbeiten.

Mach dir immer wieder ganz viele Notizen in den dafür vorgesehenen Bereichen im Workbook und arbeite dich durch die einzelnen Challenges. Du wirst sehen – es macht sich bezahlt. Nicht ohne Grund ist die Content-Distribution erst der vierte Schritt im Content-Marketing-Zyklus – und somit auch erst Teil vier dieses Workbooks. Mit definierten Zielen, ausgearbeiteten Personas, einer Strategie und vor allem mit dem richtigen Content in den Händen hast du es in diesem Teil gleich um einiges leichter.

Deine Inhalte sind geplant und deine Webtexte geschrieben? Du hast die Inhalte feinsäuberlich ins CMS gestellt und auch schon veröffentlicht? WOW! Herzlichen Glückwunsch. Du kommst deinem Ziel, »Miri und Paul jenen Content zu liefern, der sie begeistert«, ein riesengroßes Stück näher!

Doch nur weil dein Content jetzt online ist, wird er leider noch nicht gelesen. Verteile ihn! Sei großzügig und verstecke deine genialen Texte nicht auf deiner Website oder auf deinem Blog. Sag der Welt, wo sie ihn finden kann und warum sie keine Zeit verlieren sollte, ihn zu lesen!

In diesem Teil des Buches geht's daher um die Content-Distribution und wie du Schritt für Schritt deinen Content mit Miri und Paul und sogar mit der ganzen Welt teilen kannst. Achte dabei aber immer wieder auf deine Ziele und insbesondere auf deine Personas. Du wirst gleich zahlreiche mögliche »Mediatypen« kennenlernen, die dir dabei helfen, deinen Content zu verbreiten. Nicht jedes Medium – so hip es auch gerade sein mag – passt zu dir und deinem Content-Projekt. Aus diesem Grund ist es wichtig, dass du alle kennst, samt ihren Stärken, aber auch ihren Schwächen.

Freu dich jetzt auf deine nächsten Challenges und auf viele Inputs zu folgenden Themen:

- **Kapitel 14:** Mediatypen für die Content-Distribution
- **Kapitel 15:** Distributionskanäle im Content Marketing

MEDIATYPEN FÜR DIE CONTENT-DISTRIBUTION

Du weißt, guter Content ist Content, der begeistert. Content, der Antworten und Lösungen bietet. Und Content, der etwas bewirkt. Wenn du auf dieser Seite angekommen bist, hast du bereits Stunden über Stunden in deinen Content investiert. In die Ausarbeitung der Strategie, in die Themenfindung, in die Recherche und in die Erstellung. Du hast tatsächlich schon ein gutes Stück Arbeit hinter dir. Wichtige Arbeit. Denn am allerwichtigsten bei der Verbreitung ist der Inhalt!

Auch im Rahmen der Content-Distribution wird schlechter Content nicht gerne gelesen. Oder anders formuliert: Erstklassiger Content erleichtert dir die Verteilung deiner Inhalte enorm.

Ist dein Content also produziert, gilt es im nächsten Schritt sicherzustellen, dass dein Content auch gefunden wird. Von Miri und Paul. Und von zahlreichen anderen Lesern.

Die Content-Distribution ist demnach so wichtig, dass sie in jedem Fall integraler Bestandteil deiner Content-Marketing-Strategie sein muss. Ohne die richtige Balance zwischen der Content-Kreation und der Content-Distribution werden Content-Marketing-Ansätze leider sehr schnell zu Kostenschluckern, die schlussendlich nichts gebracht haben. Und das wollen wir für deine Inhalte keinesfalls. Wir wollen Inhalte, die begeistern!

14.1 Content Marketing vs. Social Media Marketing

Kennst du den Unterschied zwischen Content und Social Media Marketing? Obwohl das eine ohne das andere nicht auskommt, sind diese beiden Disziplinen sehr unterschiedlich.

Social Media Marketing

Beim Social Media Marketing liegt der Schwerpunkt der Maßnahmen beim Kanal an sich. Der Content wird speziell für die jeweiligen Kanäle produziert. Im Mittelpunkt der Kommunikation stehen die Sozialen Medien.

Content Marketing

Beim Content Marketing ist die Zentrale deines Tuns dein Content-Zuhause, sprich deine eigene Website, dein Blog, dein Online-Magazin oder dein Content-Hub. Die Sozialen Medien helfen dir dabei, deinen Content zu verteilen. Sprich: Die Sozialen Medien sind wichtig für den Erfolg deiner Content-Marketing-Ziele. Und dennoch dienen sie dir »nur« als Distributionskanäle für deinen Content, der schlussendlich wieder zurück zu deinem Content-Zuhause führt.

Beim Content Marketing geht's daher um den optimalen Einsatz der unterschiedlichen Kanäle und um die Personalisierung eben dieser Inhalte. Und natürlich auch um jede Menge Kreativität.

Willst du im Rahmen des Content Marketings auf deine Social-Media-Kanäle zurückgreifen, wird dir das nur gelingen, wenn diese schon perfekt performen, zahlreiche Follower zählen und du damit bereits eine hohe Reichweite erzielst. Nur so kannst du deine Inhalte damit optimal verteilen. Merkst du bereits, worauf ich hinaus will? Social Media Marketing kommt problemlos ohne Content Marketing aus. Du erleichterst dir dein Content Marketing aber um ein Vielfaches, wenn du bei der Content-Distribution auf deine super funktionierenden Social-Media-Kanäle zurückgreifen kannst.

Ein weiterer großer Unterschied zwischen Social Media Marketing und Content Marketing liegt beim Zeitaufwand, der für die Erstellung des jeweiligen Contents anfällt. Für Social Media Marketing muss zwar, genauso wie für Content Marketing, häufig neuer Content erstellt werden, allerdings ist dieser nicht so umfangreich – besonders beliebt ist sogenannter Snack-Content: ein Zweizeiler hier, ein Dreizeiler da, ein gutes Foto oder Video dort. Versehen mit einer kurzen Erklärung, Handlungsaufforderung, Tipps & Tricks und Hashtags, ist Content für Social Media Marketing »relativ« schnell erstellt.

Beim Content Marketing hingegen geht es vielmehr um die Bedürfnisse von Miri und Paul und um Inhalt, der Nutzen stiftet (siehe Content-Formate, Kapitel 6). Content Marketing verlangt somit nach qualifizierterem und hochwertigerem Content und macht aus deinem Unternehmen einen kleinen Medien-Publisher.

14.2 Mediatypen im Content Marketing

Im Content Marketing unterscheiden wir zwischen drei unterschiedlichen Mediatypen. Das dynamische Content-Trio besteht aus Paid Media, Owned Media und Earned Media. Alle drei Mediatypen beeinflussen sich gegenseitig. Damit deine Content-Marketing-Strategie erfolgreich ist, brauchst du von jedem etwas. Wie die genaue Verteilung ist, hängt jedoch wieder einmal von deinen Zielen und von Miris und Pauls Bedürfnissen ab. Merkst du wieder, wie wichtig deine Vorbereitungs-Phase ist? Wenn du in dieser ersten Phase gewissenhaft arbeitest, ersparst du dir anschließend leere Meter.

14.2.1 Das dynamische Content-Trio

In der Content-Distribution geht es darum, dass du deinen Content zuerst publizierst und platzierst (Owned Content und Owned Media), dann bewirbst (Paid Media) und schließlich dafür sorgst, dass deine Inhalte zitiert werden (Earned

Media). Die gekonnte Kombination der einzelnen Mediatypen führt zu einer höheren, ja sogar gewaltigen Gesamtreichweite. Überlege dir daher ganz genau, wie du diese drei Mediatypen optimal für dein Content Marketing nutzen kannst.

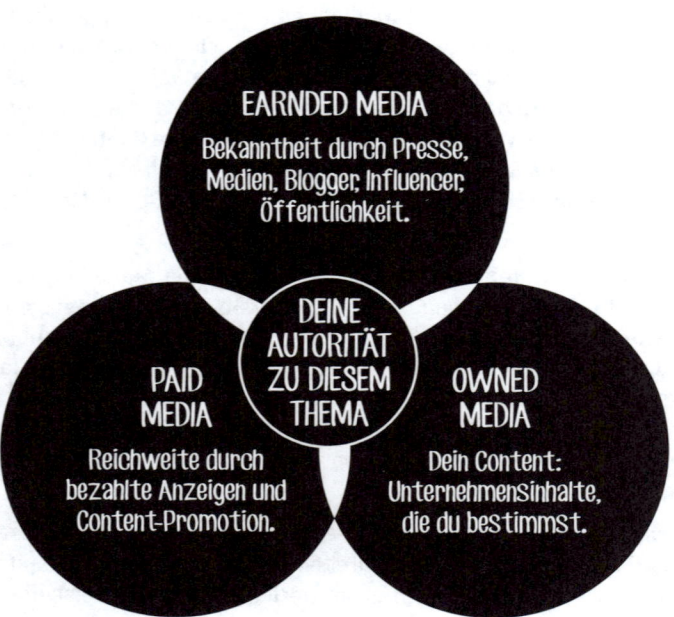

Bevor wir nun aber loslegen, und du deinen Content erfolgreich an den Mann – oder besser gesagt – an Miri und Paul bringst, lass uns einen genaueren Blick auf die einzelnen Mediatypen werfen.

14.2.2 Owned Content & Owned Media

Owned Content & Owned Media bezeichnen die eigenen Inhalte und die eigenen Kanäle. Also Inhalte und Kanäle, die du zu 100 Prozent selbst in der Hand hast. Das sind all jene Inhalte, die du selbst kreierst und produzierst. Und die Kanäle und Plattformen, die du selbst wartest und betreibst.

Owned Content

Zu Owned Content zählen all jene Inhalte, die du selbst erstellt bzw. selbst in Auftrag gegeben hast. Du alleine bestimmst zu 100 Prozent, wie die einzelnen Themen nach außen getragen werden und welcher Content wann in welcher Form erscheint. Du bestimmst das Wording und die Tonalität. Du bestimmst die Handlungsaufforderungen und die Verlinkungen. Ganz klar: Je mehr Owned Content du online stellst, umso größer wird dein »Markenimperium« im Web.

Wichtig: Achte darauf, dass der Content, den du auf deinen eigenen Kanälen bietest, einzigartig ist! Das bedeutet, dass die Inhalte nicht kopiert sind und Paul sie ausschließlich auf deiner Website oder deinem Blog findet. Biete Paul die besten Inhalte zu einem Thema im Web!

Owned Media

Zu Owned Media zählen all deine Kanäle. Dazu zählen neben direkt betriebenen Präsenzen wie deiner Website, deinem Blog oder deinem Newsletter auch jene Profile deines Unternehmens in den sozialen Netzwerken: deine Facebook-Seite, dein Instagram- oder Pinterest-Account.

Owned Media sind die zentralen Ausgangsquellen für die Distributionsstrategie. Egal, was du machst: Jede einzelne deiner Content-Marketing-Maßnahmen führt wieder hierher zurück. Darum ist es essenziell, dass du deine Hausaufgaben machst und dass deine eigenen Inhalte und Kanäle wirklich top sind. Erst wenn du damit wirklich zufrieden bist, solltest du über Paid und Earned Media nachdenken.

Darum Owned Content & Owned Media

- Mit Owned Media gelingt dir ein kontinuierliches organisches Wachstum deines Markenimperiums im Web.
- Owned Content bestimmst zu 100 Prozent du – den Inhalt, den Zeitpunkt der Veröffentlichung und das Aussehen.
- Je mehr Owned Content du besitzt und je mehr Owned Media du betreust, desto größer wird dein Markenimperium im Web.
- Mit Owned Content schaffst du auf Dauer eine organische Reichweite. Sprich: Du wirst im Web gefunden.

Vorteile: kein zusätzliches Mediabudget notwendig, garantierte Platzierung, Kontrolle über alle Inhalte und Nachrichten

14.2.3 Paid Content & Paid Media

Manchmal kann es von großem Vorteil sein, deinen Content zu pushen. Und zwar auf bezahltem Weg. Mit Paid Media unterstützt du folglich deinen Owned Content. Zum Beispiel pusht du damit einen superwichtigen und genialen Beitrag über Native Advertising. Oder du lockst Paul mithilfe von Google Adwords auf eine Landingpage, auf der du ihm im Austausch seiner Daten ein kostenloses E-Book mit den besten E-Bike-Touren in Österreich downloaden kann.

Je nach Wichtigkeit deiner Content-Kampagne hilft es, dem Content mit den Instrumenten des Performance Marketings auf die Sprünge zu helfen. Zu Paid Media zählen alle Kanäle und Plattformen, auf denen du für die Präsenz bezahlen musst. Du erkaufst dir sozusagen die zusätzliche Reichweite und die damit garantierte Distribution. Die Rede ist von Display-Werbung und Content-Sponsoring, aber auch von Native Advertising oder Content Discovery.

- Display-Werbung in Suchmaschinen, auf Websites oder in sozialen Netzwerken (Google Adwords, Facebook-Ads, Banner-Werbung, ...)
- Retargeting
- bezahlte Posts, Tweets etc. von Influencern
- Native Advertising im redaktionellen Umfeld
- Content Discovery Engines (Outbrain, Plista etc.)

So verlockend es auch sein mag; vermeide Schnellschüsse! Achte darauf, welche der Möglichkeiten in deinem konkreten Fall tatsächlich sinnvoll sind.

Nicht jeder Content ist für die Bewerbung geeignet. Überlege dir bereits im Rahmen der Redaktionsplanung, welche Inhalte für die Promotion erstellt werden und welches Ziel du damit verfolgst. Achte auch bei der Wahl der Werbepartner auf die richtige Audience: Nicht jedes Portal ist für eine Display-Werbung für deinen Content geeignet.

Darum Paid Media

- Kampagnenartiger Einsatz von Paid Media führt zu Peaks in deiner Reichweite und verstärkt deine organische Reichweite.
- Durch zielgerichtete Promotion kann mittelfristig die Gesamtreichweite erhöht werden.

14.2.4 Earned Content & Earned Media

Unter Earned Media verstehen wir jegliche Interaktion mit deiner Marke von Dritten. Von Usern, Unternehmen oder Plattformen. Wir sprechen von Reichweite, die du dir »verdienst«. Ein kleines Beispiel zum Verständnis: Nina hat einen Instagram-Account mit elftausend Followern. Du gehst eine Kooperation mit ihr ein, und sie berichtet authentisch über ihre Erfahrungen mit deinem Produkt, und zwar auf ihrem Instagram-Account mit elftausend Followern. Eine Reichweite, die du in diesem Moment für dich nutzen darfst. Earned Media ist im Grunde das Word-of-Mouth im Web.

Je mehr Reichweite der fremde Kanal hat, desto besser für dich. Diese verdiente Reichweite ist immer eine geniale Sache, aber ganz besonders kann sie für kleinere

Unternehmen wichtig sein, die selbst noch nicht über die gleiche Reichweite verfügen. Neben Influencer-Marketing gibt es noch weitere Mediaarten, die unter den Bereich Earned Media fallen:

- Influencer-Marketing
- Pressearbeit (on- und offline)
- persönliche Ansprache eigener Kontakte
- Gastpostings
- Erwähnungen
- Bewertungen

Darum Earned Media

- Earned Media ist authentisch und glaubwürdig
- Earned Media hilft der Markenwahrnehmung
- ausgedehnte Reichweite

DEINE CHALLENGE

DU BIST DRAN!

NO. 30

,, UND JETZT DU!
WENDE DEIN NEUES WISSEN AN.

Mit welchen Kanälen arbeitet dein Unternehmen im Marketing-Mix? Mit welchen Kanälen möchtest du zukünftig arbeiten und warum? Welche Kanäle nützen deine Personas?

14.2.5   Ziele der Content-Distribution

Auch bei der Content-Distribution kommst du um eine konkrete Zieldefinition nicht herum! Nur wenn du weißt, was du im Rahmen deiner Content-Distribution erreichen möchtest, ist es dir möglich, die richtigen Maßnahmen dafür einzuleiten.

Mögliche Ziele der Content-Distribution:

- Ziel 1: Aufmerksamkeit für ein Thema schaffen
- Ziel 2: Audience aufbauen
- Ziel 3: Reichweite generieren
- Ziel 4: Engagement und Interaktion
- Ziel 5: Viralität

UNTERSCHIED ZWISCHEN DEINEN PERSONAS UND EINER AUDIENCE

Über dein Unternehmen, deine Dienstleistung oder deine Marke unterhalten sich nicht nur potenzielle Kunden. Sondern auch Personen, die niemals etwas von dir kaufen würden oder auch nur in die Nähe deines Business kommen, weil ihnen einfach der Bedarf an deinen Produkten oder Dienstleistungen fehlt. Mit ihren Äußerungen können sie dennoch über den Erfolg oder Misserfolg deiner Content-Strategie entscheiden. Bedenke daher immer: Deine Zielgruppe, deine Persona, Miri und Paul - sie sind nur ein Teil deiner gesamten Audience.

Quelle: http://content-marketing-forum.com/wp-content/uploads/2016/06/cmf_whitepaper_content_promotion_final.pdf

Du merkst schon: Die Reichweite spielt in der Content-Distribution eine entscheidende Rolle. Warum, das ist schnell erklärt: Nur Reichweite garantiert, dass dein Content seine ganze Wirkung bei vielen Lesern entfalten kann.

TIPP

Füge deinem Redaktionsplan immer auch eine Spalte für das Ziel hinzu. Das hilft dir ungemein bei der Planung der Content-Distribution.

DEINE CHALLENGE

DU BIST DRAN!

NO. 31

**" UND JETZT DU!
WENDE DEIN NEUES WISSEN AN.**

Füge deinem Themenplan noch die Spalte mit den Zielen hinzu, und überlege dir bei allen Themen, was du damit erreichen möchtest - und ob du ggf. auch ein sattes Mediabudget oder mehr zeitliche Ressourcen brauchst, um deine Ziele zu erreichen.

PLATZ FÜR DEINE
NOTIZEN

PLATZ FÜR DEINE
NOTIZEN

KAPITEL 15

DISTRIBUTIONS- KANÄLE IM CONTENT MARKETING

Die Content-Distribution ist ein wesentlicher Bestandteil des gesamten Content Marketings. Schließlich soll dein Content, in den du nun schon so viel Zeit, Mühe und Liebe gesteckt hast, auch gelesen werden! »Qualität alleine macht leider noch nicht sichtbar«. Präge dir diesen Satz besonders gut ein und entscheide nach diesem Kapitel, auf welche Mediatypen du gerne setzen möchtest, um deine Inhalte zu verteilen.

Was dein Content jetzt braucht, ist eine ordentliche Portion Treibstoff, damit er so richtig in die Gänge kommt! Als Treibstoff können reichweitestarke Mediatypen dienen, aber auch Media-Budget.

Lass uns also in diesem Kapitel des Content-Workbooks die einzelnen Mediatypen, die du für die Verteilung deiner Inhalte heranziehen kannst, unter die Lupe nehmen. Wen kannst du mit welchen Mediatypen erreichen? Und zwar genau in dem Moment dort, wo er/sie ihn gerade sucht. Gemäß dem Sprichwort: »Fish where the fishs are!« Setze also die einzelnen Social Media und die anderen Mediatypen, die du in der Tabelle auf Seite 236/237 findest, optimal für deine Ziele ein.

PLATZ FÜR DEINE
NOTIZEN

„"

QUALITÄT ALLEINE MACHT NOCH NICHT SICHTBAR. TROTZDEM GILT: NUR HOCHWERTIGER CONTENT HAT EINE STRATEGISCHE DISTRIBUTION VERDIENT!

NOTIZEN

Mach dir während des Lesens immer wieder Notizen zu deinen Gedanken. Sie sind garantiert wertvoll und helfen dir später, die richtige Entscheidung zu treffen. Nütze den dafür vorgesehenen Platz im Workbook oder lege dir ein gesondertes Notizbuch für alle deine Gedanken rund um dein Content Marketing zu.

Überlege dir Folgendes: Wie willst du den Content nun mithilfe deiner Owned Media verteilen? Wird der Inhalt weiterverarbeitet? Für den Newsletter? Für ein Webinar? Für ein Printprodukt? Ist der Content für dich so wichtig, dass du bares Geld investieren möchtest? Das ist zum Beispiel dann sinnvoll, wenn du mit der Content-Seite zahlreiche Leads generieren kannst. Dann investiere in Google Adwords oder Native Advertising. Welche Paid Medias für deine Strategie und deine Kommunikationsziele sind, kann dir dieses Workbook zwar leider nicht beantworten – dafür biete ich dir stattdessen eine umfangreiche Liste mit Inputs zu den einzelnen Mediatypen, die dir bei der Auswahl behilflich sein wird.

Kanal	14-19 Jahre	20-29 Jahre	30-39 Jahre
E-Mail & Newsletter	Wenig E-Mail-Nutzung – wenn, dann privat.	E-Mail-Nutzung vorwiegend im Ausbildungs-kontext – aber auch privat.	Viel E-Mail-Nutzung, vorwiegend im beruflichen Kontext. Aber auch sehr viel privat.
SMS	Kaum SMS-Nutzung	Wenig SMS-Nutzung	Durchschnittliche SMS-Nutzung
Telefon	Telefonieren & Sprachnach-richten oft über Messenger.	Telefonieren & Sprachnach-richten oft über Messenger.	Telefonieren viel, meist per Mobiltelefon.
Social Media	Sehr hoher Nutzungsgrad, vor allem Snapchat, Youtube und Plattformen wie Instagram. Facebook wird zunehmend weniger.	Sehr hoher Nutzungsgrad, viel Instagram, Youtube und Snapchat, aber auch Facebook und Twitter.	Hoher Nutzungsgrad, viel Facebook, Instagram, Youtube, Twitter, selten Snapchat. Beruflich: Xing und Linkedin
Messenger	Extrem hoher Nutzungsgrad, vor allem Whatsapp und Facebook-Messenger.	Sehr hoher Nutzungsgrad, vor allem Whatsapp und Facebook-Messenger.	Hoher Nutzungsgrad, vor allem Whatsapp und Facebook-Messenger.
Bevorzugte Medien	Snapchat, Whisper, YouTube, Tumblr, Kik	Twitter, Instagram, TV mit Second Screen, Facebook, WhatsApp und Messenger	Online-Nachrichten, E-Mail-Alerts, Pinterest, TV, Facebook

40-49 Jahre	50-59 Jahre	60-59 Jahre	60-69 Jahre
Viel E-Mail-Nutzung, insbesondere im beruflichen Kontext. Höchste Quote im privaten Bereich.	Viel E-Mail-Nutzung, vor allem im beruflichen Kontext, aber auch sehr viel privat.	Kaum berufliche E-Mail-Nutzung. Auch privat relativ wenig.	Kaum berufliche E-Mail-Nutzung. Auch privat relativ wenig.
Viel SMS-Nutzung	Viel SMS-Nutzung	Durchschnittliche SMS-Nutzung	Wenig SMS-Nutzung
Telefonieren viel, meist per Mobiltelefon.	Telefonieren viel, eher per Festnetz.	Telefonieren viel, eher per Festnetz.	Telefonieren durchschnittlich, meist per Festnetz.
Normaler Nutzungsgrad, insbesondere Facebook, Youtube und Twitter. Beruflich: Xing und Linkedin	Unterdurchschnittlicher Nutzungsgrad, insbesondere Facebook. Beruflich: Xing und Linkedin	Geringer Nutzungsgrad, wenn, dann Facebook.	Fast keine Nutzung.
Normaler Nutzungsgrad, vor allem Whatsapp und Facebook-Messenger.	Unterdurchschnittlicher Nutzungsgrad, wenn, dann Whatsapp.	Geringer Nutzungsgrad, wenn, dann Whatsapp.	Fast keine Nutzung.
Online-Nachrichten, E-Mail-Alerts, Pinterest, TV, Facebook	Tageszeitung, Radio, TV, Facebook	Tageszeitung, Radio, TV, Facebook	Tageszeitung, Radio, TV,

Mit diesen Tipps wird deine Content-Distribution erfolgreicher

- Fokussiere dich auf hochwertigen Content, der auf Miri und Paul ausgerichtet ist und sie begeistern wird. Ist das nicht der Fall, ist der Content der Mühe für die Distribution gar nicht erst wert.
- Kreiere Content, der auch deine Multiplikatoren begeistert, damit sie ihn gerne teilen!
- Kommerzielle Aspekte bleiben bei der Content-Erstellung außen vor.

Content-Distribution vs. Content-Promotion

Wir wollen es uns ein klein wenig einfacher machen. Aus diesem Grund lass uns doch einfach zwischen der Content-Distribution und der Content-Promotion unterscheiden.[1]

Im Rahmen der Content-Distribution greifst du auf deine eigenen Medien zurück. Die Ansprache ist daher qualifiziert! Das bedeutet, dass du zwar eventuell weniger Menschen erreichst, weil deine Reichweite nicht so groß ist, wie du es dir wünschen würdest. Doch gleichzeitig profitierst du davon, dass diese Menschen bereits Interesse an deinem Produkt bzw. an deinem Unternehmen haben. Sonst wären sie ja keine Newsletter-Abonnenten oder würden dir auf Instagram oder Facebook folgen.

Das besondere Plus von Owned Media liegt vor allem im Preisvorteil: Die Ausgaben für deine internen Kanäle halten sich im Vergleich zur Content-Promotion in Grenzen. Meistens braucht es nur deine Zeitressourcen.

Vorteil: weniger Streuverlust als bei Paid Media

Nachteil: geringere Reichweite als bei Promotion

Budget: Zeitressourcen

Bei der Content-Promotion gehst du ganz bewusst in die Breite: Die Ansprache ist daher quantifiziert. Das bedeutet, dass du über die bezahlte Verteilung zwar mehr Menschen erreichst, darunter jedoch auch welche sein können, die (noch) kein erhöhtes Interesse an deinem Produkt haben.

Selbstverständlich kann auch in der Promotion super zielgruppenspezifisch gearbeitet werden. Achte deshalb immer darauf, wie die Zielgruppe eingegrenzt wird, und schraube immer an deinen Targeting-Möglichkeiten. In der Content-Promotion arbeiten wir also mit Paid Media und Earned Media.

---

1. http://content-marketing-forum.com/wp-content/uploads/2016/02/ CMF_whitepaper_Content_Distribution_2016_neu1.pdf

Vorteil: höhere Aufmerksamkeit für deinen Content

Nachteil: großer Streuverlust

Budget: gesondertes Media-Budget

15.1 Owned Media

Eine Unterteilung folgt der nächsten. Im Owned-Media-Bereich können wir eine weitere Unterteilung treffen. Und zwar unterscheiden wir zwischen der internen und der externen Content-Distribution. Intern wie extern gilt: Passe deinen Inhalt an den jeweiligen Kanal an. Nimm dir also stets die Zeit, die Inhalte für jeden verwendeten Kanal zu individualisieren.

- Interne Möglichkeiten sind all jene Möglichkeiten, bei denen du wirklich zu 100 Prozent selbst über jedes Detail bestimmen kannst. Auch über das Layout und das Design.
- Dann gibt's noch die externen Möglichkeiten, wie die Social Media, die du mit deinen Inhalten bespielst. Klar, du hast auch dort die Kontrolle über deine Inhalte, nicht aber über die Darstellung. Und wenn Facebook morgen den Betrieb einstellt, ist alles, was du dafür investiert hast, weg! Deine Follower, dein Content. Einfach alles.

Die Content-Distribution verfolgt ein ganz großes Ziel: deinen Content zu verbreiten. So gut wie nur irgendwie möglich! Das klingt gut? Finde ich auch! Schön, dass wir einer Meinung sind!

Denke also ganz groß. Wo sind Miri und Paul überall anzutreffen? Welche Mittel und eigene Medien stehen dir und deinem Unternehmen zur Verfügung, um auf die Verbreitung des Contents Einfluss zu nehmen? Und genau in diesem Moment profitierst du von deinen eigenen gut laufenden Kanälen!

Verteile deine Inhalte mit deinen Owned Media. Und dann leg noch eines oben drauf! Schaffst du mit deinen eigenen Kanälen bereits, eine gute Reichweite zu erzielen, kannst du mit etwas Media-Budget nochmals nachhelfen, um noch mehr aus der Kampagne rauszuholen. Wer weiß, vielleicht werden deine Inhalte auch geteilt. So schnell geht's, und Promotion der Owned Media führt schnell zu massiven Zuwächsen der »verdienten« Reichweite. Klingt das nicht genial?

Um zu diesem Ergebnis zu gelangen, gehst du am besten Schritt für Schritt vor: Starte mit der passiven Distribution. Zum Beispiel auf deiner Facebook-Seite, über deinen Newsletter, teile den Link über dein Twitter-Netzwerk oder stelle Content auf deinem Instagram-Account hoch. Hast du deinen Content verteilt, kann er aktiv werden. Und jetzt kommen jene Faktoren ins Spiel, über die du in diesem Buch schon so oft gelesen hast, dass du sie mittlerweile garantiert schon auswendig kannst:

- Ist der Content interessant für Miri und Paul?
- Weckt dein Content Begeisterung?
- Bietet dein Content eine Lösung auf eine Frage?
- Trifft dein Content die Bedürfnisse von Miri und Paul?

Nur wenn das der Fall ist, wird sich dein Content auch organisch verbreiten. Die organische Verbreitung geschieht nämlich proportional zum Interesse am jeweiligen Thema. Trifft Paul auf einen schlecht recherchierten Beitrag über E-Bike-Touren in Österreich, wird er nicht vor Begeisterung in die Hände klatschen. Ergo wird er den Beitrag auch nicht teilen! Oder würdest du etwas teilen, das dich selbst nicht interessiert?

15.1.1 Website/Blog

Teile deine neuen Inhalte nicht nur über soziale Kanäle, sondern baue Newsfeeds und Snippets für aktuellen Inhalt auch auf der Website oder deinem Blog ein. Mach das nicht nur auf der Startseite (= Homepage), sondern auch auf strategisch passenden Unterseiten und Landingpages. Das funktioniert sehr gut mit Teaserboxen, die deine Leser ganz gezielt zu einem neuen Content führen.

Verlinke von thematisch passenden und bereits bestehenden Texten auf den neuen Inhalt – nur weil Texte bereits bestehen, werden sie ja immer noch gelesen. Ermittle via Google Analytics, welche Inhalte besonders oft gelesen werden.

Auch Empfehlungs-Buttons oder Social-Media-Buttons auf den einzelnen Inhaltsseiten sind nützliche Tools, um es Lesern noch einfacher zu machen, deine Inhalte zu teilen.

Vorteil: preisgünstig

Nachteil: an die eigene Reichweite gebunden

15.1.2 Newsletter

Reine Verkaufs-Newsletter mit aktuellen Angeboten funktionieren heute fast gar nicht mehr. Viel besser performen hingegen Mailings mit hohem Kundennutzen. Da kommt dein nutzenstiftender Inhalt gerade recht! Räume aktuellen Content-Themen und Evergreen-Content in deinem Newsletter prominente Plätze ein. Oder widme ihnen sogar ganze Newsletter!

Erarbeite dir eine Newsletter-Strategie, die einem roten Faden folgt – so wissen deine Abonnenten, was sie erwartet. Ziel ist es, dass deine Newsletter immer geöffnet werden. Das erreichst du, indem der Leser stets einen klaren Nutzen davon hat – unabhängig davon, ob Miri oder Paul in just dem Moment des Versands ein Produkt oder eine Dienstleistung von dir erwerben möchten.

Vorteile:

- preisgünstig
- schnell erstellbar
- zeitlich flexibel
- Evergreen-Content kann laufend wiederverwertet werden.
- effektives Tool zur Kundenbindung
- geringer Streuverlust dank Double-Opt-in-Verfahren und Empfänger-Verwaltung
- gute Controlling-Möglichkeiten
- gesteigerter Traffic auf der Website
- schnelle Reaktionen bei den Empfängern sichtbar

Nachteile:

- an die eigene Reichweite gebunden
- Newsletter geht in der täglichen E-Mail-Flut beim Empfänger unter
- daher oft geringe Öffnungs- und Klickrate
- nur gute Newsletter funktionieren

15.1.3 Social Media

Distributions-Kanal Nummer eins für die meisten Unternehmen sind nach wie vor die sozialen Netzwerke wie Facebook, Twitter und Instagram. Auf diesen Kanälen findet die Interaktion statt, dort wird geliked, geteilt und kommentiert. Warum das so ist? Weil für einen Großteil der Menschen Facebook & Co die »natürliche Umgebung« im Web ist.

Feste Anziehungspunkte, über die sie Inhalte konsumieren, und oft die erste Einstiegsseite, sobald sie das Smartphone in die Hand nehmen. Denk bei Social Media auch daran, dass nicht nur du als Unternehmen deinen Content verteilst. Mach es anderen Nutzern mindestens genauso leicht, deine Inhalte auf Facebook & Co zu teilen. Das stellst du zum Beispiel mit Sharing-Buttons sicher.

In diesem Workbook spreche ich nicht über Social Media Marketing– sondern über Content Marketing. Aus diesem Grund findest du an dieser Stelle nicht zahlreiche Tipps und Inputs, wie du die unterschiedlichen Social Media für dein Unternehmen richtig einsetzt, sondern vielmehr dazu, wie du bereits erfolgreiche Social-Media-Auftritte für dein Content Marketing einsetzt.

Facebook

Text, Foto, Grafik, GIF, Video, Stories, Articles oder Link – Facebook ist und bleibt der Alleskönner der Social Media. Dementsprechend vielfältig sind deine Möglichkeiten, Facebook für dein Content Marketing zu nutzen – denn es gibt kaum eine Content-Art, die über Facebook nicht geteilt werden kann. Achte dabei jedoch immer auf deine Ziele. Links erlangen im Vergleich zu Fotos zum Beispiel weniger Reichweite – leiten Miri und Paul dafür aber direkt auf deine Content-Seite weiter.

Vorteile:

- schnelle Reaktion
- minimaler Zeitaufwand
- Planungsfunktion
- Auf Facebook kann dein Owned Content schnell zu Earned Content werden.
- Mit etwas Budget kannst du gut funktionierende Beiträge noch reichweitenstärker machen.

Nachteile:

- an die eigene Reichweite gebunden
- Dein Content steht in Konkurrenz zu Inhalten von echten Freunden aus dem realen Leben.

Instagram

Auf Instagram werden täglich mehr als 95 Millionen Fotos und Videos hochgeladen. Von Miri und Paul, von Influencern und auch von Unternehmen und Marken. Instagram kann für deine Marke besonders bedeutend sein, wenn du über hochwertiges Bildmaterial verfügst.

Die Zielgruppe ist eher jung (bis 35 Jahre alt). Da im Post kein Link gesetzt werden kann, kannst du auf Instagram deinen neuen Textcontent anteasern – den Link setzt du in der Biografie. Aufmerksamkeit und Interesse erreichst du durch die Qualität und Aktualität der Inhalte (Instagram-Fotos, Instagram-Storys und Videos).

Dass jedes Foto auf Instagram optimal aufbereitet worden sein muss, versteht sich von selbst. Neben Hashtags spielen Text, Ortsangaben, Erwähnungen und Emojis eine wichtige Rolle im Posting.

Vorteile:

- schnelle Reaktion
- minimaler Zeitaufwand

Nachteile:

- an die eigene Reichweite gebunden
- Dein Content steht in Konkurrenz mit Inhalten von echten Freunden aus dem realen Leben.

Pinterest

Deine Marke ist bereits auf Pinterest mit einem Unternehmensprofil und diversen »Pinnwänden« vertreten? Dann wäre es fast schade, dieses Soziale Medium nicht auch im Rahmen deines Content Marketings einzusetzen. Denn mit mehr als 150 Millionen Nutzern zählt Pinterest zu den größten Plattformen und mobilen Apps. Dein Content ist also nur ein Teil der insgesamt 75 Milliarden Inhalte, die bereits auf Pinterest veröffentlicht wurden – und tagtäglich werden es mehr. Wurde Pinterest in der Vergangenheit primär von Frauen genutzt, kamen im Jahr 2016 40 Prozent der Neuanmeldungen von Männern. Da Pinterest primär mobil genutzt wird, gilt: mobile first.

Vorteile:

- schnelle Reaktion
- Kostenaufwand gering
- eignet sich als Trafficquelle auf den Content
- hohes Engagement und hohe Sichtbarkeit möglich
- Content-Kuration möglich
- Interessen stehen im Vordergrund

Nachteile:

- an die eigene Reichweite gebunden
- Der Aufbau der Reichweite ist sehr zeitintensiv.

Snapchat

Snapchat ist insbesondere bei den Millenials sehr beliebt. Die User sind zwischen 13 und 30 Jahren alt. Snapchat verzeichnet mehr als 110 Millionen täglich aktive Nutzer. Die Geschichten, die im Story-Feature veröffentlicht werden, sind nur für 24 Stunden verfügbar. Danach verschwinden sie für immer.

Vorteile:

- schnell produziert und unkompliziert
- Die Vergänglichkeit des Contents zieht lustigen und ausgefallenen Content an.
- Unternehmen können gerade in der Anlaufphase des Kanals experimentieren – nach 24 Stunden ist der Content ohnehin verschwunden

- Nähe zum User sehr hoch
- CTA funktionieren super – mach ich »später«, ist nicht.

Nachteile:

- Die Vergänglichkeit des Contents wirkt auch verlockend für zu viel Blödsinn.
- von deiner Reichweite abhängig
- Reichweiten-Aufbau erschwert durch die eingeschränkte Auffindbarkeit der Accounts
- gewöhnungsbedürftige Usability
- kaum Analysemöglichkeiten
- Die Analysemöglichkeiten sind (noch) sehr eingeschränkt

Neben Snapchat bieten auch Instagram und Facebook eine »Story«-Funktion. Eine Story ist ein auf dem Smartphone erstellter Foto- oder Videoinhalt, der maximal 10 Sekunden dauert. Diese Story wird dann auf dem jeweiligen Sozialen Medium geteilt – sehen können das alle Follower des jeweiligen Accounts. Die Story wird nach 24 Stunden wieder gelöscht.

Twitter

Twitter ist insbesondere in der Marketing- und in der Journalismusbranche ein beliebtes Tool zur Verbreitung von bis zu 140 Zeichen langem Text. Die User sind zwischen 18 und 49 Jahre alt mit einem ausgeglichenen Verhältnis zwischen Männern und Frauen. Twitter ist im deutschsprachigen Raum nicht so verbreitet, wie wir es aus dem amerikanischen Raum kennen.

Vorteile:

- Die Frequenz deiner Tweets darf sehr hoch sein.
- Die »Sharing-Bereitschaft« ist auf der Plattform sehr hoch.
- Interaktion ist einfach und schnell – eine gute Basis für Diskussion und Austausch.
- enge Vernetzung mit anderen Plattformen wie Vine und Periscope

Nachteile:

- sehr branchenlastige Plattform
- eher für B2B-Themen im Marketing geeignet

15.1.4 SlideShare

Fertige Präsentationen sind für zahlreiche User hilfreich, um sich in komplexe Themen einzuarbeiten. Aus diesem Grund werden Präsentationen von Experten online gestellt und damit einer breiten Öffentlichkeit zugänglich gemacht. Sein eigenes Wissen nach außen tragen? Nichts leichter als das! Hast du etwa gerade einen nutzenstiftenden Vortrag auf einer Tagung gehalten? Dann stelle deine Präsentation auch online zur Verfügung, um es der gesamten Audience zugänglich zu machen. Auf der Plattform SlideShare hast du die Möglichkeit dazu.

Vorteile:

- ideal zur Vernetzung im B2B-Bereich
- breite Inhaltssammlung zu zahlreichen Themen

Nachteile:

- eingeschränkte Relevanz außerhalb des B2B-Bereichs

15.1.5 Messenger

Du betreibst Messenger-Marketing mit Facebook-Messenger oder WhatsApp? Dann verteile deinen Content auch damit. Via WhatsApp werden täglich 42 Milliarden Nachrichten verschickt. Gefühlt gibt es kaum jemanden, der WhatsApp nicht auf seinem Smartphone installiert hat. So nah wie über den Facebook-Messenger oder WhatsApp kannst du Miri und Paul kaum kommen.

Vorteile:

- direkter, einfacher Kontakt zur Persona
- gestaltet die User Experience mit dem Unternehmen entsprechend positiv
- Kommunikation mit Miri persönlich möglich

Nachteile:

- Schnelle Reaktionszeit on demand ist das A und O.
- Double-Opt-in-Verfahren notwendig

15.1.6 Konferenzen, Messen und persönliche Treffen

Persönlich von seinem Content zu berichten, ist immer sinnvoll! Immer! Egal, ob du einen Vertreter deiner Zielgruppe vor dir hast, einen potenziellen Kooperationspartner oder einen Influencer. Persönlichkeit punktet immer. Nimm daher Gelegenheiten wahr, die dir die Möglichkeit bieten, dich und deinen Content persönlich ins rechte Licht zu rücken. Dazu gehören zum Beispiel Konferenzen, bei denen du als Vortragender auftrittst, aber auch Barcamps, Bloggertreffen und Messen. Diese Plattformen sind zwar nicht unbedingt für Miri und Paul hochinteressant, dafür punktest du im B2B-Bereich umso mehr damit.

Vorteile:

- Persönlichkeit schafft Vertrauen
- Persönliche Kontakte sind die nachhaltigsten.

Nachteile:

- sehr zeitaufwändig
- Ergebnis schwer bis gar nicht messbar

15.1.7 Fachspezifische Blogs & Online-Magazine

Themenrelevante, aber fremde Blogs sind keine Feinde. Im Gegenteil! Nutze das Potenzial externer Blogs für dich, und werde Teil der Community. Damit machst du dir nicht nur auf Dauer einen Namen, sondern teilst auch deinen Inhalt in genau der richtigen Zielgruppe. Schau dich um, ob es gerade themenrelevante Blogparaden gibt, an denen du dich beteiligen kannst. Damit bekommst du nicht nur Inputs für neue Ideen in deinem Bereich, sondern vernetzt dich auch noch mit anderen Magazinen in deinem Fachbereich.

Einerseits kannst du fachspezifische Blogs und Online-Magazine gezielt um Kooperationen zum aktuellen Thema bitten. Informiere die Blogger über deinen Content. Andererseits – und das ist ein noch besserer Weg – schreibst du Gastartikel auf externen Blogs. Damit ist dir ein Backlink sicher, und wenn du mit erstklassigem Content überzeugst, dankt es dir der Blogger genauso wie der Leser. Mit Reichweite und Vertrauen.

Vorteile:

- hohe Reichweite in der richtigen Zielgruppe
- erschließt eine neue Leserschaft
- Nützliche Inhalte in einem unabhängigen Medium schaffen Vertrauen.
- Google-relevanter Backlink zum eigenen Inhalt/auf die eigene Seite

Nachteile:

- braucht eine gewisse Vorlaufzeit, um das Vertrauen externer Blogger zu gewinnen
- Erfolgskontrolle- und Messung oft schwierig

15.1.8 Print

Am besten performen Content-Marketing-Kampagnen dann, wenn sie crossmedial wirken können. Das heißt: Sie wirken nicht nur im Internet, sondern auch offline. Und: Sie schließen die mediale Bruchstelle und machen das Markenerlebnis für den Kunden zu einem großen Ganzen. Dazu gehören Medien wie klassische Printmagazine. Biete deinen Content also einfach auch mal offline an – in Form eines eigenen Printprodukts oder in einem fremden Produkt.

Vorteile:

- enorme Reichweite
- nachhaltige Wirkung in der Zielgruppe
- haptische Wirkung sehr hoch
- Blick über den Tellerrand durch Partner aus anderen medialen Bereichen

Nachteile:

- Produktionskosten relativ teuer
- zeitlich gebunden
- Vorlaufzeit nötig
- Erfolgsmessung gering
- inhaltlich gebunden an Blattlinie und/oder Vorgabe der Medien

15.2 Earned Media

Earned Media ist »verdiente« Reichweite, die deinem Content noch einmal den richtigen Schub gibt. Da du dir Earned Media aber im wahrsten Sinne des Wortes erstmal »verdienen« musst, solltest du dir ausreichend Zeit dafür einplanen. Denn was manchmal aussieht, als sei es ganz schnell erledigt, braucht oft viel Zeit, Geduld und Vertrauensaufbau.

Darunter fällt nicht nur die Arbeit mit Influencern oder die Reichweite, die du mit Markenbotschaftern generierst, sondern auch die redaktionelle Berichterstattung in Fach- und Publikumsmedien.

Bei Earned Media hast du nahezu keine Kontrolle über die Inhalte. Dafür kann die mögliche Reichweite aber deutlich größer sein als bei Owned oder Paid Media, wenn die Inhalte von der Zielgruppe als relevant und attraktiv wahrgenommen und aktiv geteilt werden.

15.2.1 Influencer-Relations

Betreibst du Influencer-Relations, sprichst du gezielt Meinungsführer an, die zu deiner Marke und deinen Werten passen. Das können bekannte Blogger, Instagrammer, YouTuber oder Snapchater sein, die über eine große Reichweite verfügen. Dadurch ergeben sich völlig neue Chancen für dich, deine Inhalte zu verbreiten.

Im Rahmen der Influencer-Relations arbeitest du intensiv mit diesen Personen zusammen, die für dich als Multiplikatoren für ein bestimmtes Thema fungieren. Je nachdem, welches Ziel du mit Content Marketing verfolgst, bietet es sich beim Influencer-Marketing an, Early Adopter anzusprechen, die als Brand Ambassadors wirken. Influencer sind deshalb so wichtig, weil ihre Inhalte massenhaft geteilt werden, vor allem in sozialen Netzwerken. Genau diesen Einfluss nutzt du für dich! Aus diesem Grund ist die Arbeit mit Influencern auch eine gute Alternative zu Paid Media. Alternative heißt in diesem Sinne aber nicht, dass du kein Budget dafür in die Hand nehmen musst. Denn große Influencer lassen sich ihre Leistung bezahlen, und das kann schnell auch sehr teuer werden. Umso wichtiger ist es, immer deine Ziele im Hinterkopf zu haben, damit du Kosten und Nutzen abwägen kannst.

So vielfältig die Influencer selbst sind, so facettenreich sind auch die möglichen Optionen, die dir für die Zusammenarbeit offenstehen. Viele Influencer werden selbst gerne kreativ und kommen mit innovativen Ideen auf Unternehmen zu. Du willst mit Bloggern zusammenarbeiten? Fordere im Zuge deiner Recherche das jeweilige Mediakit des Bloggers an. Ein Mediakit ist vergleichbar mit den Mediadaten einer Zeitschrift. Darin sind die wichtigsten Daten zur Reichweite, Zielgruppe, Unique Visitors, Schwerpunktthemen u.v.m. enthalten.

Wieviel Budget du für Influencer einkalkulieren sollst, kann man pauschal nicht beantworten. Tools wie Brandnew und InfluencerDB geben Richtwerte aus, an denen du dich orientieren kannst. Neben den Followern sind auch Branche, Produktionsaufwand, Umfang und Qualität der Inhalte wichtige Faktoren. Und dann gilt es natürlich noch, die Interaktionsrate zu betrachten.

Vorteile:

- großer Social Impact innerhalb der Zielgruppe
- Influencer produzieren authentische und glaubwürdige Inhalte.
- enorme Reichweiten möglich
- Top-Influencer können einen Hype auslösen.
- Top-Influencer können als Testimonials dienen.
- Influencer schaffen neue Perspektiven.

Nachteile:

- braucht eine Vorlaufzeit, um das Vertrauen der Influencer zu gewinnen – Influencer Relations ist Beziehungsarbeit.
- Die Zusammenarbeit mit Top-Influencern ist teuer.
- Kooperieren mit zahlreichen anderen Brands

Influencer-Marketing-Tools

Influencer.db – für Influencer auf Instagram

Influencer.db eignet sich bestens für die Recherche von Influencern – insbesondere für Instagramer – und zeigt die Entwicklung von Followerzahlen und Interaktionsraten auf. Zudem bietet es einen ersten Überblick über wirklich große und einflussreiche Influencer in deiner Branche.

HitchOnn – für Influencer auf YouTube

HitchOnn ist hervorragend, wenn du Influencer suchst, die insbesondere auf YouTube aktiv sind. Auf HitchOnn kannst du, aber auch die Influencer selbst, Kampagnen ausschreiben.

Buzzbird, Brandnew.io & GoSnap – bieten Richtwerte und Übersicht

Buzzbird, Brandnew.io und GoSnap bieten jeweils eine gute Übersicht über namhafte Influencer und Richtwerte zur Reichweite.

PLATZ FÜR DEINE
NOTIZEN

TIPPS
für dein Influencer-Marketing:

- Lege vor der Zusammenarbeit die Ziele und die KPIs fest, die du mit der Kooperation erreichen willst.

- Überprüfe, ob die Audience des Influencers auch wirklich deiner Zielgruppe entspricht.

- Passen die Werte des Influencers mit den Werten des Unternehmens zusammen?

- Achte darauf, dass eine Zusammenarbeit immer eine WIN-WIN-Situation ist. Ob in Form von Geld oder anderen Gegenwerten, das ist individuell. Begegne Influencern immer auf Augenhöhe.

- Arbeite bei langfristigen Kooperationen mit Verträgen, in denen niedergeschrieben wird, wer welche Leistung für welchen Gegenwert bekommt.

- Blogger sind nicht an Pressemitteilungen interessiert - sondern an exklusivem Content für ihre Kanäle.

- Kenne deine Influencer, ihre Medien und ihre Inhalte und interagiere mit ihnen.

- Kuratiere Content, den Influencer über deine Marke kreieren: wertschätzend und hochwertig!

- Biete Influencern schon vor der Veröffentlichung exklusive Inhalte an. Lass sie zum Beispiel zu Beta-Testern werden!

- Lege die Zusammenarbeit über einen längeren Zeitraum an - Reichweite und Autorität kommen selten über Nacht.

DEINE CHALLENGE

DU BIST DRAN!

NO. 32

," UND JETZT DU!
WENDE DEIN NEUES WISSEN AN.

Recherchiere passende Influencer für deine Marke.
Informiere dich auf ihren Plattformen über ihre Werte
und über ihre Zielgruppe und fordere ihr Mediakit an.
Folge ihnen ab sofort auf ihren Social-Media-Kanälen.

15.2.2 Die Wirkung von Micro-Influencern

Es sind nicht immer nur die größten und bekanntesten Blogger, die als wertvolle Influencer agieren. Während große Influencer oftmals nur noch mit teurem Media-Budget für deine Marke eintreten, solltest du die Wirkung der sogenannten Micro-Influencer auf keinen Fall unterschätzen. Sie sind, gemessen an ihrer Reichweite, vielleicht kleiner – dafür aber manchmal umso wirkungsvoller.

Als Micro-Influencer bezeichnet man jene Influencer mit 1.000 bis 100.000 Followern, die meistens sehr treue Anhänger sind und auch aktiv mit der jeweiligen Person in Kontakt treten. Micro-Influencer haben ihre Nische gefunden und sind in dieser sehr erfolgreich.

Je nach Produkt kann es oft sinnvoll sein, auch Influencer mit weniger Reichweite in Betracht zu ziehen, wenn die Leser dafür haargenau deine Zielgruppe wiederspiegeln. Aus diesem Grund ist die Interaktionsrate bei den sogenannten Mirco-Influencern oftmals um ein Vielfaches höher.

Gründe für die Zusammenarbeit mit Micro-Influencern

- Sie erreichen eine lokale und gezielte Zielgruppe.
- Sie sind regional – aber das ist dein Produkt vielleicht auch.
- Sie sind kostengünstiger als Top-Influencer
- Sie bieten unverfälschtes Bildmaterial.
- Sie sind authentisch.
- Sie arbeiten auch für ein kleineres Media-Budget bzw. für Gegenleistungen.
- Sie lieben dein Produkt und deine Marke.
- Sie wirken sympathisch und wecken Vertrauen.
- Sie pflegen eine engere Beziehung zu ihren Followern.
- Sie sind ehrliche Markenbotschafter.

15.2.3 So briefst du deine Influencer

In der Zusammenarbeit mit Influencern solltest du dir ausreichend Zeit für das Briefing nehmen. Nur so ist sichergestellt, dass du anschließend das Ergebnis erhältst, das du dir gewünscht hast und Sätze wie »Das hatten wir uns anders vorgestellt« gar nicht erst fallen. Ein Briefing erspart dir – aber auch dem Influencer – viel Zeit, Energie und schlussendlich Geld. Behandle den Influencer wie einen externen Partner, liefere von Beginn an alle relevanten Informationen und sprich deine Wünsche konkret an – und nicht erst dann, wenn eine scheinbar unkomplizierte Kooperation bereits bestätigt wurde. Willst du zum Beispiel deine Fotos im Hoch- und im Querformat?

Halte alle Kooperationsinhalte in einem Dokument fest – und erstelle damit einen Kooperationsvertrag. Dieser schützt beide Parteien. Du willst die Fotos anschließend auch für deine Social-Media-Kanäle nutzen? Sprich auch das vor Beginn an und halte es im Kooperationsvertrag fest.

DEINE CHALLENGE

DU BIST DRAN!

NO. 33

❞ UND JETZT DU!
WENDE DEIN NEUES WISSEN AN.

Wähle aus den recherchierten Influencern und Micro-Influencern je zwei aus und verfasse ein Briefing für eine mögliche Kooperation. Überleg dir dabei ganz genau, welches Ziel du damit verfolgst und wie die Influencer dir dabei helfen können. Was kannst du ihnen dafür bieten?

15.3   Paid Media

Leider bist du nicht der einzige Content-Marketer, der sich um die Gunst von Miri und Paul bemüht – deswegen rate ich dir, für deinen Content einzutreten. Und für ihn zu werben. Sind deine Inhalte erstellt, musst du alles dafür tun, dass sie bei Miri und Paul ankommen. Du denkst jetzt vielleicht, »Guter Content verbreitet sich von alleine!« Aber dem ist leider nur im Märchen so.

Hast du schon mal in einem Restaurant keine Speisekarte bekommen, weil der Koch davon ausging, dass du genau weißt, was es bei ihm zu essen gibt – weil es dir andere Gäste bereits gesagt haben? Du siehst: Das ist eine Illusion, die so nicht stimmt. Und so müssen auch deine Fans darüber informiert werden, dass wieder neuer Content von dir online ist. Wenn Miri und Paul nicht über die Existenz deines

Contents informiert werden, wird dieser in einen langen und einsamen Dorn-röschenschlaf fallen. Und deine ganze Arbeit war umsonst.

Paid Media sind alle Kanäle und Plattformen, auf denen ein Unternehmen für die Präsenz bezahlt. Somit kaufst du dir Reichweite und garantierte Distribution. Mit Paid Media hast du zwar die höchste Kontrolle, aber auch keine garantierte Reich-weite. Der Grad der Reichweite hängt davon ab, welchen Preis du bereit bist zu zah-len – und wie groß im jeweiligen Moment die Konkurrenz ist.

Unter Paid Media fallen sowohl alte Hasen wie Display-Werbeformen und Content-Sponsoring als auch neue Formen wie Native Advertising oder Content-Discovery. Ob alt, ob neu – Paid Media dient als Treibstoff, um deinem Content so richtig ein-zuheizen.

Vorteile:

- enorme Reichweiten möglich
- meist sehr gute Tracking- und Analysemechanismen
- vielfältige Angebote für jedes Budget vorhanden

Nachteile:

- an Media-Budgets gebunden
- macht von Medien Dritter abhängig
- Die Erfolge sind auch von Know-how und Erfahrung der Ausführenden abhängig.

Gezielt eingesetzt können deine Inhalte mithilfe von Paid Media einen Raketenstart hinlegen. Vorausgesetzt, du wählst das richtige Medium für die richtige Zielgruppe aus. Aber Vorsicht: Auch Paid Media kommt ohne guten Content nicht aus – denn nur guter Content ist es wert, dass du zusätzliches Budget in seine Verteilung investierst. Das alleine ist nicht der einzige Grund, warum guter Content für Paid Media so wichtig ist.

Wenn du mit Paid Media startest, beginne damit, dir folgende Fragen zu stellen:

1. Ist der Content, der beworben werden soll, wirklich wichtig für die Marke?
2. Welche Erwartungen hast du an den Content, der beworben werden soll?
3. Welche Ziele verfolgst du mit dem Content? (Leads, Reputation, Traffic, Bran-ding)
4. Welches Paid-Media-Format möchtest du gerne nutzen?
5. Wie hoch sind die Kosten pro Lead? Und wie hoch die Kosten für eine Conver-sion?
6. Ist es das alles wert?

LEAD

Der Begriff Lead (engl. to lead = führen) bezeichnet einen neuen Kontakt, der über deine Online-Marketing-Maßnahmen gewonnen wurde.

Quelle: www.onlinemarketing-praxis.de

CONVERSION

Eine Conversion (deutsch: Konversion, Konvertierung, Umwandlung) beschreibt den Prozess, wenn sich Miri beim Besuch deiner Website dazu entschließt, eine konkrete Handlung durchzuführen. Zum Beispiel einen Kauf im Onlineshop tätigt. Ein Whitepaper runterlädt. Sich zum Newsletter anmeldet. Oder eine Anfrage abschickt.

15.3.1 Social-Media-Ads

Social-Media-Ads werden im Newsfeed von Miri und Paul angezeigt. Ads treten dabei mit den Postings der besten Freunde in Konkurrenz.

Facebook

Auf Facebook kannst du deine Inhalte mit den Facebook-Ads direkt im Newsstream promoten – zum Beispiel einzelne Beiträge oder Veranstaltungen noch mehr hervorheben. Dafür hast du auf Facebook die Möglichkeit, die Werbeanzeigen über Themen, Interessen, Alter und geografische Merkmale zu steuern. Unterstützte Werbeanzeigenmöglichkeiten auf Facebook sind etwa Video, Foto, Karussell, Slideshow und Canvas. Du kannst deine Facebook- & Instagram-Ads über die Beiträge direkt bewerben oder die Ads über Werbeanzeigenmanager erstellen. Ich rate dir zu Letzterem. Warum, das ist leicht erklärt: Weil du im Werbeanzeigenmanager die Zielgruppe, Interessen und demografischen Daten viel feiner einstellen kannst und damit vermieden wird, dass du Budget für die falsche Zielgruppe ausgibst. Außerdem kannst du im Werbeanzeigenmanager die Platzierung deiner Ads einstellen. Wähle hier zum Beispiel ganz bewusst zwischen dem News-Feed, der rechten Spalte, Instagram, Facebook etc ...

> Promote nur Inhalte, die deiner Community ohnehin gefallen, und verstärke dadurch die Reichweite noch einmal um ein Vielfaches. Geld in einen Beitrag zu investieren, der nicht funktioniert hat, ist irgendwie wie etwas zu verschlimmbessern.

Instagram

Die gleichen oder ähnlichen Möglichkeiten hast du übrigens auch auf Instagram. Da Facebook und Instagram zusammengehören, hast du nicht nur die gleichen Targeting-Möglichkeiten wie bei deinen Facebook-Ads, sondern managst auch die Erstellung der Anzeigen über den Facebook Power Editor/Werbeanzeigemanager.

MÖGLICHKEIT	EFFEKT
Facebook-Sponsorerd-Post	Reichweite, Impressions, neue Fans, Interaktion
Instagram-Sponsored-Post	Reichweite, Impressions, neue Follower, Interaktion
Facebook-Link-Ads	Traffic auf deine Website
Facebook-Dynamic-Ads	Hebt alle Produkte in deinem Katalog automatisch für die richtigen Personen hervor
Facebook-Lead-Ads	Leads
Instagram-Ads	Traffic (Klicks für die eigene Website), Website-Conversions steigern, App-Installs, Videoaufrufe, Reichweite & Interaktion

Im Allgemeinen liegt der Unterschied zwischen Instagram und fast allen anderen sozialen Netzwerken darin, dass Instagram zwar Bilder verteilt, aber keine Links! Auch das Teilen ist nur bedingt möglich, was bedeutet, dass die Reichweite auf Instagram zwar gut ist, aber nicht unmittelbar für mehr Traffic auf deiner Website sorgt. Eine Ausnahme bilden da die Instagram-Ads, die du mit einem Link versehen kannst.

Neben dem Promoten von einzelnen Beiträgen kannst du auch Display-Ads schalten – diese erscheinen auf Facebook dann in der rechten Spalte – auf Instagram im Newsfeed.

15.3.2 Content-Discovery

Content-Discovery-Plattformen haben es sich zur Aufgabe gemacht, Miri und Paul bei der Suche nach relevantem Content zu helfen. Relevant ist in diesem Fall Paid Content. Und so funktioniert's: Content-Discovery-Anbieter arbeiten mit großen und kleinen Verlagen zusammen und können somit auf deren Plattformen zugreifen, um dort ganz gezielt Content-Angebote zu platzieren.

Dies erfolgt in Form von redaktionellen Empfehlungen, die unter Artikelseiten von Verlagsangeboten platziert werden und dann auf dein Content-Angebot verweisen. Sprich: Ein Content-Discovery-Anbieter kuratiert deine Beiträge. Zahlreiche Anbieter am Markt bieten ebenso zahlreiche Möglichkeiten, wie dein Content verteilt werden könnte. Achte bei der Auswahl des Anbieters auf die Spezialisierung – manche fokussieren sich auf Newsanbieter, andere auf Blogger und wieder andere auf Social Media. Die Abbildung zeigt, wie Content Discovery mit Outbrain aussehen könnte.

ANBIETER	EFFEKT
Outbrain	Audience-Aufbau, Reichweite
Plista	Audience-Aufbau, Reichweite
Linkilike	Audience-Aufbau, Reichweite

15.3.3 Native Advertising

Das Print-Advertorial ist ins Web gezogen. Eine Native-Ad-Kampagne positioniert dein Content-Angebot inmitten artverwandten Contents. Diese Werbeformen sind zwar diskret als Werbung gekennzeichnet, ähneln in Stil und Optik jedoch der jeweiligen Plattform, auf der sie veröffentlicht werden, und fügen sich so als »natürliches« Element in das redaktionelle Umfeld ein.

Aus rechtlichen Gründen müssen diese Ads jedoch immer als Werbung oder »Sponsored Post« gekennzeichnet sein. Wenn du Native Advertising betreiben möchtest, überlege dir immer, ob dein Content dafür geeignet ist – er sollte in jedem Fall einen Mehrwert haben – aber das hat dein Content ja sowieso. Bezahlt wird die Content-Promotion aufgrund eines PPC-Modells (Pay-per-click).

MÖGLICHKEIT	EFFEKT
Native Advertorial	Audience-Aufbau, Reichweite, Verweildauer, Conversion, hohe Glaubwürdigkeit
Native Microsite	Audience-Aufbau, Reichweite, Verweildauer, Conversion, hohe Glaubwürdigkeit
Shopping List	Conversions, Leads

15.3.4 Suchmaschinen-Ads (SEA)

Suchmaschinen-Werbung gilt als eine der ursprünglichsten Online-Ads, die wir kennen, und dient der Gewinnung von Besuchern auf deiner Website. SEA kann demnach auch für die Distribution deines Contents eine hervorragende Maßnahme sein. Wer mit Google Adwords arbeitet, wählt zwischen bedarfsdeckenden und bedarfsweckenden Möglichkeiten.

Bedarfsdeckende Suchmaschinenwerbung setzt du am besten am Ende der Customer Journey ein, wenn Paul bereits kurz vor der Conversion steht. Er sucht zum Beispiel nach »Wo E-Bike-Urlaub buchen?«. Bedarfsweckende SEA-Maßnahmen sind Adwords, die im Google-Display-Netzwerk geschaltet werden, oder YouTube-Ads, Banner-Werbung und Remarketing. Das A und O bei SEA ist deine hochwertige Landingpage, auf die die Ads dann verlinken!

MÖGLICHKEIT	EFFEKT
Bezahlte Suchergebnisse (Adwords)	Conversion im Vordergrund, Reichweite
Display-Netzwerke (Google Display-Netzwerk)	Reichweite im Vordergrund

15.3.5 Newsletter

Zahlreiche Fachnewsletter mit demselben Branchenbezug, wie du ihn hast, bieten dir die Möglichkeit, deinen Content zu platzieren. Ob in Form eines Content-Teasers oder vielleicht sogar als eigenständiger Newsletter, der dem Stil und der Optik des Fachnewsletters gleich ist. So kannst du in anderen Newslettern, die bereits über eine große Empfängerliste verfügen, auf deinen Content hinweisen. Die Abonnenten haben über das Opt-in bereits die Einwilligung gegeben, auch werbliche Infos zu erhalten.

Unternehmensfremde Newsletter eignen sich oft hervorragend, um eine neue Zielgruppe auf dein Produkt aufmerksam zu machen. Achte jedoch darauf, dass die Empfängerliste zu deinem Produkt passt.

MÖGLICHKEIT	EFFEKT
Stand-alone-Newsletter	Audience-Aufbau, Reichweite, Leads, Conversion
Newsletter-Integration	Reichweite, Leads, Conversion

15.4 So wählst du die richtigen Mediatypen

Wähle deine Content-Marketing-Kanäle mit Bedacht. Es gibt nämlich nichts Schlimmeres als Unternehmensprofile im Web, die monate- und jahrelang nicht mit aktuellem Inhalt bespielt werden und einsam und verlassen vor sich hinvegetieren.

Damit dir das nicht passiert, bekommst du in diesem Workbook eine 5-Schritt-Anleitung in die Hände, die dir bei der Wahl deiner Kanäle hilft. In diesem Sinne: Adieu lieber Content-Friedhof!

Schritt 1: Schau dir zunächst an, welche Owned Media du derzeit bespielst: Was läuft gut? Was weniger? Wenn du noch am Anfang deiner Strategie stehst, zieh ruhig alle möglichen Kanäle heran.

Schritt 2: Ordne jeden Kanal einer Zielgruppe/Persona zu.

Schritt 3: Im nächsten Schritt definierst du die Priorität jedes Kanals für die jeweilige Zielgruppe. Denn nicht immer sind alle Kanäle für alle Personas geeignet.

Schritt 4: Arbeite bei der Wahl der Kanäle mit dem Ampelsystem: Grün steht für hohe Priorität, rot für geringe bis keine Priorität. In der untenstehenden Grafik ist grün gleich schwarz, gelb gleich grau und rot gleich weiß.

Schritt 5: Verabschiede dich von den Kanälen, die keiner Zielgruppe zugeordnet werden können. Und von jenen, die durchgehend geringe bis keine Priorität aufweisen.

Die Übersicht zur Relevanz kann beispielsweise so aussehen:

MEDIA	MIRI	PAUL	INFLUENCER	PARTNER
Website				
Facebook				
Instagram				
Newsletter				
NativeAds				

DEINE CHALLENGE

DU BIST DRAN!

NO. 34

**" " UND JETZT DU!
WENDE DEIN NEUES WISSEN AN.**

Wähle die für dein Unternehmen relevanten Kanäle aus.
Erstelle dafür eine Auflistung, wie oben im Beispiel
genannt, mit allen Kanälen, und stelle sie den Zielgruppen
gegenüber. Damit hast du eine Übersicht zur Hand,
die dir die Wahl der Kanäle enorm erleichtert.

15.5 Der Distributionsmanager

Der Distributionsmanager ist ein wichtiger Bestandteil des Content-Teams und darf bei einer Redaktionssitzung nicht fehlen. In den meisten Unternehmen übernimmt jemand aus dem Content-Marketing-Team die Aufgaben des Distributionsmanagers. Wichtig ist, dass diese Person über umfassendes Know-how und Erfahrung in folgenden Themenbereichen verfügt:

- Wissen über die Zielgruppe und ihre Bedürfnisse
- Wissen über die Content-Formate und deren Eignung zur Distribution
- Vereinbarung der KPIs für die einzelnen Kanäle
- Aufsetzen eines KPI-Dashboards als Kampagnensteuerungstool
- Definition und Einführung eines Toolsets für Audience-Building
- Know-how rund um die Content-Planung und das Content-Measurement
- Planung der Content-Distribution (Kampagne)
- Festlegung von Kampagnen, Keywords und Hashtags sowie Tracking-URLs zur kanalübergreifenden Steuerung und Messung der Kampagnen
- Messung und Interpretation der Tracking-Daten; ganzheitliche, kanalübergreifende Betrachtung
- kontinuierliche Anpassung und Variation der Distributionstaktiken
- regelmäßige Review-Meetings mit dem Redaktionsteam, um über Optimierungsmöglichkeiten für zukünftige Content-Distributions-Kampagnen zu sprechen

15.6 Content-Kuration

Wer als Experte für ein ganz bestimmtes Thema wahrgenommen werden möchte, sollte ausreichend über dieses Thema sprechen. Aber bitte nicht immer nur über sich. Oder magst du Personen, die immer und immer nur von sich selbst erzählen? So geht es auch deiner Audience. Niemand will nur über dein Produkt lesen – teile deshalb gerne auch mal andere interessante und themenbezogene Inhalte mit deinen Followern.

Werde zum Content-Kurator. Das gelingt dir, indem du selbst Fremdcontent teilst. Im gleichen Atemzug wertest du dadurch deine Kommunikation durch die Inhalte Dritter auf. Klingt das nicht richtig genial?

Das Kuratieren und Aufbereiten fremder Inhalte zu einem bestimmten Thema erfordert jedoch ein gewisses Feingefühl. Es geht nämlich um viel mehr als um ein blindes Sammeln und Copy-Paste aller Informationen, die du zu einem bestimmten Thema finden kannst. Vielmehr fungierst du als Themenfilter und in gewisser Art auch als Chefredaktion, die bestimmt, welche Informationen gut genug für Miri und Paul sind. Und ganz nebenbei unterstreicht das Präsentieren und Bewerten fachspezifischer Beiträge deine Kompetenz und schärft das Markenimage. Wenn du gewissenhaft vorgehst.

Erstelle zum Beispiel ein Content-Hub zu einem bestimmten Thema und sammle dort alle Informationen dazu.

Vorteile der Content-Kuration

- Content-Kuration stärkt deinen Status als Experte zu einem gewissen Thema.
- Content-Kuration stärkt deine Sichtbarkeit zu einem gewissen Thema auf Google.
- Content-Kuration stärkt die Vertrauensbindung deiner Zielgruppe.
- Content-Kuration hilft beim Netzwerkausbau.
- Content-Kuration erhöht die Reichweite und Sichtbarkeit deiner eigenen Kanäle und Publikationen.
- Content-Kuration liefert dir zahlreiche Themen für deine eigenen Beiträge.

Arten der Content-Kuration

1. **Elevation:** Kontinuierliches Sammeln von Beiträgen zu einem bestimmten Thema. So machst du auf einen bestimmten Trend aufmerksam.
   Beispiel: Linktipps

2. **Chronology:** Aufzeigen der Entwicklung eines bestimmten Themas im zeitlichen Verlauf

3. **Aggregation:** Bündelung wichtiger Beiträge zu einem Thema an einem einzigen Ort – bzw. in einem einzigen Beitrag

4. **Mashup:** Vermischung unterschiedlicher Inhalte zu einem Thema – zeigt neue Perspektiven auf

5. **Destillation:** Zusammenfassung wichtiger Ideen aus verschiedenen Beiträgen zu einem Thema an einem Ort bzw. Beitrag. Alle Informationen zu einem Thema werden gefiltert und katalogisiert.

DEINE CHALLENGE

DU BIST DRAN!

NO. 35

❞ **UND JETZT DU! WENDE DEIN NEUES WISSEN AN.**

Werde zum Content-Kurator, und teile auch mal Inhalte Dritter auf deinen Owned Media! Dadurch positionierst du dich als Experte zu diesem Thema!

PLATZ FÜR DEINE
NOTIZEN

TEIL 5

CONTENT-ERFOLG: MESSEN, ANALYSIEREN UND OPTIMIEREN

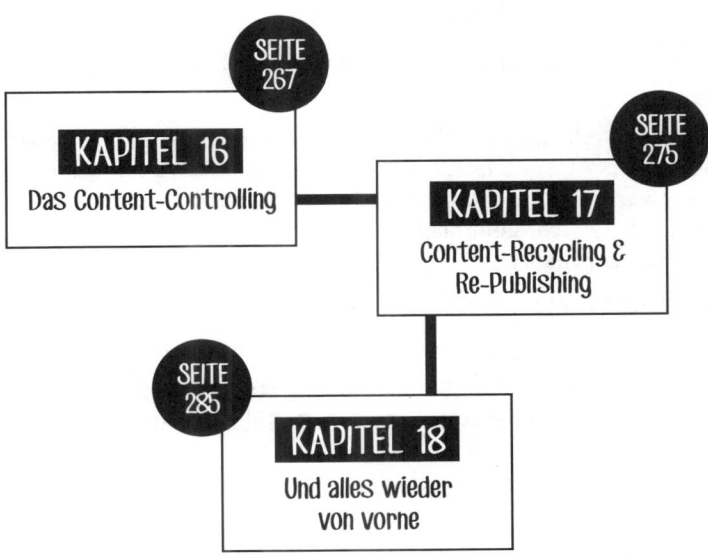

SEITE 267

KAPITEL 16

Das Content-Controlling

SEITE 275

KAPITEL 17

Content-Recycling & Re-Publishing

SEITE 285

KAPITEL 18

Und alles wieder von vorne

Sind dir Wörter grundsätzlich lieber als Zahlen? Ich gebe es ganz ehrlich zu: Mir schon! Aber Tatsache ist: Wenn du mit deinem Content Marketing erfolgreich sein möchtest, kommst du um die letzte Phase des Content-Marketing-Zyklus' nicht herum. Und diese Phase befasst sich nun einmal mit Zahlen.

Es ist besonders wichtig, dass du all deine Content-Marketing-Maßnahmen laufend überprüfst, misst und infrage stellst. Sie optimierst und manchmal sogar einsiehst, dass dein Content einfach nicht funktioniert. Ja, auch das kann passieren.

All deine Content-Aktivitäten lassen sich auswerten. Aber nur, wenn du damit beginnst, sie auch zu messen! Mit den daraus gewonnenen Daten kannst du anschließend jeden deiner Inhalte kontrollieren und bewerten. Und schlussendlich nachvollziehen, ob du damit die von dir definierten Ziele erreicht hast.

Ja? Gratulation. Weiter so!

Nein? Überlege dir ganz genau, woran es liegen könnte:

- Wurde der Beitrag vielleicht zum falschen Zeitpunkt veröffentlicht?
- Hast du zu wenig Zeit in die Distribution gesteckt?
- Ist dein Content einfach nicht auffindbar?
- Oder ist die Absprungrate der Seite zu hoch?

Die Tatsache, dass du deine Inhalte hinterfragst, macht es dir möglich, dich zu verbessern.

Das Content-Controlling ist entscheidend für die langfristige Sicherung deines Content-Marketing-Erfolgs. Im letzten Kapitel des Content-Workbooks geht's daher um die Erfolgskontrolle der von dir gesetzten Content-Marketing-Maßnahmen. Schreibe dir das Content-Controlling also ganz dick auf deine To-do-Liste. Am besten jetzt sofort! Ja genau. Jetzt!

So gehst du beim Content-Controlling vor

1. Bestimme deine KPIs und weise sie deinen Zielen zu.
2. Lege einen Zeitplan für die Datenerhebung fest. Am besten, du schreibst dir einen fixen Termin in den Kalender. Zum Beispiel immer am ersten Freitag im Monat.
3. Entscheide dich für eine Tracking-Methode und deine Controlling-Tools.
4. Plane Zeit ein, in der du deine erhobenen Daten hinterfragen und Verbesserungsmaßnahmen konzipieren kannst. Am besten in einem Teammeeting – 15 Minuten sind manchmal schon ausreichend, um neue Ideen zu generieren.
5. Entwickle nun Maßnahmen und Vorgaben für die Optimierung deines Content Marketings und deiner Inhalte.

KAPITEL 16

DAS CONTENT-CONTROLLING

16.1 Her mit deinen KPIs

Nimm dir deine Ziele zur Hand, die du in Kapitel 2 definiert hast. Wie lauten diese? Du hast das Kapitel doch nicht etwa übersprungen? Dann blättere jetzt gerne zurück und komme anschließend wieder. Du hast sie zur Hand? Super! Genau jetzt ist der Zeitpunkt gekommen, zu dem es darum geht, genau diese Ziele noch messbarer zu machen. Jetzt definierst du nämlich deine KPIs, die Key Performance Indicators. Das sind jene Leistungskennzahlen, die deinen Kommunikationserfolg messen. Die Ermittlung und Festlegung dieser KPIs sollte wichtiger Teil deiner Content-Strategie sein. Die Erkenntnis, dass man Daten sammeln sollte, verleitet manchmal dazu, plötzlich alle Daten zu sammeln, die es gibt. Das ist aber nur wenig bis gar nicht sinnvoll. Konzentriere dich lieber auf jene Daten, die du zur Messung deiner Ziele tatsächlich brauchst. Bestimme bereits jetzt jene KPIs, die für dich wichtig sind, und alle anderen lass einfach weg! Ich weiß, die Versuchung, jetzt alles zu messen, ist groß. Und ja, klar könnte die eine oder andere Kennzahl auch noch in irgendeiner Form interessant sein. Irgendwann einmal. Aber sollte es tatsächlich so sein, kannst du sie immer noch festlegen und die Daten generieren. Auch rückwirkend.

16.1.1 Kennzahlen deiner Website

Die Kennzahlen deiner Website oder deines Blogs kannst du mithilfe von Google Analytics ermitteln.

- **Seitenaufrufe:** Diese Zahl verrät dir, wie oft deine Seite vollständig geladen wurde.
- **Traffic:** Wie viele User haben sich deine Seite angesehen?
- **Trafficquelle & Verweise:** Woher kommen die User?
- **Organische Besucher:** Wie viele Besucher kommen über die organische Suche auf deine Website?
- **Click-through-Rate:** Wie ist das Klickverhalten der User auf deiner Seite?
- **Unique Visitors:** Wie hoch ist die Anzahl der User, die wiederkommen?
- **Verweildauer:** Wie lange bleibt ein User durchschnittlich auf der Seite?
- **Absprungrate:** Besucher, die nur eine einzige Seite deiner Website besuchen und danach wieder gehen. Das kann negativ sein – aber auch positiv. Gleich mehr dazu.

Richte dir in deinem Dashboard zusätzlich noch folgende Parameter ein:

- Seiten mit der höchsten Verweildauer
- Top-Einstiegsseiten der Website
- Seiten mit der höchsten Absprungrate

Wenn du damit beginnst, deine Zahlen im Auge zu behalten, wirst du schnell merken, dass das Content-Controlling nur im Zusammenspiel mit dem Wissen um deine Content-Strategie wirklich einen Sinn ergibt. Nur wenn du deine Content-Aktivitäten kennst, kannst du die Zahlen auch richtig interpretieren. Aus deinem Analysetool liest du zum Beispiel heraus, dass zahlreiche deiner Besucher über den Newsletter gekommen sind. Analysiere nun auch deinen Newsletter: An wen wurde der Newsletter versendet? Und mit welchem Ziel? Welcher Beitrag war es, auf den am meisten geklickt wurde und der die Leser auf deine Website weitergeleitet hat? Handelt es sich hierbei um einen wirklich nutzenstiftenden Beitrag, der deine Markenreputation stärkt? Linkt der Beitrag auf ein Produkt, das der Leser am besten kaufen sollte? Oder handelt es sich um ein Urlaubsgewinnspiel? Erkennst du die unterschiedlichen Qualitäten der einzelnen Verweise? Und merkst du, worauf ich hinauswill? Das Leadvorhaben des Newsletters spielt in dieses Controlling ebenso hinein wie der Content selbst.

16.1.2 Kennzahlen für die Suchmaschinenoptimierung

Diverse Tools bieten die Möglichkeit, bestimmte Kennzahlen zu evaluieren, die für dein SEO relevant sind. Google Analytics zum Beispiel ist ein wirklich mächtiges Tool zur Analyse. Doch gerade weil es so umfangreiche Auswertungen und detaillierte Kennzahlen bietet, ist der Einstieg manchmal nicht ganz so einfach.

Du willst den Erfolg deiner Website messen? Dann starte mit dieser Auswertung folgender KPIs:

- Bounce Rate
- Server-Erreichbarkeit
- Seiten-Ladezeit
- Crawling-Fehler
- durchschnittliche Ladezeit nach Ziel-URL
- Content & Ranking der Wettbewerber

16.1.3 Content-Marketing-Kennzahlen

Du willst den Erfolg deines Content Marketings messen? Dann behalte folgende KPIs im Auge:

- Anzahl der Downloads (von E-Books, PDFs, Whitepaper, Checklisten etc.)
- Videoaufrufe
- Podcast-Aufrufe
- RSS-Feed-Abos
- Anzahl von Webinar-Teilnehmern
- Newsletter-Anmeldungen versus Newsletter-Abmeldungen

- beliebteste Blogbeiträge (Beiträge mit den meisten Aufrufen, Kommentaren, Likes, Shares)
- beliebteste Inhalte auf der Website
- Ausstiegsseiten
- Nutzung der internen Suche
- Reichweite in sozialen Netzwerken
- Likes, Shares & Kommentare von Beiträgen in sozialen Netzwerken

16.1.4 Kennzahlen für deine Ziele

Welche Kennzahlen du im Content Marketing im Auge behalten solltest, hängt wie immer von deinen Zielen ab. Dafür ist es im ersten Schritt wichtig, die richtigen Kennzahlen für die richtigen Ziele zu messen.

Dein Ziel: Markenbekanntheit & Reichweite

- Besucherzahlen auf der Website
- Seitenaufrufe und wiederkehrende Leser
- Anzahl der gelesenen Seiten pro Visit
- Seitenverweildauer
- Videoaufrufe
- Aufrufe von Dokumenten
- Downloads
- Aktivität in den Social-Media-Kanälen
- Newsletter-Öffnungsrate
- Newsletter-Abonnenten
- Inbound-Links

Dein Ziel: Kundenloyalität & Engagement

- Bounce Rate
- Seitenaufrufe und wiederkehrende Leser
- Anzahl der gelesenen Seiten pro Visit
- Inbound-Links
- Aktivität in den Social-Media-Kanälen
- Newsletter-Anmeldungen
- Newsletter-Abmeldungen
- Newsletter-Öffnungsrate
- Nutzerverweildauer

Dein Ziel: Leads

- Ausgefüllte Web-Formulare
- Newsletter-Anmeldungen
- Downloads und Anmeldungen
- Abonnenten für RSS-Feeds
- Conversions-Rate
- Absprungrate

Dein Ziel: Du willst als Experte wahrgenommen werden

- Whitepaper-Downloads (vorwiegend im B2B-Bereich)
- Verweise von externen Websites
- Interview-Anfragen für Blogs und Fachmagazine
- Speaker-Slots auf Events

DEINE CHALLENGE

DU BIST DRAN!

NO. 36

**„ UND JETZT DU!
WENDE DEIN NEUES WISSEN AN.**

Lege fest, welche KPIs zu deinen Content-Marketing-Zielen passen. Bedenke dabei: Wir geben eine Marschrichtung vor! Solltest du ein paar KPIs mehr haben, ist das gut so. Überlege jedoch, ob diese KPIs auch wirklich aussagekräftig sind.

16.1.5 Aus den Zahlen lernen

Lass dich von den gewonnenen Daten und Zahlen inspirieren, aber nicht verunsichern: Es gibt im Marketing kein Ursache-Wirkungs-Prinzip, um kausale Zusammenhänge zwischen deinen Aktionen und den Ergebnissen herzustellen. Das wäre schön – aber definitiv zu einfach! Stell deine Kennzahlen daher immer in den richtigen Kontext und lies gekonnt zwischen den Zeilen. Schärfe deinen Blick für qualitative Veränderungen, anstatt irgendwelchen Zahlen nachzurennen, die vielleicht nicht einmal eine Bedeutung für dein Projekt haben.

Beim Content-Controlling ist es die eine Sache, deine KPIs zu messen, und die andere, sie richtig zu interpretieren. Wie du bereits vielleicht bemerkt hast, wird es dir nie an Messgrößen mangeln, so viele Kennzahlen gibt es. In diesem Workbook möchte ich dir nun aber auch noch ein solides Basiswissen mit auf dem Weg geben, wie du diese Daten sinnvoll interpretieren kannst.

Lass uns ein paar KPIs genauer unter die Lupe nehmen.

Seitenaufrufe: Zu Seitenaufrufen (Page Impressions) werden alle Seiten gezählt, die Paul anklickt, während er sich auf deiner Website befindet. Schaut er sich zum Beispiel zehn unterschiedliche Content-Seiten an, zählt dein Analysetool zehn Seitenaufrufe für diesen Unique User (= Paul). Das kann nun zum einen bedeuten, dass Paul dein Thema superspannend findet und sich nicht sattlesen kann, oder aber, dass er auf der Suche nach einer bestimmten Information ist und sie einfach nicht finden kann.

Verweildauer: Das mit der Verweildauer ist so eine Sache. Eine kurze Verweildauer ist nicht immer schlecht – im Gegenteil. Wichtig ist, welche Seiten eine kurze Verweildauer aufweisen. Ist es die Wetterseite, bei der Paul auf den ersten Blick sieht, dass es morgen – am Tag seiner geplanten Bike-Tour – regnen wird, ist eine kurze Verweildauer vollkommen in Ordnung. Hat deine umfassende Seite mit den schönen E-Bike-Touren eine kurze Verweildauer, ist das jedoch nicht so optimal. Diesen Text kann Paul nicht in wenigen Sekunden erfassen. Woran liegt es also? Konntest du sein Informationsbedürfnis nicht befriedigen?

Absprungrate: Irgendwann muss Paul deine Website auch wieder verlassen – das ist ganz normal. Dieses Verlassen wird aber nicht als Bounce gezählt. Ein Bounce ist das unmittelbare Verlassen der Einstiegsseite, ohne jegliche Interaktion getätigt zu haben. Zu einer Interaktion zählt das Scrollen oder Klicken. Hast du eine Seite, die eine besonders hohe Absprungrate aufweist, solltest du diese Seite wirklich überprüfen. Findet Paul in den ersten wenigen Sekunden nicht, wonach er sucht? Warum nicht? Weil diese Seite nicht auf seine Fragestellung ausgerichtet ist? Oder aber, weil deine Seite nicht schnell genug zeigt, dass Paul hier die Antwort auf seine Frage zwar durchaus finden könnte, dass aber ein Pop-up aufspringt, bevor er sich überhaupt mit dem Inhalt der Seite auseinandersetzen kann?

DU BIST DRAN!

DEINE CHALLENGE

NO. 37

**" " UND JETZT DU!
WENDE DEIN NEUES WISSEN AN.**

Ermittle eine Content-Seite mit einer hohen Absprungrate und hinterfrage ganz genau, woran es liegen könnte? Und dann finde eine Lösung dafür!

PLATZ FÜR DEINE
NOTIZEN

16.2 Analysetools

An diesem Punkt stehst du vermutlich vor einem großen Haufen Fragezeichen. Woher solltest du die ganzen Zahlen nehmen? Das wohl bekannteste Analysetool ist Google Analytics. Daneben gibt es aber auch noch zahlreiche andere, die dir Schritt für Schritt in einzelnen Bereichen wertvolle Daten liefern. Entscheide selbst, welches Tool dir am liebsten ist.

16.2.1 Google Analytics

Google Analytics ist ein bekanntes und beliebtes Analysetool. In der kostenlosen Variante ist es mit mehr als 30 Millionen Accounts das am weitesten verbreitete digitale Analysetool und bietet Unmengen an Funktionen zur Analyse von Aufenthaltsdauer, Besucherzahlen, Absprungrate, verwendeter Software und vieles mehr. Damit du deine Seite mit Google Analytics überwachen kannst, musst du vorher den Tracking-Code auf deiner Website installieren. Ab diesem Zeitpunkt misst Google Analytics deine Seite. Die daraus gewonnenen Daten kannst du jederzeit rückwirkend abfragen und auch gewisse Zeiträume miteinander vergleichen. Damit du immer den schnellen Überblick über deine Content-KPIs hast, legst du dir am besten ein extra Content-Dashboard an. Unterschiedliche Dashboard-Vorlagen gibt's im Internet kostenlos zum Download. Ist dein Dashboard eingerichtet, kannst du dir ab sofort automatisiert diese Berichte schicken lassen – immer freitags zum Beispiel, wenn du deinen Analysetag hast.

16.2.2 Piwik

Piwik ist eine Open-Source-Plattform und eine Alternative zu Google Analytics für die Sammlung und Analyse deiner Daten. Die Community-Version ist kostenlos. Piwik lässt sich ebenso schnell installieren wie Google Analytics, und die Bedienung ist ebenso intuitiv. Im Gegensatz zu Google Analytics läuft Piwik direkt auf deinem eigenen Server – somit ist garantiert, dass alle Daten (abhängig von deiner Serverleistung) dauerhaft von dir kontrolliert werden und zu 100 Prozent im Besitz deines Unternehmens sind.

16.2.3 Weitere Analysetools

Neben dem Branchenprimus Google Analytics und dem gerade vorgestellten Piwik tummeln sich noch eine Vielzahl weiterer Analysetools auf dem Markt, die in Sachen Funktionalität, Usability und Datensicherheit einiges zu bieten haben für die Webanalyse.

- Etracker: *etracker.com*
- Webtrekk: *webtrekk.de*
- Charbeat: *charbeat.com*
- Econda: *econda.de*
- Webtrends: *webtrends.de*

KAPITEL 17

CONTENT-RECYCLING & RE-PUBLISHING

Wer erfolgreiches Content Marketing betreiben möchte, sollte unbedingt eine große Portion Ausdauer im Gepäck haben. Auch etwas Fingerspitzengefühl schadet nicht: Denn Content Marketing heißt auch, den Content immer wieder in die Hand zu nehmen und ihn zu verbessern. Wer seinen Content liebt, der hegt und pflegt ihn eben. Gemäß dem Motto: Es geht nicht um mehr, sondern um bessere Inhalte.

Du musst dir nicht immer und immer wieder neue Themen einfallen lassen. Oder ein Evergreen-Thema Jahr für Jahr neu interpretieren. Schnapp dir doch einfach den Inhalt vom Vorjahr – überprüfe ihn auf seine Gültigkeit – ergänze ihn – und veröffentliche ihn erneut. Ja, genau. So einfach kann es sein.

Und dann sind da noch die sich laufend verändernden Anforderungen von allen möglichen Seiten. In kaum einer anderen Branche verändert sich so schnell so vieles wie im digitalen Bereich. Und mit der Branche verändert sich auch unser Nutzerverhalten – und damit die Erwartungen, die Paul und Miri an deine Inhalte stellen, und somit auch die Anforderungen, die Google an dich als Content-Marketer stellt, um schlussendlich wieder die besten Inhalte für Miri und Paul auszuliefern.

Im Umkehrschluss bedeutet das aber für dich: Du musst noch mal an deinen Content ran! Ihn vielleicht weiter optimieren. Ihn vielleicht besser strukturieren. Vielleicht anders aufbauen oder ihn erweitern. Vielleicht musst du deinen Content aber einfach nur wieder in Erinnerung rufen.

Du errätst bereits, worauf ich hinauswill? Ja, genau! Jetzt ist der Zeitpunkt gekommen, wo du ein erneutes Content-Audit durchführen kannst. Überprüfe, welche Inhalte für deine Zielgruppen besonders wichtig und welche für sie nutzlos sind. Wie du dafür Schritt für Schritt vorgehst, liest du am besten nochmal in Kapitel 9 nach. Und dann kommst du wieder.

17.1 Clean up your Website!

Ausmisten kann so befreiend sein. Du hast Content, der wenig Traffic und eine niedrige Conversion-Rate erzielt? Und den du der Kategorie »nutzlos« zuordnest? Dann weg damit! Es befinden sich ähnliche Inhalte wie der soeben als nutzloser Content definierte Text auf deinem Themenplan? Hinterfrage die Sinnhaftigkeit. Wenn diese Inhalte für niemanden interessant sind (außer vielleicht für den Vorstand deines Unternehmens), dann ist es besser, du streichst ihn von deiner To-do-Liste. Und investierst die dadurch gewonnene Zeit in andere Projekte. Oder gehst Eis essen. Beides ist in diesem Fall sinnvoller.

Das Ausmisten einer Website hat einen ähnlichen Effekt wie das Ausmisten eines Kleiderschranks. Du erhältst wieder mehr Platz, den du optimal nutzen kannst. Deine Seite wird somit übersichtlicher. Und du machst Platz für neue Themen, ohne dass die ursprüngliche Übersichtlichkeit verloren geht. Und dann profitierst du noch von einem weiteren genialen Nebeneffekt: Wird deine Website schlanker, verringert sich auch das Datenvolumen, und das trägt wiederum wesentlich zur Performance deiner Seite bei.

Aber Vorsicht: Auch beim Löschen deiner Inhalte gilt es ein paar Dinge zu beachten.

Vermeide »Broken Images«: Achte beim Löschen der Bilder darauf, dass du nur Bilder löschst, die du tatsächlich sonst nirgends auf der Website eingebunden hast. Tust du das nicht, kann es passieren, dass auf anderen Content-Seiten plötzlich ein Bild fehlt.

Diese Seite wurde nicht gefunden: Löschst du ganze Content-Seiten, vergiss nicht, sogenannte Redirects (= Weiterleitungen) anzulegen, um auch Google mitzuteilen, dass es diese Seite nicht mehr gibt. Mithilfe der Redirects leitest du User, die auf einen Link klicken, der auf diese »gelöschte« Seite zeigt, einfach auf eine andere weiter.

Überprüfe deine Website auf fehlerhafte Links: Überprüfe deine Website darauf, ob du noch irgendwo auf die gelöschten Seiten verlinkst. Das kannst du mit einem SEO-Tool deiner Wahl ganz einfach überprüfen. Ein kostenloses Tool dafür ist *deadlinkchecker.com*

17.2 Content-Optimierung

Sehr oft zeigen Content-Analysen, dass nur wenige Beiträge einen Großteil des Traffics ausmachen. Das ist bei den meisten unserer Kundenprojekte so und wahrscheinlich auch bei dir. Sieh einfach mal nach. Da gibt es die Top-10-Beiträge und dann jene, die zwar gut sind, aber noch nicht top. Das sind die sogenannten Schwellen-Seiten. Also Seiten, die du mit wenig Aufwand optimieren und somit zu neuen Top-Seiten machen kannst. Und genau diese gilt es zu optimieren.

PLATZ FÜR DEINE
NOTIZEN

DEINE CHALLENGE

DU BIST DRAN!

NO. 38

> **UND JETZT DU! WENDE DEIN NEUES WISSEN AN.**

Analysiere, welche Beiträge den Löwenanteil deines Traffics ausmachen.

Für die Content-Optimierung stehen dir zahlreiche Möglichkeiten offen: Starte doch einfach mit den Basics. Sorge für Struktur auf deiner Seite!

- Achte auf die gute Strukturierung des Textes.
- Füge Absätze und Zwischenüberschriften ein.
- Ergänze deinen Text um Listen.
- Ergänze deinen Text um aussagekräftige Bilder.
- Überprüfe alle Meta-Tags.
- Achte auf kurze Wege zur gewünschten Information.
- Achte auf die Satzlängen.

Bist du mit der Struktur deiner Website zufrieden, überprüfe, ob jeder deiner Content-Seiten einen Ausweg bietet. Du weißt schon: Gibt es eine klare Call-to-Action? Bietest du interessante Möglichkeiten zum Weiterlesen. Hat Paul am Ende des Textes etwas zu tun – in Form eines Downloads, einer Anfrage, einer Anmeldung zum Webinar? Kurzum: Passt die Call-to-Action zu deinem Content-Ziel?

Mit der Optimierung der Struktur und der Ergänzung der Handlungsaufforderungen kannst du deine Content-Seiten ganz schnell optimieren. Diese Maßnahmen kosten dich nur wenige deiner Zeitressourcen und können dennoch Großartiges bewirken. Um das Ergebnis nachverfolgen zu können, mach dir eine Notiz in deinen Analyseunterlagen. Notiere dir, was du an dem Text geändert hast, damit du siehst, ob deine Bemühungen auch wirklich Früchte tragen.

Neben diesen beiden Quick-Maßnahmen kannst du »alten« Content aber auch noch anders optimieren. Und zwar in Form des Content-Republishings und des Content-Recyclings. Beide Maßnahmen haben eines gemeinsam: Du arbeitest mit bereits bestehen Inhalten einfach weiter. Bevor wir uns nun aber den nächsten beiden Optimierungsmaßnahmen widmen, habe ich noch eine spannende Aufgabe für dich!

DEINE CHALLENGE

DU BIST DRAN!

NO. 39

🖤🖤 UND JETZT DU! WENDE DEIN NEUES WISSEN AN.

Greif dir eine jener Content-Seiten, mit denen du bereits viel Traffic generierst, die Absprungrate jedoch höher ist als auf anderen Seiten. Überprüfe diese Seite auf Struktur und Ausweg, und ergänze alles, was fehlt! Mach dir eine kleine Notiz über die Änderungen und den Änderungszeitpunkt, und leg dir die erneute Überprüfung dieser Seite auf Termin, um zu sehen, was du mit dieser Optimierung erreicht hast!

17.2.1 Content-Republishing

Unter Content-Republishing fällt jede Art der Wiederveröffentlichung desselben Beitrages. Auch in adaptierter und aktualisierter Form. Hier geht's aber nicht darum, dass du einen alten Beitrag nimmst, das Datum austauscht und vielleicht auch noch die neuen Öffnungszeiten ergänzt, um ihn dann lieblos nochmals zu veröffentlichen. Du sollst vielmehr aus alten Publikumslieblingen neue Hits machen.

Mithilfe von Google Analytics analysierst du, welcher Content viele eingehende Links hat. Das impliziert, dass viele Leser deinen Beitrag so gut finden, dass sie ihn auch verlinken.

Und dann überprüfst du noch, welcher Content viel Traffic generiert hat. In den letzten vier Wochen. In den vergangen vier Monaten. Und im letzten Jahr. Sind darunter Beiträge, die schon lange unter den Publikumslieblingen sind? Und sind sie auch noch aktuell? Überlege, ob es vielleicht genau diese Beiträge sind, die es wert sind, überarbeitet und in neuer Form wieder veröffentlicht zu werden.

Das besondere Plus beim Content-Republishing: Wenn du deinen Content aktualisiert, kannst du mit relativ wenigen Zeitressourcen einen gigantischen Output erzielen.

Try it again!

Dein Content funktioniert nicht, obwohl die Inhalte wirklich, wirklich gut sind? Das ist so ziemlich das Traurigste, was dir passieren kann. Ich kenne das. Man steckt so viel Herzblut und Zeit in einen Text, und dann ... passiert einfach nichts. Oder zumindest weniger, als man erwartet hatte. Spätestens jetzt musst du dich an der Nase fassen und wirklich ehrlich zu dir selbst sein! Vielleicht hast du den Beitrag zur falschen Zeit gepostet? Ihn falsch verteilt? Vielleicht waren deine Owned Media, mit denen du ihn verteilt hast, noch nicht so reichweitenstark, wie sie heute sind? Oder du hast einfach die falsche Headline gewählt? Also: Nichts wie ran an den so guten und dennoch verschmähten Content. Verleih ihm einen neuen Anstrich und probiere es nochmal! Try it again!

PLATZ FÜR DEINE
NOTIZEN

DEINE CHALLENGE

DU BIST DRAN!

NO. 40

❞❞ UND JETZT DU!
WENDE DEIN NEUES WISSEN AN.

Hast du einen dieser Inhalte, bei denen du dich gewundert hast, dass sie nicht funktioniert haben? Sei nicht schüchtern! Probiere es noch einmal! Nur diesmal besser.

Evergreens

Du hast in deinem Content-Repertoire Inhalte, die immer – oder immer wieder – aktuell sind. Zum Beispiel Rezepte von Weihnachtskeksen oder die schönsten E-Bike-Touren in Österreich, die bereits im Mai befahrbar sind? Klasse! Das sind echte Evergreens! Und Content, der garantiert immer wieder aufs Neue super funktioniert!

Bevor du jetzt jedes Jahr aufs Neue beginnst, ein Rezept mit den weltbesten Vanillekipferl zu schreiben, wieder einmal etwas über den Christkindlmarkt in deiner Stadt zu verfassen oder zum vierten Mal die schönste E-Bike-Tour entlang der Donau zu beschreiben, arbeite mit den alten Beiträgen einfach weiter. Nimm dir den jeweiligen Beitrag zur Hand, überprüfe den Content auf seine Aktualität und ergänze ihn um neue Themen. Mach daraus einen noch besseren Text!

- Gibt's neue Radtouren, um die du den Beitrag ergänzen kannst?
- Sind alle Restauranttipps entlang der Route noch aktuell?
- Hat sich etwas an den Öffnungszeiten der Museen entlang der Touren verändert?

- Wurden zusätzliche E-Ladestationen installiert? Kannst du deinen Lesern ein neues Angebot machen?
- Sind die Links noch aktuell?
- Kannst du zusätzlich auf anderen Content verlinken?
- Überprüfe die Headline: Ist sie ansprechend genug?
- Passen die Bilder noch oder hast du bereits aktuelleres Bildmaterial? Achte dabei darauf, dass du neues und altes Bildmaterial nur dann mischst, wenn die Bildsprache wirklich ident ist und zueinander passt.

Wenn du mit der Überarbeitung des Beitrags fertig bist – veröffentliche ihn nochmal. Somit zeigst du Google, dass sich etwas getan hat, und lädst die Suchmaschine ein, deine Seite erneut zu indexieren. Und anstatt zahlreicher kleiner Content-Seiten zum Thema E-Bike-Touren in Österreich bietest du Miri und Paul eine einzige richtig gute Seite mit den geballten Informationen zu diesem spannenden Thema! Herrlich, oder?

DEINE CHALLENGE

DU BIST DRAN!

NO. 41

❞ UND JETZT DU!
WENDE DEIN NEUES WISSEN AN.

Wähle einen deiner Evergreens aus und überprüfe ihn auf seine Aktualität! Überarbeite ihn! Und schon hast du frischen Content für deine Leser!

17.2.2   Content-Recycling

Content-Republishing ist eine Möglichkeit, deinen Content zu verwerten. Aber es gibt da noch eine andere Möglichkeit, die so simpel ist, dass man manchmal einfach gar nicht daran denkt: Mach einfach neuen Content daraus! Klingt das nicht hervorragend? Ist es auch! Content-Recycling reduziert deinen Recherche-Aufwand für neue Beiträge. Die Grenzen zum Content-Republishing können beim Content-Recycling manchmal verschwimmen. Dennoch geht's beim Content-Recycling in erster Linie nicht darum, dass du deinen Content nochmals veröffentlichst, sondern wirklich darum, dass du die Inhalte verwertest.

Die einfachste Form der Wiederverwertung ist die, bestehenden Content in ein neues Gewand zu stecken! Du hast bereits so viel Zeit und Energie in die Recherche und Aufbereitung eines Beitrages investiert, es wäre schade um all die Mühe, wenn du nicht noch viel mehr daraus machtest. Überlege, wie du deine Zielgruppe zusätzlich mit diesen Inhalten erreichen kannst. An welchem Touchpoint der Customer Journey sind diese Inhalte zusätzlich wichtig und relevant für Miri und Paul?

Vorteile des Content-Recyclings

- Dank unterschiedlicher Formate erreichst du unterschiedliche Personas.
- Die Personas stoßen immer und immer wieder über deinen Content und deine Message.
- Die wiederholte Integration derselben Keywords (wenn du mit deinem Content online bleibst) verstärkt den Traffic.

So verwertest du deinen Content

- Mach eine Infografik daraus.
- Mach ein E-Book daraus.
- Mach Micro-Content daraus.
- Mach ein Video daraus.
- Mach einen Blogbeitrag daraus.
- Mach einen Newsletter daraus.
- Mach ein Printprodukt daraus.
- Mach eine Präsentation daraus.
- Mach ein Webinar daraus.
- Mach ein Whitepaper daraus.

DEINE CHALLENGE

DU BIST DRAN!

NO. 42

,, UND JETZT DU!
WENDE DEIN NEUES WISSEN AN.

Nimm einen deiner letzten Beiträge zur Hand und überlege, ob du daraus vielleicht sogar noch mehr machen kannst? Hast du mehr Material, als in deinen Blogbeitrag reinpasst - dann mach doch ein Whitepaper daraus, das du im Gegenzug für Daten (E-Mail-Adresse) zur Verfügung stellst! Oder verwertete Listen und Zitate aus einem Beitrag, indem du Micro-Content herstellst.

PLATZ FÜR DEINE
NOTIZEN

KAPITEL 18

UND ALLES WIEDER VON VORNE

Puh! Das wäre also geschafft! Und wärst du ein Marathonläufer, würdest du nun über die Ziellinie laufen. Alle deine Freunde und deine Familie würden dir zujubeln, laut in die Hände klatschen und dich hochleben lassen.

Leider bist du aber kein Marathon-Läufer, sondern Content-Marketer. Stattdessen bekommst du von mir ein großes Lob und musst dir im Hintergrund lauten Paukenschlag und Trompetengetöns vorstellen. Doch am Ziel bist du noch nicht. Denn es bedeutet: Nun geht alles wieder von vorne los. Nur mit mehr Wissen, als du zu Beginn hattest.

Denn nun beherrschst du die ersten Grundlagen des Content Marketings. Du weißt, worauf es ankommt, und konntest bereits erste wertvolle Erfahrungen sammeln. Du bist vielleicht gestolpert, aber wieder aufgestanden. Und die Analyse deiner Daten hilft dir, dich laufend zu verbessern.

- Nutze also deine neu gewonnenen Erkenntnisse, die Erfahrungen, die du bis zu diesem Zeitpunkt machen konntest und die Auswertung deiner Zahlen, um an deiner Content-Strategie zu feilen.
- Baue deine Content-Aktivitäten nun Schritt für Schritt weiter aus.
- Aktualisiere kontinuierlich deinen Themen- und deinen Redaktionsplan.
- Hinterfrage deinen redaktionellen Ansatz kritisch.
- Und versuche, noch besseren Content für Miri und Paul zu kreieren. Vielleicht ist es sinnvoll, deine Owned Media noch mehr auszubauen, um eine größere Reichweite für deine Content-Distribution zu bekommen? Vielleicht brauchst du mehr Content zu einem bestimmten Nischenthema.

Egal, wie dein Resümee ausfällt: Ich wünsche dir gutes Durchhaltevermögen und viel Erfolg bei deinen Content-Marketing-Maßnahmen!

ZUM RUNDEN ABSCHLUSS

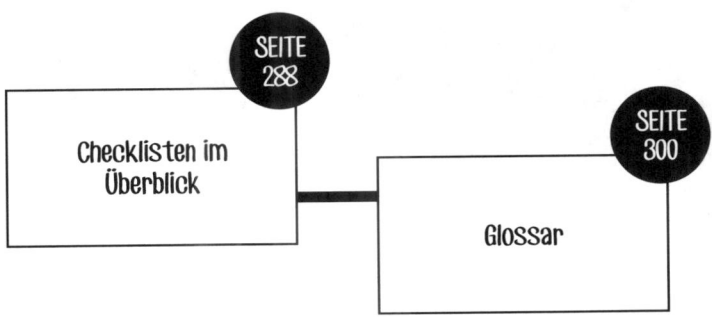

SEITE 288

Checklisten im Überblick

SEITE 300

Glossar

CHECKLISTEN IM ÜBERBLICK

In diesem Anhang findest du zusammengefasst nochmals alle Checklisten. Diese kannst du dir auch unter *www.punkt-komma.at/content-marketing-workbook* down-loaden.

Deine Content-Marketing-Ziele:

ICH WILL ...

- ☑ ... den Bekanntheitsgrad meines Produkts erhöhen.
- ☐ ... den Bekanntheitsgrad meiner Marke erhöhen.
- ☐ ... den Unterschied zur Konkurrenz hervorheben.
- ☐ ... das Image verbessern oder ändern.
- ☐ ... mich als Experte positionieren oder
- ☐ ... meine Reputation steigern.
- ☐ ... eine bessere Reichweite schaffen.
- ☐ ... die Kommunikation mit meiner Zielgruppe aktiv gestalten.
- ☐ ... Beziehungen aufbauen, pflegen und erhalten.
- ☐ ... eine erhöhte Kundenbindung.
- ☐ ... Mitarbeiter motivieren oder neue Mitarbeiter gewinnen.
- ☐ ... weitere Märkte für mein Produkt erschließen.
- ☐ ... eine neue Zielgruppe ansprechen.
- ☐ ... bestimmte Themen in der Öffentlichkeit stärken und Einfluss darauf nehmen.
- ☐ ... mehr Traffic auf meiner Website.
- ☐ ... mehr Traffic auf meinem Blog.
- ☐ ... verbesserte Suchmaschinenrankings.
- ☐ ... eine geringere Absprungrate/höhere Verweildauer auf meiner Website.
- ☐ ... Unterstützung des Kundenservices.
- ☐ ... mehr Leads generieren
    - Newsletter-Anmeldungen
    - Downloads von ....
    - Callbacks ....
    - Daten generieren für ....
    - ....
    - ....
- ☐ ....
- ☐ ....

> Die Definition der Ziele bestimmt den Content. ❗

CHECKLISTE
für deine Navigation

- ☒ Verzichte auf blumige Wortspielereien - sei klar und direkt.

- ☐ Achte darauf, dass du maximal sieben Hauptnavigationspunkte hast.

- ☐ Achte darauf, dass du bereits in der Navigation relevante Keywords einbindest.

- ☐ Achte darauf, dass jede Unterseite auch für sich alleine stehen könnte.

- ☐ Miri und Paul landen im Regelfall direkt auf einer Unterseite.

CHECKLISTE
für deine Überschriften

- ☒ Verwende nur eine H1-Überschrift pro Content-Seite bzw. pro Webtext.

- ☐ Verwende das Hauptkeyword der Seite in der H1-Überschrift.

- ☐ Ordne die Überschriften chronologisch.

- ☐ Verwende thematisch ergänzende Keywords in H2, H3, ...

- ☐ Verwende so viele Überschriften, wie nötig sind.

- ☐ Stelle bei deinen Überschriften immer klar den Nutzen für deine Leser heraus.

- ☐ Halte die Überschriften so kurz wie möglich - streiche unnötige Wörter.

- ☐ Verwende Elemente, die Aufmerksamkeit erregen.

CHECKLISTE
für die SEO-Optimierung

▨ Ist das Thema allumfassend behandelt? Wenn wichtige Punkte fehlen, überarbeite den Text noch einmal.

☐ Die Keywords sollten in den folgenden Elementen vorkommen:
- Headline
- Title-Tag
- Description
- URL
- Alt-Attribute der Bilder

☐ Der Text hat einen aussagekräftigen Seitentitel.

☐ Es sind Überschriften und Zwischenüberschriften vorhanden, um den Text zu strukturieren.

☐ Der Text ist intern gut verlinkt, inklusive Anker-Text.

☐ Es kommt nicht nur auf die Keywords an. Schreibe deinen Text auch semantisch reichhaltig. Das bedeutet: Nutze auch verwandte Wörter, die im Zusammenhang mit dem Keyword stehen.

☐ Die Seite enthält Bilder, die zum Text passen. Diese sind mit Unterschrift, Alt-Tag und Bildtext versehen.

☐ Frage dich: Ist der Text einzigartig und bringt er dem Leser Mehrwert? Wenn nicht, musst du nochmal ran.

☐ Behalte beim Texten die Intention der Zielgruppe im Auge. Soll die Seite ein konkretes Problem lösen, löse es. Soll sie Informationen zu einem Thema bieten, biete sie. Und soll sie verkaufen, mach es dem Leser einfach zu kaufen.

☐ Der Call-to-Action ist geschickt platziert.

CHECKLISTE
Webtext-Optimierung in 5 Minuten

TITLE
- maximal 75 Zeichen lang ☑
- ist zugleich eine Headline ☐
- erscheint in den Suchergebnissen ☐
- soll zum Klicken animieren ☐
- enthält am Anfang das Hauptkeyword, die Brand am Ende ☐

DESCRIPTION
- Kurzbeschreibung des Seiteninhalts ☐
- maximal 170 Zeichen ☐
- erscheint in den Suchergebnissen ☐
- 1 bis 2 kurze Sätze ☐
- enthält eine Handlungsaufforderung ☐
- soll zum Klicken animieren ☐
- enthält verwandte Suchbegriffe ☐

ALT-TAG
- Alternativtext, der lesbar wird, wenn ein Bild nicht angezeigt werden kann ☐
- enthält das Keyword ☐

BILDBESCHREIBUNG
- Text in HTML, der beschreibt, was auf einem Bild zu sehen ist ☐
- zirka 100 Zeichen ☐

BILDBENENNUNG
- möglichst klar verständliche Namen ☐
- Kleinschreibung ☐
- keine Unterstriche verwenden ☐
- enthält das Keyword ☐

BEISPIEL: contentcampus-workshop-texten

SPRECHENDE LINKS

- klar formulierte Links mit Keywords ☐

BEISPIEL: Anstatt „hier" besser „Lesen Sie mehr über den Grünen Veltliner!"

H1 BIS H6

- Die Headlines sind als solche ausgewiesen und chronologisch aufgebaut. ☐
- Die Headlines sind einzigartig. ☐
- Die Headlines strukturieren den Text und fassen das darauffolgende Thema zusammen. ☐

TEXTSTRUKTUR

- kurze Wege zur gewünschten Information ☐
- kurze, prägnante Sätze ☐
- Satzlänge: 15 bis 17 Wörter ☐
- kein Wissen voraussetzen ☐
- Floskeln und Text als Selbstzweck entfernen ☐
- konkrete Aussagen ☐
- verständliche, zielgruppenspezifische Sprache ☐
- gute Strukturierung der Texte ☐
- Arbeite mit Aufzählungen. ☐
- Zeilenlänge: 12 Wörter ☐
- Alle relevanten Fragen sind beantwortet. ☐
- Vorteile und Nutzen sind klar hervorgehoben. ☐
- bildhaft geschrieben ☐
- ein Gedanke - ein Absatz ☐
- Absatzlänge: 4 Zeilen ☐

CHECKLISTE
für guten Content

- ▇ Würdest du den in diesem Artikel enthaltenen Informationen trauen?

- ☐ Bietet dieser Artikel eine vollständige oder umfassende Beschreibung des Themas?

- ☐ Weist die Website doppelte, sich überschneidende oder redundante Artikel zu denselben oder ähnlichen Themen auf, deren Keywords leicht variieren?

- ☐ Würdest du dieser Website deine Kreditkarteninformation anvertrauen?

- ☐ Enthält dieser Artikel orthografische, stilistische oder sachliche Fehler?

- ☐ Entsprechen die Themen echten Interessen der Leser der Website oder werden auf der Website Inhalte generiert, mit denen ein gutes Ranking in Suchmaschinen erzielt werden soll?

- ☐ Enthält der Artikel Originalinhalte oder -informationen, eigene Berichte, eigene Forschungsergebnisse oder eigene Analysen?

- ☐ Sind die Artikel kurz oder gehaltlos oder fehlen sonstige hilfreiche Details?

- ☐ In welchem Maße werden die Inhalte einer Qualitätskontrolle unterzogen?

- ☐ Wird die Website als kompetente Quelle zu ihrem Thema anerkannt?

- ☐ Stammen die Inhalte aus einer Massenproduktion oder von zahlreichen externen Autoren bzw. werden sie über ein großes Netzwerk von Websites verbreitet, so dass einzelnen Seiten oder Websites eher wenig Aufmerksamkeit oder Sorgfalt gewidmet wird?

☐ Werden in dem Artikel unterschiedliche Standpunkte berücksichtigt?

☐ Wurde der Artikel sorgfältig redigiert oder scheint er eher schlampig bzw. hastig erstellt worden zu sein?

☐ Hättest du bei gesundheitsbezogenen Suchanfragen Vertrauen in die Informationen dieser Website?

☐ Würdest du diese Website als kompetente Quelle anerkennen, wenn sie namentlich erwähnt würde?

☐ Wurde der Artikel von einem Experten bzw. einem sachkundigen Laien verfasst oder ist er eher oberflächlich?

☐ Enthält dieser Artikel aufschlussreiche Analysen oder interessante Informationen, die nicht allgemein bekannt sind?

☐ Würdest du diese Seite zu deinen Lesezeichen hinzufügen, an Freunde weitergeben oder empfehlen?

☐ Enthält dieser Artikel unverhältnismäßig viele Anzeigen, die vom eigentlichen Inhalt ablenken oder diesen beeinträchtigen?

☐ Könntest du dir diesen Artikel in einem Printmagazin oder in einem Buch vorstellen?

☐ Hat die Seite im Vergleich zu anderen Seiten in den Suchergebnissen einen wesentlichen Wert?

☐ Wurden die Seiten mit großer Sorgfalt und Detailgenauigkeit oder mit geringer Detailgenauigkeit erstellt?

☐ Würden sich Nutzer beschweren, wenn ihnen Seiten von dieser Website angezeigt würden?

Füllwörter, die du nicht brauchst

A

aber
abermals
allein
allemal
allem Anschein nach
allenfalls
allenthalben
allesamt
allzu
also
an sich
an und für sich
andauernd
andererseits
andernfalls
anscheinend
auch
auf alle Fälle
auffallend
aufs Neue
augenscheinlich
ausdrücklich
ausgerechnet
ausnahmslos
außerdem
äußerst
ausschließlich

B

beinahe
bei weitem
bekanntlich
besonders
bestimmt
betreffend
bezüglich

bereits
bestenfalls
bloß

D

dabei
dadurch
dafür
danach
dagegen
daher
damals
dann und wann
demgegenüber
demgemäß
demnach
denkbar
denn
dennoch
des Öfteren
deshalb
desungeachtet
deswegen
doch
durchaus
durchweg

E

eben
echt
eigentlich
ein bisschen
ein wenig
einerseits
einfach
einige
einigermaßen
einmal

endlich
entsprechend
erfolgreich
ergo
erheblich
etliche
etwa
etwas

F

fast
folgendermaßen
folglich
förmlich
fortwährend
fraglos
freilich

G

gänzlich
ganz gerne
ganz gewiss
ganz und gar
gar
gar nicht
gelegentlich
genau
gemeinhin
gerade
geradezu
gewiss
gewisse
gewissermaßen
gewöhnlich
glatt
gleichsam

L

leider
letztlich
letzten Endes
letztendlich

M

manchmal
mal
man könnte sagen
maßgeblich
mehrere
mehr oder weniger
mehrfach
meines Erachtens
meinetwegen
meist
meistens
meistenteils
mindestens
mithin
mitunter
moderne
möchte
möglichst
möglicherweise
mutmaßlich

N

nachhaltig
nämlich
naturgemäß
natürlich
neuerdings
neuerlich
neulich
nicht wahr?

nichtsdestotrotz
natürlich
nie
niemals
normalerweise
nun
nur

O

offenbar
ohne Zweifel
ohnedies
offenkundig
offensichtlich
oft
ohne

P

partout
persönlich
plötzlich
praktisch

Q

quasi

R

recht
regelrecht
relativ
reichlich
reiflich
restlos
richtiggehend
riesig
ruhig
rund
rundheraus

rundum

S

sagen wir mal
samt und sonders
sattsam
schlicht
schlichtweg
schließlich
schlussendlich
schon
schwerlich
sehr
selbst
selbstverständlich
selten
selbstredend
seltsamerweise
so
sicher
sicherlich
sogar
sogleich
sonst
sowieso
sowohl als auch
sozusagen
stellenweise
stets
streng

T

trotzdem

U

überaus
überdies
üblicherweise

überhaupt
übrigens
ungefähr
unglücklicherweise
unlängst
ungewöhnlich
ungleich
unmaßgeblich
unsagbar
unsäglich
unsinnige
umständehalber
unbedingt
unerhört
ungemein
unstreitig
unzweifelhaft
uralte
ursprünglich

V

vermutlich
vergleichsweise
viele
vielfach
vielleicht
voll
vollkommen
voll und ganz
vollends
völlig
vollständig
von neuem
voraussichtlich
vor Ort

W

wahrscheinlich

weidlich
weitgehend
wiederum
wenige
wenigstens
wieder
wieder einmal
wirklich
wohl
wohlgemerkt
womöglich

Z

ziemlich
zudem
zumeist
zusehends
zuweilen
zugegeben
zunächst
zweifellos
zweifelsfrei
zweifelsohne

GLOSSAR

Im Content-Marketing-Workbook stolperst du über zahlreiche Fachbegriffe. Eine Reihe davon wird bereits im Buch selbst definiert. Manchmal wird ihnen sogar ein ganzer Abschnitt gewidmet. Andere Begriffe werden jedoch nur beiläufig erwähnt. Viele davon sind dir bestimmt sehr vertraut, manche sind dir bekannt und andere kennst du vielleicht noch nicht. Zum besseren Verständnis für das umfassende Thema »Content Marketing« dient dir dieses Glossar.

Audit: Das Audit ist eine bestimmte Form der Website-Analyse, bei der die aktuellen Prozesse auf deiner Website durchleuchtet werden. Ein Instrument, das vor allem in der Suchmaschinenoptimierung unverzichtbar ist. Ein Audit dient der Erfolgskontrolle ebenso wie der ständigen Qualitätssicherung. Es zeigt versteckte Potenziale auf und hilft dir, Fehlerquellen aufzuzeigen und deine Maßnahmen exakter zu planen. Sichtbarkeit, Ranking, Absprungraten – all das kannst du mithilfe eines Audits untersuchen.

Augmented Reality: Augmented Reality – auch AR oder »erweiterte Realität« – bezeichnet die Erweiterung der menschlichen Wahrnehmung durch computerunterstützte Methoden. Meist ist damit die visuelle Realitätserweiterung gemeint, etwa durch die digitale Einblendung von Zusatzinformationen wie Symbolen, Bildern oder Videos auf dem Bildschirm.

Briefing: Ziel eines Briefings ist es, die Intention des Auftraggebers kennenzulernen. Daher sollte das Briefing immer der erste Schritt in der Planung deiner Kommunikationsmaßnahmen sein. Wichtige Inhalte eines Briefings sind die Unternehmensbeschreibung, die Markenpositionierung sowie die Definition von Zielgruppen und Kommunikationszielen. Auf Basis des Briefings kannst du dann eine detaillierte Marketingstrategie erarbeiten.

Bounce Rate: Die Bounce Rate ist die Absprungrate deiner Website – das sind all jene Besucher, die nur eine einzelne Content-Seite aufrufen, ohne eine Interaktion durchzuführen, wie zum Beispiel zu scrollen oder zu klicken.

Blogger: Blogger sind Personen, die aus privaten oder beruflichen Gründen einen Blog zu einem beliebigen Thema betreiben. Blogger erfreuen sich bei ihrer Leserschaft durch ihre authentischen, meist subjektiven Inhalte einer hohen Glaubwürdigkeit. Das wiederum ist einer der Gründe, warum Unternehmen in ihrer Kommunikation gerne mit Bloggern zusammenarbeiten. Mehr dazu findest du unter Influencer Relations.

Blogger Relations: siehe Influencer Relations

Case Study: Eine Case Study (deutsch: Fallstudie) ist die beispielhafte Darstellung eines Einzelfalles aus der (Unternehmens-)Praxis. Die Fallstudie besteht meist aus einem Problem, einer Lösung und einem Ergebnis.

Call-to-Action: Die Call-to-Action ist eine Handlungsaufforderung, die den User auffordert, etwas zu tun – zum Beispiel, etwas zu kaufen.

Crawler: Crawler sind automatisierte Computerprogramme, die das Internet laufend nach neuen Informationen durchforsten. Suchmaschinen etwa verwenden Crawler, um Inhalte im Web anhand von bestimmten SEO-Faktoren zu analysieren und zu ranken.

Customer Journey: Die Customer Journey beschreibt im Marketing den gesamten Weg des Kunden von der ersten Berührung mit einem Produkt oder Unternehmen bis hin zur endgültigen Kaufentscheidung. Diese »Reise des Kunden« wird visuell anhand der Customer Journey Map dargestellt.

Conversion: Conversion bezeichnet im Marketing den Prozess, durch den der Besucher einer Website zu einer bestimmten Handlung – zum Beispiel zum Download oder zur Buchung – geleitet wird.

Click-through-Rate: Die sogenannte Klickrate ist das Verhältnis von den Seitenaufrufen (Page Impressions) zu den Klicks, die auf deiner Seite getätigt werden. Damit ist die Click-through-Rate eine wichtige Kennzahl im Online-Marketing. Um die Klickrate zu errechnen, dividierst du die Anzahl der Klicks durch die Anzahl der Seitenaufrufe und rechnet das Ergebnis in Prozent um.

Display-Ads: zu Deutsch Display-Werbung ist jegliche Form von Online-Werbung mithilfe von grafischen Werbemitteln wie Bannern, Videos, Bildern, Animationen etc. Display-Ads sind neben dem Suchmaschinen-Marketing die wichtigste Form der Werbung im Web. Das Ziel: die User zum Klicken zu bewegen und die Wahrnehmung einer Marke zu verstärken.

Distribution: Mit der Distribution von Inhalten ist im Content Marketing die gezielte Verbreitung von Inhalten an eine bereits bekannte Zielgruppe gemeint. Die wichtigste Frage, die du dir zum Thema Distribution stellen solltest: Über welche Kanäle verbreitest du deine Inhalte, um das gewünschte Publikum zu erreichen?

Elevator Pitch: Der Elevator Pitch – auf Deutsch die »Aufzugspräsentation«– ist ein Weg, deine Idee, dein Unternehmen oder dein Produkt überzeugend vorzustellen. Der Grundgedanke: Die Idee sollte innerhalb einer Liftfahrt, also in rund 60 Sekunden, einer anderen Person präsentiert werden können.

GIF: GIF ist ein Datei-Format und bedeutet übersetzt »Grafikaustausch-Format«. Es ermöglicht unter anderem das Abspeichern von mehreren Einzelbildern in einer Datei, die Webbrowser dann als Animation wiedergeben.

Google-Algorithmus: Laut Google sind Algorithmen Computer-Prozesse und Formeln, die Fragen in Antworten verwandeln. Sie durchforsten geschätzte »Billionen« von Websites, um die Informationen zu finden, die sie suchen. Gäbe es keine Algorithmen, müssten wir alle Informationen selbst durchforsten, um das Gewünschte zu finden. Das ist wie die Suche nach der Nadel im Heuhaufen.

H-Überschriften: H-Überschriften dienen im Content Marketing in erster Linie der Suchmaschinen-Optimierung. Beginnend bei der H1 – der Headline und zugleich wichtigsten Überschrift – werden Webtexte anhand der H-Überschriften in unterschiedliche Ebenen – H2, H3 etc. – gegliedert. Für die Suchmaschinen sind die Überschriften ein wichtiger Ranking-Faktor.

Inbound Marketing: Inbound Marketing ist eine Überkategorie von Marketing-Maßnahmen, die es sich zur Aufgabe gemacht hat, direkt vom Kunden gefunden zu werden. Es handelt sich um Pull-Maßnahmen.

Influencer: Als Influencer bezeichnet man ganz allgemein Personen mit einer besonders hohen Präsenz im Web, insbesondere in den sozialen Medien. Das können Blogger genauso sein wie Privatpersonen, Journalisten oder Aktivisten – man könnte auch sagen, es sind Meinungsführer zu einem bestimmten Thema.

Influencer Relations: Influencer Relations sind Beziehungen zwischen Unternehmen und Influencern im Zuge einer Marketing-Strategie. Unternehmen profitieren insbesondere von der hohen Reichweite der Influencer, die Inhalte und Werbebotschaften meist gegen Bezahlung in ihrer – in der Regel sehr treuen – Zielgruppe verbreiten.

Interaktion: Kommentieren, bewerten, liken, teilen, klicken – all das gilt im Content Marketing als Interaktion, also jedes bewusste Handeln von Usern und Kunden, das sich auf dein Unternehmen bezieht. Der Vorteil: Interaktive Inhalte beziehen den User persönlich in deine Inhalte mit ein, machen ihn auf dein Unternehmen aufmerksam und bleiben ihm besser im Gedächtnis als statischer Content.

KPIs: Die Key Performance Indicators sind Kennzahlen, die den Unternehmenserfolg im Web messbar machen. Im SEO-Marketing sind das zum Beispiel das Ranking, die Absprungrate, die direkten Zugriffe oder die Unique Visitors. Die KPIs, die für dein Unternehmen sinnvoll sind, richten sich nach deinen individuellen Marketing-Zielen.

Keywords: auf Deutsch: Schlüsselbegriffe. User, die im Web nach Inhalten suchen, suchen und finden diese anhand von Keywords. Das sind die Suchbegriffe, die direkt in der Suchmaschine eingegeben werden, um zu einem bestimmten Thema fündig zu werden. Unternehmen dienen Keywords vor allem zur Content-Optimierung: Wer Keywords richtig einsetzt, wird in Suchmaschinen besser, schneller und einfacher gefunden.

Klickpfad: Mit dem Klickpfad (englisch: Klick Path) kannst du den Weg eines Users auf deiner Website von der Einstiegs- bis zur Ausstiegsseite zurückverfolgen. Wie ist der User auf meine Website gelangt. Von welcher Seite ist er auf das Angebot gelangt? An welcher Stelle ist er abgesprungen? All diese Fragen können wichtige Aufschlüsse über die Optimierung der Website beziehungsweise der Inhalte geben.

Kuratieren: Das Sammeln und erneute Veröffentlichen bzw. Teilen (in Form von Links oder Ähnlichem) von nutzenstiftendem Content zu einem bestimmten Thema.

Landingpage: Landingpages dienen dazu, den User gezielt auf deine Website zu »locken« und zum Handeln zu bewegen. Sie werden gezielt im Rahmen von Werbekampagnen eingesetzt, sind optisch jedoch nicht als klassische Werbung erkennbar. Landingpages haben vor allem ein Ziel: Umsätze zu generieren.

Longtail-Themen: Als Longtail-Themen (»langer Schwanz«) bezeichnet man Nischenthemen, die zwar nicht so oft gefragt, dafür bei einer gewissen Zielgruppe jedoch sehr angesagt sind. Und genau hier liegt deine Chance. Bist du für ein bestimmtes Nischenthema der Experte, hast du weniger Konkurrenz.

Lead: Der Begriff Lead (engl. to lead = führen) bezeichnet einen neuen Kontakt, der über deine Online-Marketing-Maßnahmen gewonnen wurde.

Loyalty-Programme: Loyalität – also Kunden langfristig an das Unternehmen zu binden –, das ist das oberste Ziel von Loyalty-Programmen. Stammkundenrabatte, Kundenkarten oder Treuegeschenke sind klassische Beispiele dafür. All das sind Kaufanreize, die schlussendlich dazu führen sollen, Umsätze zu steigern.

Meta-Tags: Meta-Tags, bestehend aus den Elementen *Site Title* (Seitentitel) und *Description* (Beschreibung), sind jene Informationen über deine Website, die in den Suchergebnissen angezeigt werden. Sie sollten daher die wichtigsten Inhalte der jeweiligen Seite bzw. Unterseite beinhalten und den User zum Besuchen deiner Website bewegen. Die Meta-Tags sind außerdem ausschlaggebend für die Ranking-Position in den Suchmaschinen.

Meme: Info in Form eines Textes oder Bildes. In den Sozialen Medien sind Memes meist Bilder mit einer lustigen Bildunterschrift, die sich großer Beliebtheit erfreuen.

Nischenthema: Nischenthemen sprechen eine sehr spezifische Zielgruppe abseits der Massen an. Wer seine Kunden genau kennt, kann auch seine Inhalte besser auf ihre Bedürfnisse abstimmen. Das macht es noch leichter, potenzielle Kunden zu erreichen.

Nutzerintention: Die Nutzerintention beschreibt die Absichten deiner Nutzer und bildet einen wichtigen Rankingfaktor im Content Marketing. Was erwartet der User? Welche Bedürfnisse hat er? Nur wer die Wünsche seiner (potenziellen) Kunden kennt, kann ihre Fragen beantworten, maßgeschneiderte Inhalte mit Mehrwert bieten und die Kunden dadurch auch tatsächlich erreichen.

Push-Content vs. Pull-Content: Push-Content ist jene Art von Content, die der Leser aufgezwungen bekommt. Als würdest du ihn anschreien. Werbung sozusagen. Darunter fallen Banner-Werbung, Pop-up-Fenster und Bild-Text-Anzeigen in redaktionellen Inhalten. Pull-Content ist jener Content, der sich an den Bedürfnissen der Zielgruppe orientiert und die sich der User schlussendlich selbst holt – in Form von Suchanfragen.

Ranking: Reihenfolge der Suchergebnisse in der SERP (Suchergebnisliste). Je besser das Ranking, desto eher wird dein Content geklickt.

RSS-Feed: RSS ist die Abkürzung von Really Simple Syndication. Das bezeichnet einen sogenannten Abo-Service, der User informiert, wenn sich auf seinen liebsten Websites etwas verändert hat. Zum Beispiel, wenn auf einem Blog, den der User gerne liest, ein neuer Beitrag veröffentlicht wird.

Re-Publishing: Mit Re-Publishing (auch Content-Recycling) ist das Wiederverwerten- oder Veröffentlichen von bereits publizierten Inhalten gemeint. Dabei wird der vorhandene Content lediglich leicht verändert oder aktualisiert. Dadurch kann einerseits die Reichweite erhöht und andererseits die Positionierung in den Suchmaschinen verbessert werden.

SEA: Search Engine Advertising = Suchmaschinenwerbung ist ein Teilbereich des Online-Marketings. Dabei handelt es sich um bezahlte, als Werbung gekennzeichnete Anzeigen in Suchmaschinen, die zu einer erhöhten Sichtbarkeit führen.

SEO: Search Engine Optimization = Suchmaschinenoptimierung bezeichnet all jene Maßnahmen, die dazu beitragen, dass eine Website bei organischen Anfragen in den unbezahlten Suchergebnissen an einer hohen Stelle steht.

SERP: SERP ist die Abkürzung für Search Engine Result Pages – auf Deutsch: Seite mit der Suchergebnisliste. Die einzelnen Suchergebnisse werden der Relevanz nach absteigend geordnet. Die Rangordnung wird durch zahlreiche Faktoren berechnet und bestimmt und kann von User zu User unterschiedlich sein.

Snack-Content: Kurze und prägnante Inhalte in Form von Kurzvideos, Memes, Infografiken etc. Vor allem in Sozialen Medien kann hochwertiger Snack-Content eine hohe Reichweite erzielen.

Touchpoint: Ein Touchpoint ist jeder Berührungspunkt zwischen einem Unternehmen und seinen Kunden. Das kann der »Offline«-Besuch im Geschäft genauso sein wie der Besuch der Unternehmens-Website. Touchpoints sind ein Teil der Customer Journey, die Unternehmen nur zum Teil beeinflussen können, etwa durch bezahlte Suchmaschinenwerbung (SEA).

Time on Site: (= Verweildauer) Zeit, die der User auf einer Website oder einer einzelnen Content-Seite verbringt. In vielen Fällen gilt: Je länger der User auf einer Seite bleibt, desto interessanter und nutzenstiftender ist sie für ihn.

Traffic: Die Anzahl der Zugriffe auf deiner Website oder deinem Blog. Eines deiner Content-Marketing-Ziele könnte sein, mehr Traffic auf deiner Website zu verzeichnen.

Tags: Tags sind Schlagworte, die im Online-Marketing dazu dienen, ähnliche Inhalte zu kategorisieren. Das führt auch dazu, dass dein Content in Suchmaschinen leichter gefunden wird.

User Signal: User Signals spielen eine immer größere Rolle in den Rankingfaktoren der Suchmaschinen. Dabei versucht »intelligente« Software, die Signale der User zu analysieren (anstatt nur zu erheben), um noch relevantere Suchergebnisse liefern zu können. User Signals sind zum Beispiel die Verweildauer, die Klickrate oder die Absprungrate.

Unique Visitors: Diese Kennzahl drückt aus, wie viele einzelne User deine Website innerhalb eines bestimmten Zeitraums besucht haben. Besuchst du eine Website zum Beispiel am selben Tag dreimal vom selben Browser aus, erkennt die Seite mithilfe von Cookies, dass es sich nicht um drei verschiedene User handelt, sondern um einen Unique Visitor.

Whitepaper: Mit einem Whitepaper bietest du dem User weiterführende Informationen zu einem ganz bestimmten Fachthema, die über die Infos auf deinem Blog oder deiner Website hinausgehen.

Webinar: Dieser Begriff setzt sich aus den beiden Wörtern *Web* und *Seminar* zusammen. Webinare sind Online-Seminare, meist in Form von Videos, die du vor dem Bildschirm verfolgst. Meist ist dazu eine Anmeldung notwendig. Für Unternehmen sind Webinare kostengünstige Möglichkeiten, um Wissen weiterzugeben und Kundenkontakte zu pflegen.

Web-Analyse: Die Web-Analyse beinhaltet die Gewinnung und Auswertung von Informationen über das Online-Nutzerverhalten. Mithilfe von individuell definierten KPIs gibt dir die Web-Analyse Aufschlüsse über Optimierungspotenziale deiner Inhalte im Web. Darüber hinaus dient sie der Erfolgskontrolle deiner Online-Marketing-Maßnahmen.

STICHWORT-VERZEICHNIS

Miriam Rupp

Storytelling für Unternehmen

Mit Geschichten zum Erfolg in Content Marketing, PR, Social Media, Employer Branding und Leadership

Storytelling als Basis für modernes Content Marketing

Wirkung und Erzählformate guter Geschichten

Zahlreiche anschauliche Beispiele und praktische Checklisten zur Ideenfindung

Storytelling ist für Marketingabteilungen das neue Fundament in der Kundenkommunikation über alte und neue Kanäle wie PR, Content Marketing und Social Media.

Marken wie Red Bull, Apple, Coca-Cola, Dove oder airbnb sind heutzutage in aller Munde, wenn es um Brand Storytelling geht. Doch was genau machen sie anders, als wir es von der traditionellen Unternehmenskommunikation kennen? Was können Sie von ihnen lernen? Anhand konkreter Beispiele erfahren Sie in diesem Buch, wie Storytelling erfolgreich im Marketing und in der Unternehmensführung eingesetzt werden kann.

Im ersten Teil des Buches lernen Sie detailliert, welche Bestandteile eine gute Geschichte enthalten sollte, und erfahren, wie Sie für Ihr Unternehmen Helden, Konflikte, ein Happy End und letztendlich Ihre eigene Rolle in einer Geschichte finden – passend zu Ihrer Unternehmensstrategie und -vision.

Der zweite Teil des Buches erläutert, wie Sie Ihre Geschichten optimal an Ihr Publikum bringen.

Die Autorin zeigt im dritten Teil des Buches, dass Storytelling nicht nur ein Thema für Lifestyle-Produkte wie Energy-Drinks oder Smartphones ist. Geschichten bieten gerade für technische oder Nischen-Themen oder auch im B2B-Bereich enormes Potenzial, das meist einfacher umzusetzen ist als angenommen.

Darüber hinaus ist Storytelling nicht nur ein Tool für die Kommunikation nach außen. Sie erfahren, inwiefern es auch für Employer Branding und Leadership generell von großer Bedeutung ist, um Mitarbeiter zu finden, zu halten und zu motivieren.

In jedem Kapitel finden Sie detaillierte Fragestellungen zur Ideenfindung, die Sie dabei unterstützen, Ihre eigene Story zu finden.

Zusätzlich geben Interviews mit Entrepreneuren, Agenturen und Storytelling-Verantwortlichen in Unternehmen ganz persönliche Eindrücke aus der Praxis.

ISBN 978-3-95845-242-8

Probekapitel und Infos erhalten Sie unter:
www.mitp.de/242

Martin Schirmbacher

Online-Marketing- und Social-Media-Recht

2. Auflage

Zahlreiche Beispiele und konkrete Fälle aus der Praxis

Online-Marketing-Maßnahmen rechtssicher umsetzen

Wann verletzen Sie Rechte anderer?

Wie setzen Sie Ihre Rechte durch?

Die häufigsten Fehler im Online- und Social Media Marketing

Checklisten, Tipps, Mustertexte und Übersichten

Online-Marketing bietet nicht nur viele Chancen im Web, sondern beinhaltet auch rechtliche Tücken, die häufig von Nicht-Juristen kaum voraussehbar sind.

In diesem umfassenden und praktischen Handbuch werden alle Themen behandelt, die im Web zu rechtlichen Schwierigkeiten führen können, sei es, weil Sie unbewusst Rechte Dritter verletzen oder jemand anderes Ihre Rechte nicht beachtet.

Schirmbacher behandelt detailliert die nach deutschem Recht relevanten Aspekte des Social-Media- und Online-Marketings. In jedem Kapitel werden vorhandene Fälle herangezogen, um die einzelnen Sachverhalte und Fragestellungen zu ver-

deutlichen und anhand aktueller Urteile verständlich zu machen. So erhalten Sie eine konkrete und realitätsnahe Vorstellung, welche Probleme auftreten können und wie diese von Richtern oder Behörden bewertet werden.

Ein Kapitel zu Verträgen im Online-Marketing gibt Hinweise, wie Sie Ihre Verträge klug gestalten, so dass Diskussionen mit Ihrer Agentur oder Ihren Kunden gar nicht erst entstehen.

Zahlreiche Checklisten, Beispiele, Mustertexte und Tipps helfen Ihnen, juristisch „sauber" zu bleiben und Fallstricke zu vermeiden, bevor es zu spät ist.

Die Webseite zum Buch finden Sie unter: www.online-marketing-recht.de

ISBN 978-3-8266-9498-1

Weitere Infos erhalten Sie unter:
www.mitp.de/9498